JN261605

物理学ミニマ
Minima

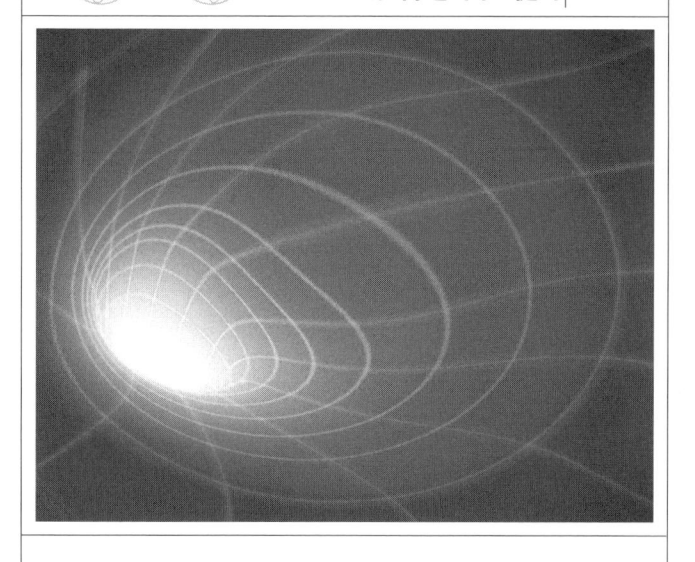

杉山 直……【監修】

野尻伸一・伊藤好孝
藤 博之・門田健司 ……【著】

名古屋大学出版会

本書は，名古屋大学大学院理学研究科素粒子宇宙物理学専攻と太陽地球環境研究所を中心とするグローバルCOEプログラム「宇宙基礎原理の探求」(平成20年度～24年度)の成果物として刊行された．

はじめに

　この本を手に取った方は，まず「ミニマ」って何？と思われたかもしれません．「ミニマ」とは最小限・最低限を表すミニマムの複数形です．本書は，物理系学科の学生が大学で必ず学ぶべき基礎知識の習得を目的としています．これは，同時に，大学院で物理学のさまざまな分野を研究していくために，絶対に欠かすことのできない最低限の知識ということにもなります．力学や電磁気学，統計力学など，物理学の複数の分野の必要最低限の知識ということで，「ミニマ」というわけです．

　すなわち，本書は，物理系の大学院をめざし，広く勉学に励んでいる学部生，また，物理を専攻しているけれども，自分の専門とする個別の分野以外に苦手意識のある大学院生を主な読者対象としています．大学院入試に向けて総復習をするために，あるいは，研究にあたって周辺の知識を確認するためにも，本書は利用できるでしょう．

　本書では，解析力学，電磁気学，量子力学，統計力学という物理学の最も根幹をなす4つの分野についてまずきちんと押さえます．続いて，電磁気学と深い関わりのある特殊相対性理論，さらに，物理学を学ぶ上で絶対に必要となる数学について学びます．最後が，本書の最も特色のある点になりますが，誤差の扱いや基礎技術など，実験物理学の基礎についての章になります．そこでは，単位系についてもまとめて扱っていますので参考になることと思います．

　このように本書は，物理で必須となる全分野をコンパクトかつ平易に1冊にまとめたものです．本書を学ぶことで，個々の授業で別々に語られていた事項が，物理学という大きな体系の中で有機的に結びついていることも，実感してほしいと思います．

　各章末には練習問題も用意されていますので，力試しに解いてみることをお勧めします．なお解答は巻末にまとめてあります．

　本書を刊行する背景には，最近の大学院教育の多様化があります．1990年代に日本政府の方策として大学院重点化が行なわれ，多くの大規模大学において大学院の

定員が倍増され，さまざまな背景を持った大学院生が入学してくるようになりました．また，この間，留学生の数も急増しました．このような多様な大学院生に対応していくには，従前の大学院教育では不十分です．

そこで，名古屋大学理学研究科素粒子宇宙物理学専攻と太陽地球環境研究所が中心となって2008年から5年間活動を行なったグローバルCOEプログラム「宇宙基礎原理の探求」では，大学院教育を受けるために必要な最低限の物理学の知識を「物理学Minima」と呼び，修得をプログラム参加のための必須条件とし，大きな成果をあげてきました．その物理学Minimaのテキストを大幅に加筆修正したのが，本書です．

本書が提供する，きちんとした，物理学基礎の確認のための教育，これによって初めて，大学院でスムーズに研究に取りかかれるようになることでしょう．本書を活用することで，自分自身の学力が大学院教育を受けるに十分であるか今一度確認をし，知識の空白域を埋めて，思う存分研究に打ち込んでいただけることを期待しています．

2014年4月

グローバルCOE「宇宙基礎原理の探求」リーダー

杉山 直

目 次

はじめに ... i

第1章 解析力学 ... 1
- 1-1 ニュートン力学の復習 ... 1
- 1-2 ラグランジュ形式 ... 17
- 1-3 ハミルトン形式 ... 23

第2章 電磁気学 ... 34
- 2-1 数学的準備 ... 34
- 2-2 静電場の法則 ... 40
- 2-3 静磁場の法則 ... 49
- 2-4 マクスウェル方程式 ... 56

第3章 量子力学 ... 69
- 3-1 量子力学前夜 ... 69
- 3-2 シュレディンガー方程式 ... 78
- 3-3 1次元シュレディンガー方程式の解 ... 86
- 3-4 球対称ポテンシャル中の粒子の運動 ... 93
- 3-5 角運動量 ... 97
- 3-6 定常状態の摂動論 ... 105

第4章 統計力学 ... 110
- 4-1 熱力学の復習 ... 110
- 4-2 ミクロカノニカル集団 ... 119
- 4-3 カノニカル集団 ... 126
- 4-4 グランドカノニカル集団 ... 134

第5章　特殊相対性理論　143

- 5-1　ローレンツ変換　143
- 5-2　4元ベクトル　153
- 5-3　相対論的力学および電磁気学　158

第6章　数理物理学　166

- 6-1　デルタ関数　166
- 6-2　複素関数　172
- 6-3　フーリエ展開　184
- 6-4　ラプラス方程式　193

第7章　実験物理学　206

- 7-1　単位系と基礎知識　206
- 7-2　電子回路　210
- 7-3　確率と統計，誤差　226
- 7-4　検出技術　237

練習問題解答　247

索　引　267

第 1 章

解析力学

　物体の運動に関する物理現象は，ニュートンの法則によって記述される．ニュートン力学ではその基礎方程式である運動方程式を基に，運動量やエネルギー，角運動量といった物理系の保存量が定められ，力学的現象を特徴付ける上で重要な役割を果たしている．さらにニュートン力学の体系は，数学的により洗練した形式である解析力学として定式化され，量子力学や統計力学を記述するために必要不可欠な道具立てを与える．本章では，ニュートン力学を復習した後，解析力学の枠組みを通じて古典力学の体系を見てゆく．

1-1　ニュートン力学の復習

　本章の目的である解析力学を理解するための準備として，まずニュートン力学の復習から始めよう．

1-1-1　ニュートンの法則と物理量

物体の運動を支配するニュートンの法則は次の 3 つからなる：

- 第一法則（慣性の法則）：
  物体が外界から何らの力も受けない場合，その物体は等速直線運動を行う[1]．このような法則が成り立つ座標系を**慣性系**という．
- 第二法則（運動の法則）：
  質量 m の物体に外力 $\boldsymbol{F}$ が働くとき，物体の運動は以下のニュートンの**運動方程式**に従う：

$$m\frac{d^2\boldsymbol{r}(t)}{dt^2} = \boldsymbol{F} \tag{1.1}$$

---

[1] 静止している場合も速度ゼロの場合として含む．

ただし,$r(t)$ は時刻 t における物体の位置ベクトルを表し,$v(t) = dr(t)/dt$ はその速度ベクトル,$a(t) = d^2r(t)/dt^2$ は加速度ベクトルを表すものとする[2]).

- 第三法則（作用・反作用の法則）：
  2 つの物体の間に力が働くとき,一方の物体 1 が他方の物体 2 から受ける力 F_{12} と,物体 2 が物体 1 から受ける力 F_{21} は,大きさが等しく逆向きとなる：

$$F_{12} = -F_{21} \tag{1.3}$$

次にニュートンの運動方程式を基礎として,物体の運動などの力学的現象を理解する上で必要な物理量を導入する[3]).

1. 運動量：
   質量 m の質点が速度 v で運動しているとき,**運動量** p を以下のように定義する：

$$p = mv \tag{1.4}$$

運動方程式が $dp/dt = F$ と書き直せることから,質点に外力 F が働いていない場合,p は時刻によらず一定となり,運動量は保存することが分かる.

2. 角運動量：
   質点が位置 r_0 を基準点として運動しているとき,**角運動量** L をベクトルの外積 $\times$ を用いて以下のように定義する：

$$L = (r - r_0) \times p \tag{1.5}$$

また,外力 F によって位置 r_0 のまわりに質点の回転を引き起こしたり,変化させる量として,**力のモーメント** N を以下のように定義する：

$$N = (r - r_0) \times F \tag{1.6}$$

運動方程式を用いると,力のモーメントは角運動量の時間変化率として表される：

$$\frac{dL}{dt} = N \tag{1.7}$$

外力 F が回転運動の基準点 r_0 からの相対ベクトル $r - r_0$ と平行な場合は $N = 0$

---

[2]) 以下では,時間微分を $\dot{}\equiv d/dt$ と表記し,

$$\dot{r} \equiv dr/dt, \quad \ddot{r} \equiv d^2r/dt^2 \tag{1.2}$$

などと表す場合もある.

[3]) ここではまず物体の大きさや内部自由度を無視した**質点**に対して物理量を定義する.

となるので，$\frac{dL}{dt}=0$ より角運動量は保存することが分かる．基準点 r_0 を回転の中心と見なしたとき，このような力を**中心力**という．

3. エネルギー

質点の**エネルギー** E と呼ばれる量を以下のように導入する．まず，速度 v で運動する質量 m の質点の**運動エネルギー** T は，以下のように定義される[4]：

$$T = \frac{1}{2}mv^2 \tag{1.8}$$

次に，質点に働く外力 F に逆らって，時刻 t_0 に位置 r_0 にあった質点を，時刻 t に位置 r まで経路 C に沿って移動させるのに要する**仕事** W を

$$W = \int_C d\bm{r} \cdot \bm{F} \tag{1.9}$$

として導入する[5]．運動方程式を使うことにより

$$W = m \int_{t_0}^{t} dt \frac{d\bm{r}}{dt} \cdot \frac{d^2\bm{r}}{dt^2} = T(t) - T(t_0) \tag{1.10}$$

と書けることから，仕事が運動エネルギーの時間による変化分となることが分かる．仕事 W が経路 C によらずに始点 r_i および終点 r_f にのみより定まるとき，質点に働く力 F を**保存力**と呼ぶ．

保存力 F に対し，ある基準点 r_0 から位置 r までの積分として**位置エネルギー** $V(\bm{r})$ が定められる：

$$V(\bm{r}) = -\int_{r_0}^{r} d\bm{r} \cdot \bm{F} \tag{1.11}$$

このように定義される位置エネルギーは，質点が運動するために蓄えられた潜在能力を表している．

仕事の定義 (1.9) から，$W = -V(\bm{r}(t)) + V(\bm{r}(t_0))$ が得られるので，(1.10) を使うことにより $T(t) + V(\bm{r}(t)) = T(t_0) + V(\bm{r}(t_0))$ となることが分かる．従って，質点のエネルギーを運動エネルギー T と位置エネルギー V の和として

$$E = T + V \tag{1.12}$$

と定義すると，エネルギーが時刻によらず一定で保存することが分かる．

---

[4] 速度の大きさを $v = |\bm{v}| = \sqrt{v^2}$ と表記する．なお，直交座標系 $\bm{r} = (x, y, z)$ では，$v^2 = v_x^2 + v_y^2 + v_z^2$ である．
[5] この線積分の微小ベクトル $d\bm{r}$ は，経路に接する方向の単位ベクトル $\bm{s}$ と，微小線要素 dl を用いて，$d\bm{r} = \bm{s}\,dl$ と表される．線積分も含め，これらの定義の詳細は「電磁気学」の章を参照のこと．

例題 図 1.1 のような，バネに固定された質量 m の質点の x 軸上の 1 次元的運動（**調和振動**または**単振動**）を考える．バネ定数を k として，この質点の運動方程式を解き，バネの平衡位置 O からの変位 x の一般解 $x(t)$ を求めよ．

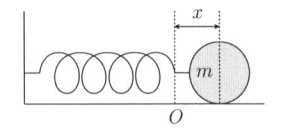

図 1.1 バネによる単振動

解説

フックの法則より，質点がバネから受ける力 F は変位 x に比例して，

$$F = -kx \tag{1.13}$$

のように，復元力として（質点の変位を打ち消す向きに）働く[6]．この質点に働く力は，復元力 $\boldsymbol{F}$ のみなので，運動方程式は

$$m\ddot{x} = F = -kx \tag{1.14}$$

となる．ここで，**固有振動数** $\omega \equiv \sqrt{k/m}$ を導入し，運動方程式を書き換えると，t に関して 2 階の微分方程式を得る：

$$\ddot{x} = -\omega^2 x \tag{1.15}$$

この方程式は**単振動の方程式**と呼ばれ，2 つの独立解 $x_1(t), x_2(t)$ を持つ．$x_1(t), x_2(t)$ は三角関数を用いて

$$x_1(t) = \cos\omega t, \quad x_2(t) = \sin\omega t \tag{1.16}$$

と表され[7]，この微分方程式の一般解 $x(t)$ は，独立解の線形結合として与えられる．

$$x(t) = C_1 x_1(t) + C_2 x_2(t) \tag{1.18}$$

また，三角関数の合成公式を用いて，この一般解は次のようにも表される：

$$x(t) = a\cos(\omega t - \delta) \tag{1.19}$$

---

[6] 今 x 軸上の 1 次元的運動を考えるため，力の x 成分を F と書くことにする．
[7] 2 つの独立解は複素数を用いて

$$x_1(t) = e^{i\omega t}, \quad x_2(t) = e^{-i\omega t} \tag{1.17}$$

も選べるが，一般解 $x(t)$ は変位を表すために，実数となるように係数を選ぶ必要がある．

ただし，$a = \sqrt{C_1^2 + C_2^2}$ および $\delta = \tan^{-1}(C_1/C_2)$ はそれぞれ，単振動の**振幅**および**位相**を表し，初期条件から定まる量である．

例題 図 1.2 のように質量の無視できる長さ l の棒の一端に質量 m の質点を結びつけた単振り子を考える．鉛直下向きに一様な重力 $\boldsymbol{F}_g = m\boldsymbol{g}$ が働くとき，この質点の満たす運動方程式，棒が結びつけられた点を基準点とした時の力のモーメント $\boldsymbol{N}$ の大きさ，および，エネルギー E を求めよ．

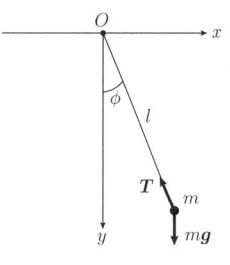

図 **1.2** 単振り子

解説
　質点に働く力 $\boldsymbol{F}$ は，重力 $m\boldsymbol{g}$ と棒と質点の間に働く張力 $\boldsymbol{T}$ である：

$$\boldsymbol{F} = m\boldsymbol{g} + \boldsymbol{T} \tag{1.20}$$

基準点を原点にとると，質点が位置 $\boldsymbol{r} = (x, y) = (l\sin\phi, l\cos\phi)$ にあるときの加速度 $\boldsymbol{a} = \ddot{\boldsymbol{r}}$ は，動径方向成分 $\boldsymbol{e}_r = (\sin\phi, \cos\phi)$ と角度方向成分 $\boldsymbol{e}_\phi = (\cos\phi, -\sin\phi)$ に分けて

$$\ddot{\boldsymbol{r}} = -l\dot{\phi}^2 \boldsymbol{e}_r + l\ddot{\phi}\boldsymbol{e}_\phi \tag{1.21}$$

と表されるので，動径方向と角度方向の運動に対する運動方程式はそれぞれ

$$-ml\dot{\phi}^2 = mg\cos\phi - |\boldsymbol{T}|, \tag{1.22}$$

$$ml\ddot{\phi} = -mg\sin\phi \tag{1.23}$$

となる．
　質点は原点 O を中心とする半径 l の回転運動をしており，この運動に対する力のモーメント $\boldsymbol{N}$ の大きさは

$$|\boldsymbol{N}| = lmg\sin\phi \tag{1.24}$$

となる．また，質点のエネルギー E は，運動エネルギー $T = \frac{1}{2}mv^2$ と重力による位置エネルギーの和として

$$E = \frac{m}{2}(l\dot{\phi})^2 + mgl(1 - \cos\phi) \tag{1.25}$$

と表される.なお,運動方程式を用いると $\dot{E}=0$ が得られ,この単振り子の系において質点のエネルギー E が保存していることが確かめられる.

1-1-2 運動座標系

質点の運動方程式を具体的に書き下すには,座標系を指定しなければならないが,その選び方には任意性がある.そこでまず初めに,慣性系 Σ における運動方程式と,Σ 系に対して相対的に運動している運動座標系 Σ' における運動方程式との間の関係を考える.

ある質点の位置を慣性系 Σ では $\boldsymbol{r}$,別の系 Σ' では $\boldsymbol{r}'$ と表すことにする.Σ' 系の原点の位置が Σ 系において $\boldsymbol{r}_0$ と表されるならば,

$$\boldsymbol{r}' = \boldsymbol{r} - \boldsymbol{r}_0 \tag{1.26}$$

となり,両辺に時間微分を施すと,Σ 系での質点の加速度 $\boldsymbol{a} = \ddot{\boldsymbol{r}}$ と Σ' 系での加速度 $\boldsymbol{a}' = \ddot{\boldsymbol{r}}'$ とは

$$\boldsymbol{a}' = \boldsymbol{a} - \ddot{\boldsymbol{r}}_0 \tag{1.27}$$

という関係に従うことが分かる.よって慣性系 Σ において質点の運動方程式が $m\boldsymbol{a} = \boldsymbol{F}$ であるならば,Σ' 系において運動方程式は

$$m\boldsymbol{a}' = \boldsymbol{F} - m\ddot{\boldsymbol{r}}_0 \tag{1.28}$$

と表される.この運動方程式に現れた右辺第2項は**慣性力**と呼ばれ,質点に直接作用する外力 $\boldsymbol{F}$ とは「見かけの力」として区別される.

特に,慣性系 Σ と運動座標系 Σ' とが相対的に等速直線運動している場合には $\ddot{\boldsymbol{r}}_0 = 0$ となり慣性力は消え,両者は同じ運動方程式に従う.この結果は「物理法則は,どの慣性系で見ても成立する」というガリレイの相対性原理の主張がニュートン力学の枠組みでは成立していることを意味している[8].特に,Σ

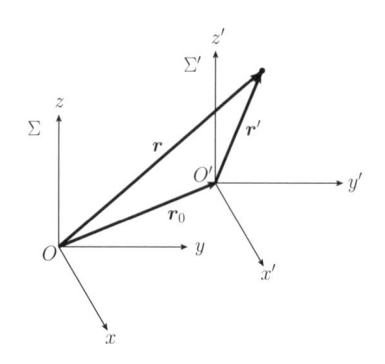

図 **1.3** 慣性系 Σ と運動座標系 Σ'

---

[8] ガリレイの相対性原理は,電磁気学のマクスウェル方程式に適用すると矛盾が生じる.この点を打開するためには,アインシュタインによって提唱された**光速度不変の原理**と**特殊相対性原理**を導入し,特殊相対性理論の枠組みで力学を捉え直す必要がある.詳細は「特殊相対性理論」の章で紹介する.

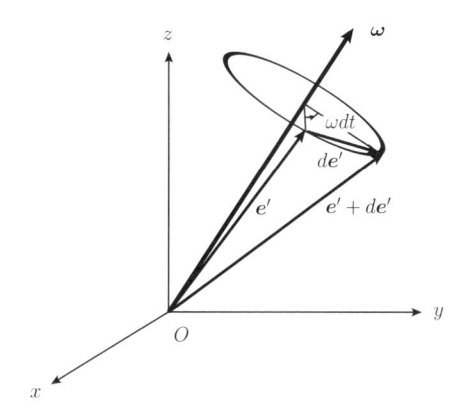

図 1.4　回転座標系

系の時間 t および位置 r と Σ' 系の時間 t' および位置 r' が，相対速度 V によって

$$t' = t, \quad r' = -Vt + r \tag{1.29}$$

と関係づけられるとき，2 つの慣性系の時空座標間の関係を**ガリレイ変換**と呼ぶ．

次に慣性系 Σ に対し，図 1.4 のように原点を共有して軸 A まわりを相対的に**角速度** ω で回転する運動座標系 Σ' を考える．

Σ' 系において，原点を始点として静止しているベクトル e' は，Σ 系から見ると軸 A まわりに角速度 ω で回転するベクトルとなる．このベクトル e' は，微小時間 dt の間に de' だけ変化するが，これらの関係は角速度 ω を用いて以下のように表される：

$$de' = \omega \times e' dt \tag{1.30}$$

Σ' 系の基底をなす単位ベクトル e'_x, e'_y, e'_z もまた，Σ 系では回転するベクトルと見なされるので，(1.30) の関係に従う：

$$de'_x = \omega \times e'_x dt, \quad de'_y = \omega \times e'_y dt, \quad de'_z = \omega \times e'_z dt \tag{1.31}$$

ここで，位置ベクトル r は Σ 系の基底ベクトル e_x, e_y, e_z と Σ' 系の基底ベクトル e'_x, e'_y, e'_z を用いて，

$$r = xe_x + ye_y + ze_z = x'e'_x + y'e'_y + z'e'_z = r' \tag{1.32}$$

と展開されるので[9]，この位置ベクトル r の時間微分 $v = \dot{r}$ は (1.31) を用いて，

$$\dot{r} = (\dot{x}'e'_x + \dot{y}'e'_y + \dot{z}'e'_z) + (x'\dot{e}'_x + y'\dot{e}'_y + z'\dot{e}'_z) = v' + \omega \times r' \tag{1.33}$$

と表される．ここで，$v' \equiv \dot{x}'e'_x + \dot{y}'e'_y + \dot{z}'e'_z$ は Σ' 系から観測した位置 r における質点の速度 $v' = \dot{r}'$ を表している．さらにもう一度 (1.31) を使うと，Σ 系での加速度 $a = \ddot{r}$ と Σ' 系での加速度 $a' = \ddot{x}'e'_x + \ddot{y}'e'_y + \ddot{z}'e'_z$ とは

$$a = \dot{v}' + \frac{d}{dt}(\omega \times r') = a' + 2\omega \times v' + \dot{\omega} \times r' + \omega \times (\omega \times r') \tag{1.34}$$

という関係に従うことが分かる．これより，位置 r にある質量 m の質点が従う Σ 系での運動方程式 $m\ddot{r} = F$ は，Σ' 系においては以下のような見かけの力を伴う運動方程式となる：

$$ma' = F - 2m\omega \times v' - m\dot{\omega} \times r' - m\omega \times (\omega \times r') \tag{1.35}$$

ここで，右辺第 4 項を**遠心力**と呼び，第 2 項を**コリオリ力**と呼ぶ．

以上のように，慣性系と運動座標系の間の運動方程式の関係を調べると，座標系の選び方に応じて，様々な形で慣性力が現れることが明らかとなった．こうした点に留意しながら，より一般的な質点系の運動を考えよう．

1-1-3　質点系と重心分離

これまでは主に 1 個の質点の運動を扱ってきたが，ここでは多数の質点がある系の運動を考える．n 個の質点に番号付けを施し，i 番目の質点の質量を m_i，位置ベクトルを r_i，働く力を F_i とすると，各質点が従う運動方程式は

$$m_i \ddot{r}_i = F_i \tag{1.36}$$

となる．また，i 番目の質点に働く力 F_i は，質点間に働く内力 f_{ij} と各質点に個別に働く外力 f_i の和に分けられる：

$$F_i = f_i + \sum_{j=1}^{n} f_{ij} \tag{1.37}$$

特に内力に関しては，i 番目の質点が j 番目の質点に及ぼす力 f_{ji} と，j 番目の質点が i 番目の質点に及ぼす力 f_{ij} とは，作用・反作用の法則により

---

[9] ここで，r' を Σ' 系から見た位置ベクトルであることを強調するために記号 r' と記した．

$$\boldsymbol{f}_{ij} + \boldsymbol{f}_{ji} = 0, \quad \boldsymbol{f}_{ii} = 0 \qquad (1.38)$$

という関係に従う．

こうして定まる質点の多体系に対し，質点系の全質量 $M \equiv \sum_{i=1}^{n} m_i$ を用いて，**重心**（しばしば**質量中心**ともいう）$\boldsymbol{r}_G$ が

$$\boldsymbol{r}_G = \frac{1}{M} \sum_{i=1}^{n} m_i \boldsymbol{r}_i \qquad (1.39)$$

図 **1.5** 質点系と重心

と定義され，その運動は以下のように記述される．まず質点系の全ての運動方程式を足し合わせると，質点系の重心 $\boldsymbol{r}_G$ が従う運動方程式が得られる：

$$M\ddot{\boldsymbol{r}}_G = \boldsymbol{F} \qquad (1.40)$$

ここで，質点系に働く力の総和 $\boldsymbol{F}$ は，(1.38) より内力の寄与は相殺して，外力の和 $\boldsymbol{F} = \sum_{i=1}^{n} \boldsymbol{f}_i$ のみとなることに注意すると，重心の運動方程式 (1.40) は，全運動量 $\boldsymbol{P}$：

$$\boldsymbol{P} = \sum_{i=1}^{n} \boldsymbol{p}_i \qquad (1.41)$$

を用いて

$$\dot{\boldsymbol{P}} = \boldsymbol{F} \qquad (1.42)$$

と表される．

次に，この質点系の回転運動について考えよう．質点系全体が有する力のモーメント $\boldsymbol{N}$ は，質点間に働く内力 $\boldsymbol{f}_{ij}$ が $\boldsymbol{r}_i - \boldsymbol{r}_j$ と平行である場合[10]，外力のみによる作用の総和として以下のように与えられる：

$$\boldsymbol{N} = \sum_{i=1}^{n} \boldsymbol{r}_i \times \boldsymbol{f}_i \qquad (1.43)$$

一方，質点系の全角運動量 $\boldsymbol{L}$：

$$\boldsymbol{L} = \sum_{i=1}^{n} \boldsymbol{r}_i \times \boldsymbol{p}_i \qquad (1.44)$$

---

[10] クーロン力，万有引力，分子間力などが当てはまる．

の時間微分を考えると，質点系の全体の回転に関する運動方程式：

$$\dot{L} = N \tag{1.45}$$

が得られる．

このように，重心の運動は系全体にかかる力を見ると，1体系の運動と同様に記述できることが明らかとなった．質点系の集団的運動の特徴をより明確に記述するため，質点系全体の運動を重心運動と相対運動とに分ける**重心分離**を考える．i番目の質点の位置 r_i を，重心 r_G と相対ベクトル $r'_i = r_i - r_G$ の和として

$$r_i = r_G + r'_i \tag{1.46}$$

のように分離する．こうした分離の下，慣性系の原点 O を基準点とする質点系の全角運動量 L は，重心の角運動量 L_G と重心のまわりの全角運動量 L' の和に分けられる：

$$L = L_G + L' , \tag{1.47}$$

$$L_G \equiv r_G \times P , \quad L' \equiv \sum_{i=1}^{n} r'_i \times p'_i \tag{1.48}$$

ここで $p'_i = p_i - m_i P/M = m_i \dot{r}'$ である．実際，この関係と (1.46) を (1.44) に代入することにより (1.47) を示すことができる．

$$\begin{aligned}
L &= \sum_{i=1}^{n} (r_G + r'_i) \times \left(\frac{m_i}{M} P + p'_i \right) \\
&= \frac{1}{M} \left(\sum_{i=1}^{n} m_i \right) r_G \times P + \frac{1}{M} \left(\sum_{i=1}^{n} m_i r'_i \right) \times P \\
&\quad + r_G \times \left(\sum_{i=1}^{n} p'_i \right) + \sum_{i=1}^{n} r'_i \times p'_i \\
&= L_G + L'
\end{aligned} \tag{1.49}$$

ここで，$\sum_{i=1}^{n} m_i r'_i = \sum_{i=1}^{n} m_i (r_i - r_G) = M r_G - M r_G = 0$ とそれから導かれる $\sum_{i=1}^{n} p'_i = (d/dt) \left(\sum_{i=1}^{n} m_i r'_i \right) = 0$ を使った．

内力が各々の質点間を結ぶベクトルと平行な場合（$f_{ij} \parallel r_{ij}$）には，角運動量 L' を用いて，回転の運動方程式が以下のように表される：

$$\dot{L}' = N' , \quad N' \equiv \sum_{i=1}^{n} r'_i \times f_i \tag{1.50}$$

また，外力が働かない**孤立系**では，重心の運動と相対運動に対する角運動量は共に時間によらず保存する：

$$\boldsymbol{L}_G = \text{一定}, \quad \boldsymbol{L}' = \text{一定} \tag{1.51}$$

最後に，質点系の全体の運動エネルギー T も同様に，重心の部分 T_G と相対部分 T' の寄与に分けられる：

$$T = T_G + T', \tag{1.52}$$

$$T = \frac{1}{2}\sum_{i=1}^{n} m_i \dot{\boldsymbol{r}}_i^2, \quad T_G = \frac{1}{2}M\dot{\boldsymbol{r}}_G^2, \quad T' = \frac{1}{2}\sum_{i=1}^{n} m_i \dot{\boldsymbol{r}}_i'^{\,2} \tag{1.53}$$

これは以下のように示すことができる：

$$T = \frac{1}{2}\sum_{i=1}^{n} m_i (\dot{\boldsymbol{r}}_G + \dot{\boldsymbol{r}}_i')^2 = \frac{1}{2}\left(\sum_{i=1}^{n} m_i\right)\dot{\boldsymbol{r}}_G^2 + \left(\frac{d}{dt}\sum_{i=1}^{n} m_i \boldsymbol{r}_i'\right)\cdot \dot{\boldsymbol{r}}_G + \frac{1}{2}\sum_{i=1}^{n} m_i \dot{\boldsymbol{r}}_i'^{\,2}$$

$$= T_G + T' \tag{1.54}$$

ここで，$\sum_{i=1}^{n} m_i \boldsymbol{r}_i' = 0$ を再び使った．

特に質点間の相対距離 $r_{ij} = |\boldsymbol{r}_i - \boldsymbol{r}_j|$ に依存する位置エネルギー $V = \sum_{i<j} V_{ij}(r_{ij})$ のみが存在する孤立系では，重心の運動エネルギー T_G と質点系の**内部エネルギー** E'：

$$E' = T' + V \tag{1.55}$$

は共に保存する．

例題 図 1.6 のように，質量 m_1 と m_2 を持つ 2 つの質点からなる 2 体系を考える．この質点間には相対ベクトル $\boldsymbol{r} \equiv \boldsymbol{r}_1 - \boldsymbol{r}_2$ にのみ依存する内力が $\boldsymbol{f}_{21} = -\boldsymbol{f}_{12} = f(r)\boldsymbol{r}/r$

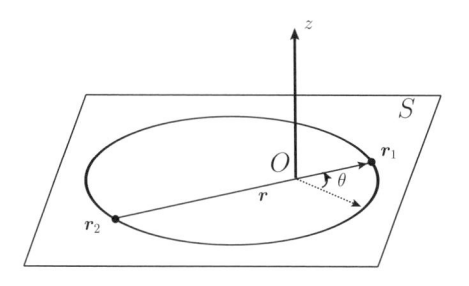

図 **1.6** 中心力による 2 体運動

のように働き，外力がかからない孤立系であるとする．この相対運動に対する運動方程式を相対座標 $\bm{r} = (r\cos\theta, r\sin\theta, 0)$ を用いて表し，内部エネルギー $E' = T' + V(r)$ が保存することを確かめよ．

解説

2つの質点の運動方程式：

$$m_1 \ddot{\bm{r}}_1 = \bm{f}_{12} = -f(r)\frac{\bm{r}}{r}, \quad m_2 \ddot{\bm{r}}_2 = \bm{f}_{21} = f(r)\frac{\bm{r}}{r} \tag{1.56}$$

を組み合わせて，相対運動に対する運動方程式が得られる：

$$\mu \ddot{\bm{r}} = \bm{f} = -f(r)\frac{\bm{r}}{r}, \quad \mu \equiv \frac{m_1 m_2}{m_1 + m_2} \tag{1.57}$$

ここで新たに導入された μ を**換算質量**と呼ぶ．また，重心 $\bm{r}_G = (m_1\bm{r}_1 + m_2\bm{r}_2)/(m_1+m_2)$ に対する相対ベクトル $\bm{r}'_i$ $(i=1,2)$ は $\bm{r}$ に比例する：

$$\bm{r}'_1 = \bm{r}_1 - \bm{r}_G = \frac{m_2}{m_1+m_2}\bm{r}, \quad \bm{r}'_2 = \bm{r}_2 - \bm{r}_G = -\frac{m_1}{m_1+m_2}\bm{r} \tag{1.58}$$

これらの関係から相対運動に対する角運動量 $\bm{L}'$ は，換算質量 μ と相対ベクトル $\bm{r}$ を用いて

$$\bm{L}' = m_1 \bm{r}'_1 \times \dot{\bm{r}}'_1 + m_2 \bm{r}'_2 \times \dot{\bm{r}}'_2 = \mu \bm{r} \times \dot{\bm{r}} \tag{1.59}$$

と表される．

さらに質点間の相対ベクトルを $\bm{r} \equiv r\bm{e}_r$ と表し，$\bm{r}$ の時間微分を単位ベクトル $\bm{e}_\theta \equiv (-\sin\theta, \cos\theta, 0)$ を用いて表すと，

$$\dot{\bm{r}} = \dot{r}\bm{e}_r + r\dot{\theta}\bm{e}_\theta, \quad \ddot{\bm{r}} = \left(\ddot{r} - r\dot{\theta}^2\right)\bm{e}_r + \left(2\dot{r}\dot{\theta} + r\ddot{\theta}\right)\bm{e}_\theta \tag{1.60}$$

となる．これらを相対運動の運動方程式に代入すると，以下の2つの関係式を得る：

$$\mu\left(\ddot{r} - r\dot{\theta}^2\right) = -f(r), \tag{1.61}$$

$$\mu\left(2\dot{r}\dot{\theta} + r\ddot{\theta}\right) = 0 \tag{1.62}$$

また，角運動量 $\bm{L}'$ は

$$\bm{L}' = \mu r^2 \dot{\theta} \bm{e}_z, \quad \bm{e}_z \equiv \bm{e}_r \times \bm{e}_\theta = (0,0,1) \tag{1.63}$$

となり，$\bm{e}_\theta$ 方向の運動方程式から，相対運動の角運動量の保存 $\dot{\bm{L}}' = 0$ が導かれる．そこで以下では，時間によらない定数 l を用いて，角運動量 $\bm{L}'$ の大きさを

$$|\boldsymbol{L}'| = \mu r^2 \dot{\theta} = l \tag{1.64}$$

と表すことにする．

一方，相対運動に対する運動エネルギー T' は，

$$T' = \frac{1}{2} m_1 \left(\dot{\boldsymbol{r}}_1'\right)^2 + \frac{1}{2} m_2 \left(\dot{\boldsymbol{r}}_2'\right)^2 = \frac{1}{2} \mu \left(\dot{r}^2 + r^2 \dot{\theta}^2\right) \tag{1.65}$$

となり，位置エネルギー $V(r)$ と合わせて内部エネルギー E' は，

$$E' = \frac{1}{2} \mu \dot{r}^2 + \frac{l^2}{2\mu r^2} + V(r) \tag{1.66}$$

と表される．ただしここで，$|\boldsymbol{L}'|$ の表式を用いた．また，右辺第 2 項は**遠心力ポテンシャル**と呼ばれ，位置エネルギー $V(r)$ と合わせた $V_{\text{eff}}(r)$：

$$V_{\text{eff}}(r) \equiv V(r) + \frac{l^2}{2\mu r^2} \tag{1.67}$$

を**有効ポテンシャル**と呼ぶ．

さらに，位置エネルギーと中心力の関係を用いると，$\boldsymbol{e}_r$ 方向の運動方程式は，

$$\mu \ddot{r} = -\frac{dV(r)}{dr} + \frac{l^2}{\mu r^3} = -V_{\text{eff}}'(r) \tag{1.68}$$

と書き換えられるので，この関係から

$$\dot{E}' = [\mu \ddot{r} + V_{\text{eff}}'(r)] \dot{r} = 0 \tag{1.69}$$

となり，内部エネルギー E' の保存が示される．

1-1-4　剛体の運動

質点系を記述する重心分離の手法を用いて，大きさが無視できない物体である**剛体**の運動を考える．剛体とは形が変化しない物体であり，無限個の質点系の集まりとしてその運動を記述できる．形が変化しないことから，これらの質点の間の距離は不変であり，質点系の運動を重心分離すると，重心のまわりの相対運動は回転運動となる[11]．

質量 M の剛体を微小部分に分け，各微小素片を質点と見なして番号を付与すると，各質点は運動方程式（1.36）を満たす．剛体を空間領域 V に密度 $\rho(\boldsymbol{r})$ で連続的

---

[11] 剛体の運動は，重心運動の 3 自由度と回転運動の 3 自由度を合わせて，6 つの独立な運動方程式で記述される．

に分布した連続体として記述する場合には，剛体の質量 M および重心 $\bm{r}_G$ は無限和やその極限として定まる積分によって表される：

$$M = \sum_i m_i = \int_V dV\, \rho(\bm{r})\,, \tag{1.70}$$

$$\bm{r}_G = \frac{1}{M}\sum_i m_i \bm{r}_i = \frac{1}{M}\int_V dV\, \bm{r}\rho(\bm{r}) \tag{1.71}$$

こうして導入された剛体の重心 $\bm{r}_G$ の運動方程式は質点系と同様に，剛体に働く外力 $\bm{F}$ を用いて

$$M\ddot{\bm{r}}_G = \bm{F} \tag{1.72}$$

となる．剛体上の点 $\bm{r}$ の近傍の微小素片に働く単位体積当たりの外力が $\bm{f}(\bm{r})$ で分布しているとき，力のモーメント $\bm{N}$ は，

$$\bm{N} = \sum_i \bm{r}_i \times \bm{f}_i = \int_V dV\, (\bm{r}\times\bm{f}(\bm{r})),\quad \bm{F} = \sum_i \bm{f}_i = \int_V dV\, \bm{f}(\bm{r}) \tag{1.73}$$

と記述され，さらに剛体の有する運動量 $\bm{P}$，角運動量 $\bm{L}$，運動エネルギー T はそれぞれ，

$$\bm{P} = \sum_i m_i \dot{\bm{r}}_i = M\dot{\bm{r}}_G = \int_V dV\, \dot{\bm{r}}\,, \tag{1.74}$$

$$\bm{L} = \sum_i \bm{r}_i \times \bm{p}_i = \int_V dV\, (\bm{r}\times\dot{\bm{r}})\rho(\bm{r})\,, \tag{1.75}$$

$$T = \frac{1}{2}\sum_i m_i |\dot{\bm{r}}_i|^2 = \frac{1}{2}\int_V dV\, |\dot{\bm{r}}|^2 \rho(\bm{r}) \tag{1.76}$$

と表される．以上の定義と重心まわりの相対運動に関する運動方程式から，剛体の回転運動に対する運動方程式は，

$$\dot{\bm{L}} = \bm{N} \tag{1.77}$$

となる．

具体例として，ある軸 A まわりに角速度 $\bm{\omega}$ で回転する剛体の運動を考えよう．剛体上の点 $\bm{r}$ と軸 A との間の距離を $d(\bm{r})$ として，この剛体の**慣性モーメント** I は以下のように定義される：

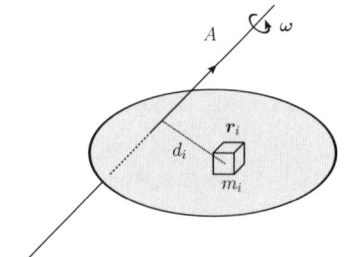

図 **1.7** 回転軸 A まわりの剛体の回転

$$I = \sum_i m_i d_i^2 = \int_V dV\, d(\boldsymbol{r})^2 \rho(\boldsymbol{r}) \tag{1.78}$$

ただし，i 番目の質点と軸 A との間の距離は $d_i = d(\boldsymbol{r}_i)$ である．剛体の角運動量 $\boldsymbol{L}$ を軸 A に垂直な方向 $\perp$ と平行な方向 $\parallel$ に分けると，

$$\boldsymbol{L} = \sum_i m_i \boldsymbol{r}_i \times (\boldsymbol{\omega} \times \boldsymbol{r}_i) = \sum_i m_i \big((\boldsymbol{r}_{i\perp} \cdot \boldsymbol{r}_{i\perp})\boldsymbol{\omega} - (\boldsymbol{r}_{i\parallel} \cdot \boldsymbol{\omega})\boldsymbol{r}_{i\perp}\big) \tag{1.79}$$

となり[12]，特に軸に平行な成分 $L_\parallel$ は慣性モーメント I を用いて

$$L_\parallel = \sum_i m_i (\boldsymbol{r}_{i\perp} \cdot \boldsymbol{r}_{i\perp})\omega = I\omega \tag{1.80}$$

と表される．ここで，$d_i^2 \equiv \boldsymbol{r}_{i\perp} \cdot \boldsymbol{r}_{i\perp}$ であり，角速度 $\boldsymbol{\omega}$ で回転する剛体の位置 $\boldsymbol{r}$ の速度 $\boldsymbol{v}$ が，

$$\boldsymbol{v} = \dot{\boldsymbol{r}} = \boldsymbol{\omega} \times \boldsymbol{r} \tag{1.81}$$

と与えられることを用いた．さらに剛体の回転による運動エネルギー T もまた，慣性モーメントを用いて

$$T = \frac{1}{2} \sum_i m_i |\boldsymbol{\omega} \times \boldsymbol{r}_i|^2 = \frac{1}{2} I \omega^2 \tag{1.82}$$

と表される．

ここで重心分離を行うと，慣性モーメント I は重心部分 I_G と相対部分 I' に分けられる：

$$I = I_G + I', \tag{1.83}$$

$$I_G = M d_G^2, \quad I' = \sum_i m_i d_i'^{\,2} \tag{1.84}$$

ただし d_G は剛体の重心 $\boldsymbol{r}_G$ と回転軸 A との間の距離を表し，$d_i'^{\,2} = \boldsymbol{r}_{i\perp}' \cdot \boldsymbol{r}_{i\perp}'$（$\boldsymbol{r}_i' = \boldsymbol{r}_i - \boldsymbol{r}_G$）とした．また，剛体が持つ軸 A まわりの角運動量 $\boldsymbol{L}_\parallel$ は以下のように重心分離される：

$$\boldsymbol{L}_{G\parallel} = I_G \boldsymbol{\omega}, \quad \boldsymbol{L}_\parallel' = I' \boldsymbol{\omega} \tag{1.85}$$

例題 図 1.8 のように質量 M，半径 a の円盤が，傾き α の斜面を滑らずに回転し

---

[12] 軸 A に垂直な方向の成分は，剛体が回転軸に関して対称な場合にはゼロになる．

ながら落下する運動を考える．時刻 $t=0$ で円盤が静止状態から運動を開始するとき，この円盤の慣性モーメント I を M と a で表し，運動方程式および，運動エネルギーを求めよ．

解説

斜面から摩擦力 F が外力として働くので，円盤の重心および回転の運動方程式は，

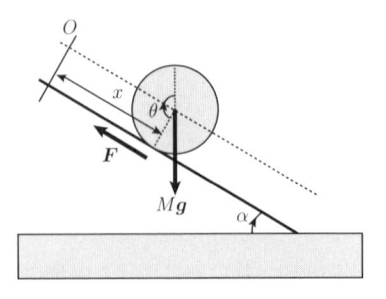

図 1.8　坂道を転がる円盤状剛体

$$M\ddot{x} = Mg\sin\alpha - F, \tag{1.86}$$

$$\dot{L} = I\ddot{\theta} = N = Fa \tag{1.87}$$

となる．ただし，x は原点 O から円盤の中心までの長さを表し，円盤の中心まわりの慣性モーメント I は，定義（1.78）を用いて

$$I = \frac{M}{\pi a^2}\int_0^a dr\,(2\pi r)r^2 = \frac{Ma^2}{2} \tag{1.88}$$

と求まる．ここで，変位と回転角とは $x = a\theta$ という関係に従うので，上の 2 つの運動方程式から $\ddot{\theta}$ を除去すると，摩擦力の大きさ

$$F = \frac{IMg\sin\alpha}{I + Ma^2} = \frac{1}{3}Mg\sin\alpha \tag{1.89}$$

が定まる．一方，重心の運動方程式は，

$$\ddot{x} = \frac{2}{3}g\sin\alpha \tag{1.90}$$

であり，等加速度運動となることが分かる．以上により，時刻 $t=0$ で静止状態から運動を開始すると，この回転する剛体が有する運動エネルギー T は，時刻 t での変位 $x(t) = \frac{1}{3}gt^2\sin\alpha$ を用いて，

$$T = \frac{M}{2}\dot{x}^2 + \frac{I}{2}\dot{\theta}^2 = \frac{1}{3}g^2Mt^2\sin^2\alpha = xMg\sin\alpha \tag{1.91}$$

と表される．

1-2 ラグランジュ形式

1-2-1 ラグランジアンとオイラー・ラグランジュ方程式

ここまでにまとめたニュートン力学による物体の運動の記述を，**解析力学**の枠組みで捉え直してみよう．解析力学はラグランジュ形式とハミルトン形式の2つの等価な枠組みからなる．ここではまず，前者のラグランジュ形式を見てゆくことにしよう．

ラグランジュ形式では，運動方程式は**オイラー・ラグランジュ方程式**として，ラグランジアン L を用いて記述される[13]．このラグランジアン L は運動エネルギー T と位置エネルギー V の差として定義され，

$$L = T - V \tag{1.92}$$

系を特徴づける量としてラグランジュ形式では中心的役割を果たす．

ここで，ラグランジアンを記述する変数として，**一般化座標** q^i を導入する．例えば N 個の質点系に対し，各質点の位置は直交座標 $r_a = (x_a, y_a, z_a)$ $(a = 1, \cdots, N)$ を用いて表されるが，これらの質点が k 個の拘束条件に従っている場合には，この質点系の力学的自由度は $f = 3N - k$ となる．そこで，f 個の自由度を記述する座標として，一般化座標 q^i $(i = 1, \cdots, f)$ を導入すると，直交座標はそれらの関数として $r_a(q^1, \cdots, q^f)$ と表される．ラグランジアン L は，こうした一般化座標とその時間微分 $\dot{q}^i$ の関数として $L = L(q^i, \dot{q}^i)$ と定める．

ここで，一般化座標 q^i に対する**共役運動量**はラグランジアンを基に

$$p_i \equiv \frac{\partial L}{\partial \dot{q}^i} \tag{1.93}$$

と定義される．ラグランジュ形式では $(q^i(t), \dot{q}^i)$ を基本変数とするので，T や V の表式に p_i が現れた場合には，(1.93) の関係を解いてラグランジアンを表すことに注意しよう．

以上のように定められた一般化座標を用いて表されたラグランジアンを用いて，ニュートンの運動方程式はオイラー・ラグランジュ方程式として表される：

$$0 = \frac{d}{dt}\left(\frac{\partial L}{\partial \dot{q}^i}\right) - \frac{\partial L}{\partial q^i} \tag{1.94}$$

---

[13] 角運動量の大きさと同じ記号 L を用いるが，以降本章では主にラグランジアンを表す記号として用いる．

オイラー・ラグランジュ方程式がニュートンの運動方程式となることを確かめるため，例として質量 m を持つ質点の運動を考える．質点の速度の大きさ v は，直交座標では $v^2 = \dot{x}^2 + \dot{y}^2 + \dot{z}^2$ となるので，運動エネルギー $T = \frac{m}{2}v^2$ と位置エネルギー $V(x^i)$ ($\{x^i\} = \{x, y, z\}$, $i = 1, 2, 3$) を使って，この質点の運動を記述するラグランジアンは

$$L(x^i, \dot{x}^i) = \frac{1}{2}m \sum_{i=1,2,3} \left(\dot{x}^i\right)^2 - V(x^i) \tag{1.95}$$

と表される．ここで，一般化座標をそのまま直交座標 $q^i = x^i$ に選ぶと，オイラー・ラグランジュ方程式 (1.94) は

$$m\ddot{x}^i = -\frac{\partial V}{\partial x^i} \tag{1.96}$$

となり，ニュートンの運動方程式が得られることが確かめられる．

さらに一般化座標 q^i の選び方によらずにニュートンの運動方程式が得られることを確認する．質点の位置 $\bm{r} = (x, y, z)$ が一般化座標 $\{q^i\}$ ($i = 1, 2, 3$) の関数 $\bm{r} = \bm{r}(q^i(t))$ として与えられた場合，微分の連鎖率より

$$\dot{x} = \sum_{i=1}^{3} \frac{\partial x}{\partial q^i} \dot{q}^i \tag{1.97}$$

となることから，速度の大きさは一般化座標を用いて，

$$v^2 = \sum_{i,j=1}^{3} \left\{ \frac{\partial x}{\partial q^i}\frac{\partial x}{\partial q^j} + \frac{\partial y}{\partial q^i}\frac{\partial y}{\partial q^j} + \frac{\partial z}{\partial q^i}\frac{\partial z}{\partial q^j} \right\} \dot{q}^i \dot{q}^j \tag{1.98}$$

と表される．この表式を用いて，ラグランジアンは一般化座標とその時間微分の関数として，

$$L(q^i, \dot{q}^i) = L\left(x^i(q^j),\ \dot{x}^i = \sum_{j=1,2,3} \frac{\partial x^i}{\partial q^j}\dot{q}^j \right) \tag{1.99}$$

と表され，(1.94) 式は，

$$\begin{aligned}\frac{d}{dt}\left(\frac{\partial L}{\partial \dot{q}^i}\right) - \frac{\partial L}{\partial q^i} &= \sum_{j=1,2,3} \left\{ \frac{d}{dt}\left(\frac{\partial L}{\partial \dot{x}^j}\frac{\partial x^j}{\partial q^i}\right) - \left(\frac{\partial L}{\partial x^j}\frac{\partial x^j}{\partial q^i} + \sum_{k=1,2,3}\frac{\partial L}{\partial \dot{x}^j}\frac{\partial^2 x^j}{\partial q^i \partial q^k}\dot{q}^k\right) \right\} \\ &= \sum_{j=1,2,3} \left(\frac{d}{dt}\left(\frac{\partial L}{\partial \dot{x}^j}\right) - \frac{\partial L}{\partial x^j}\right)\frac{\partial x^j}{\partial q^i} = 0 \end{aligned} \tag{1.100}$$

となり[14]，運動方程式（1.96）が q^i の関数形によらずに導かれた．このようにラグランジュ形式ではオイラー・ラグランジュ方程式（1.94）を用いることで，一般化座標の選び方によらずに質点の運動を記述できる．

1-2-2　最小作用の原理

ここまではオイラー・ラグランジュ方程式（1.94）をニュートンの運動方程式を再現するものとして天下り的に定めたが，物体の運動を記述する力学の基礎原理として最小作用の原理を出発点とすると，この方程式は自然に導かれるものとなる．ここでは，この原理を基にオイラー・ラグランジュ方程式を再考してみよう．

まず初めに，F を $q^i(t)$ と $\dot{q}^i(t)$ の任意関数とする．$q^i(t_1) = q_1^i$ および $q^i(t_2) = q_2^i$（$t_2 > t_1$）という条件の下，関数 $q^i = q^i(t)$ を与える毎にその値が定まる量として

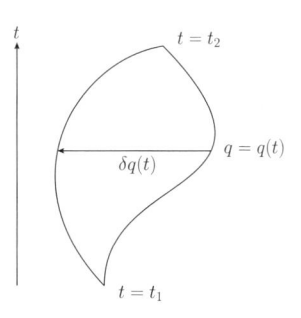

図 **1.9**　経路の変分

$$S[q(t)] = \int_{t_1}^{t_2} dt F\left(q^i(t), \dot{q}^i(t)\right) \tag{1.101}$$

を定義する．なお，一般に関数から数への写像を**汎関数**と呼ぶ．ここで，$\delta q^i(t)$ を条件：

$$\delta q^i(t_1) = 0, \quad \delta q^i(t_2) = 0 \tag{1.102}$$

を満たす任意の関数とし，$q^i(t) = q_0^i(t)$ と選んだときに汎関数 $S[q(t)]$ が極小または極大値を持つとする．これらの関数を用いて，$q^i(t) = q_0^i(t) + \epsilon \delta q^i(t)$ と表すと，$S[q_0^i(t) + \epsilon \delta q^i(t)]$ は ϵ の関数と見なすことができる．こうして導入された $\delta q^i(t)$ を関数 $q^i(t)$ の**変分**と呼ぶ．

$q^i(t) = q_0^i(t)$ と選んだときに S が極小または極大値を持つための条件として，$\left.\frac{dS}{d\epsilon}\right|_{\epsilon=0} = 0$ が要請されるが，この条件を書き表すと，

---

[14] 最初の等式では，$\frac{\partial \dot{x}^j}{\partial \dot{q}^i} = \frac{\partial}{\partial \dot{q}^i} \sum_{k=1,2,3} \frac{\partial x^j}{\partial q^k} \dot{q}^k = \frac{\partial x^j}{\partial q^i}$ という関係を用いた．

$$0 = \left.\frac{dS}{d\epsilon}\right|_{\epsilon=0} = \int_{t_1}^{t_2} dt \left\{ \frac{\partial F}{\partial q^i(t)} \delta q^i(t) + \frac{\partial F}{\partial (\dot{q}^i(t))} \delta \dot{q}^i(t) \right\}$$

$$= \int_{t_1}^{t_2} dt \left\{ \frac{\partial F}{\partial q^i(t)} - \frac{d}{dt}\left(\frac{\partial F}{\partial (\dot{q}^i(t))} \right) \right\} \delta q^i(t) \tag{1.103}$$

となる．ただし 2 行目への式変形では，部分積分と境界条件（1.102）を使った．ここで，$\delta q^i(t)$ は境界の値が固定された任意の関数なので，汎関数 S が極小または極大値を持つための条件として，(1.103) の被積分関数がゼロとなる方程式：

$$\frac{\partial F}{\partial q^i(t)} - \frac{d}{dt}\left(\frac{\partial F}{\partial (\dot{q}^i(t))} \right) = 0 \tag{1.104}$$

が課され，この方程式を**オイラーの方程式**と呼ぶ．特に F をラグランジアン L に選ぶとこれは前項で導入したオイラー・ラグランジュ方程式に他ならない．また $F = L$ として定められる汎関数 S は**作用**と呼ばれる．

以上の考察により，作用汎関数 S が最小値[15]を取るための条件として，オイラー・ラグランジュ方程式が導かれた．この考察を一般化し，力学の新たな指導原理として導入したのが，**最小作用の原理**（または**ハミルトンの原理**）である．

> **最小作用の原理**
> 物体の運動は作用汎関数が停留値となるように実現される．

ラグランジアン $L(q^i, \dot{q}^i)$ から定められる作用 S が停留値を取るという条件は座標系の取り方によらないので，前項での最後に示したように，オイラー・ラグランジュ方程式（1.94）は一般化座標の選び方によらずに導かれることも，最小作用の原理から明白である．

例題 時刻 $t = 0$ で静止していた質点が重力に従って $(x, y) = (0, 0)$ から抵抗を無視できる滑らかな経路に沿って滑り落ちる運動に対して，最短時間で点 $(x, y) = (a, 0)$ に到達する経路を考える．ただし図 1.10 のように，x は水平方向，y は鉛直下向き方向を表している．

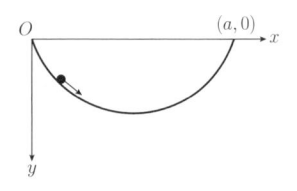

図 1.10　最急降下線

1. 質点の速さを $y' \equiv \frac{dy}{dx}$, $\dot{x} \equiv \frac{dx}{dt}$ で表せ．
2. 質点が y にあるときの速さを，エネルギー保存則を使って求めよ．ただし，重

---
[15] 厳密には作用の停留値（または極値）$\delta S = 0$．

力加速度を g とする.
3. 到達時間を
$$T = \int_0^a dx\, F(y, y') \tag{1.105}$$
と表したとき, $F(y, y')$ を計算せよ. また, このとき $y = y(x)$ が満たす微分方程式を求めよ.
4. 上の微分方程式の解がサイクロイド
$$\begin{cases} x = \alpha(\theta - \sin\theta) \\ y = \alpha(1 - \cos\theta) \end{cases} \tag{1.106}$$
となることを示せ. ただし α は定数である.
5. α を a を使って表せ.

解説
1. (x, y) 方向の速度 (v_x, v_y) は
$$v_x = \dot{x}, \quad v_y = \dot{y} = y'\dot{x} \tag{1.107}$$
であるので, 速度の大きさ $v = \sqrt{v_x^2 + v_y^2}$ は
$$v = |\dot{x}|\sqrt{1 + (y')^2} \tag{1.108}$$
となる.
2. エネルギー保存則より
$$\frac{m}{2}v^2 = mgy \tag{1.109}$$
となることから,
$$v = \sqrt{2gy} \tag{1.110}$$
と求まる.
3. 前小問までの結果を合わせて, $x = 0$ から出発して $x = a$ に到達するために要する時間 T は
$$T = \int_0^T dt = \int_0^a \frac{dx}{\dot{x}} = \int_0^a dx\, \frac{\sqrt{1 + y'^2}}{\sqrt{2gy}} \tag{1.111}$$
と表されるので, 被積分関数 $F(y, y')$ は

$$F(y, y') = \sqrt{\frac{1+y'^2}{2gy}} \tag{1.112}$$

となる．この時間 T を関数 $y(x)$ に対する汎関数と見なすと，最短時間で到達する条件はオイラーの方程式：

$$0 = \frac{\partial F}{\partial y(x)} - \frac{d}{dx}\left(\frac{\partial F}{\partial y'(x)}\right) = -\frac{1+y'^2+2yy''}{\sqrt{g}\left(2y(1+y')\right)^{3/2}} \tag{1.113}$$

によって与えられるので，$y(x)$ は微分方程式

$$1 + y'^2 + 2yy'' = 0 \tag{1.114}$$

に従う．

4. 前小問で得られた微分方程式は

$$\frac{2y'y''}{1+y'^2} = -\frac{y'}{y} \tag{1.115}$$

と書き換えられるので，変数分離を行い両辺を積分すると，

$$y(1+y'^2) = 2\alpha \tag{1.116}$$

という関係式が得られる．ここで，積分を実行する際に積分定数 α を導入した．$y > 0$ のとき，y' は

$$\frac{dy}{dx} = \sqrt{\frac{2\alpha - y}{y}} \tag{1.117}$$

となる．さらにこの微分方程式を $y = \alpha(1 - \cos\theta)$ と媒介変数表示して書き換えると，

$$\frac{dy}{dx} = \cot\frac{\theta}{2} \tag{1.118}$$

と表される．これより

$$dx = \tan\frac{\theta}{2}\,dy = \alpha(1 - \cos\theta)\,d\theta \tag{1.119}$$

となるので，また新たに積分定数 β を導入して両辺を積分すると

$$x = \alpha(\theta - \sin\theta) + \beta \tag{1.120}$$

という解が得られる．ここで $(x, y) = (0, 0)$ から出発するという初期条件から，積分定数が $\beta = 0$ と定まり，サイクロイドの軌跡 (1.106) が得られる．

5. $y = 0$ となる到達点 $(x, y) = (a, 0)$ は最急降下線 (1.106) 上の $\theta = 2\pi$ の点とし

て実現するので，$a = 2\pi\alpha$ となる．よって $\alpha = \frac{a}{2\pi}$ という関係に従う．∎

1-3　ハミルトン形式

1-3-1　正準変数とハミルトニアン

解析力学のもう1つの枠組みとして，**ハミルトン形式**（または**正準形式**）がある．ラグランジュ形式では，一般化座標とその時間微分 $(q^i, \dot{q}^i)$ が基本変数として用いられた．これに対しハミルトン形式では，一般化座標とその共役運動量 (q^i, p_i) を基本変数として力学が記述される．

まず初めに，q^i と p_i の関数として**ハミルトニアン**は次のように定義される：

$$H\left(q^i, p_i\right) \equiv \sum_i p_i \dot{q}^i\left(q^j, p_j\right) - L\left(q^i, \dot{q}^i\left(q^j, p_j\right)\right) \tag{1.121}$$

この定義をラグランジアンからハミルトニアンへの変換と見なしたとき，(1.121) は**ルジャンドル変換**と呼ばれ，2つの解析力学の枠組みをつなぐ関係式として解釈される．ここで共役運動量の定義 (1.93) を使うと，

$$\frac{\partial H}{\partial p_j} = \sum_i \frac{\partial \dot{q}^i}{\partial p_j} p_i + \dot{q}^j - \sum_i \frac{\partial L}{\partial \dot{q}^i} \frac{\partial \dot{q}^i}{\partial p_j} = \dot{q}^j \tag{1.122}$$

という方程式が得られ，さらにオイラー・ラグランジュ方程式を用いると，

$$\frac{\partial H}{\partial q^j} = \sum_i p_i \frac{\partial \dot{q}^i}{\partial q^j} - \frac{\partial L}{\partial q^j} - \sum_i \frac{\partial L}{\partial \dot{q}^i} \frac{\partial \dot{q}^i}{\partial q^j} = \sum_i p_i \frac{\partial \dot{q}^i}{\partial q^j} - \frac{d}{dt}\left(\frac{\partial L}{\partial \dot{q}^j}\right) - \sum_i p_i \frac{\partial \dot{q}^i}{\partial q^j} = -\dot{p}_j \tag{1.123}$$

という方程式も導かれる．これらの関係をまとめて，**正準方程式**（または**ハミルトン方程式**）と名付けられている：

$$\dot{q}^i = \frac{\partial H}{\partial p_i}, \quad \dot{p}_i = -\frac{\partial H}{\partial q^i} \tag{1.124}$$

また，ハミルトン形式の基本変数である (q^i, p_i) がなす $2f$ 次元の空間を**位相空間**と呼び，(q^i, p_i) を**正準変数**という[16]．

ラグランジュ形式とハミルトン形式がルジャンドル変換を通じて関係していることからも明らかなように，正準方程式系から共役運動量を除去すると，一般化座標

[16) 正準形式で考えていることを強調するために以降，正準変数の中の一般化座標 q^i を**正準座標**と呼び，共役運動量を**正準運動量**と呼ぶこともある．

に対する方程式が得られ，ニュートンの運動方程式が導かれる．つまり，ラグランジュ形式と異なり，正準形式では座標と運動量を対等に取り扱うことによって，時間に関する一階の微分方程式系（1.124）として，物体の運動が記述できるのである．次の例題で見るように，運動エネルギーと位置エネルギーの和を正準変数で表したものがハミルトニアンに相当する．

例題 バネ定数 k のバネにつながれた質量 m の質点の運動を再考する．
1. 変位 x とその時間微分 $\dot{x}$ を用いてラグランジアン $L(x,\dot{x})$ を表し，オイラー・ラグランジュ方程式を導出せよ．
2. x を正準座標として共役運動量 p およびハミルトニアン $H(x,p)$ を求め，正準方程式を導け．
3. ハミルトニアン $H(x,p)$ が一定値 E の周期運動をしているとき，1周期 $0 \le t \le T$ にわたる運動 $(x(t),p(t))$ によって位相空間上に描かれる軌跡が囲む領域の面積 J を求めよ．

解説
1. フックの法則 $F = -kx$ によって質点に働く力の仕事量から定められる位置エネルギー V は，$V = \frac{k}{2}x^2$ となるので，運動エネルギー $T = \frac{m}{2}\dot{x}^2$ と合わせて，ラグランジアン L は

$$L(x,\dot{x}) = \frac{m}{2}\dot{x}^2 - \frac{k}{2}x^2 = \frac{m}{2}(\dot{x}^2 - \omega^2 x^2) \tag{1.125}$$

となる．ただし，固有振動数は $\omega \equiv \sqrt{k/m}$ と定めた．このラグランジアンを用いると，オイラー・ラグランジュ方程式は

$$m\ddot{x} + m\omega^2 x = 0 \tag{1.126}$$

となり，バネにつながれた質点の運動方程式が再現される．

2. x を一般化座標に選ぶと，対応する共役運動量 p は，

$$p = \frac{\partial L}{\partial \dot{x}} = m\dot{x} \tag{1.127}$$

となる．こうして得られた正準変数を用いてハミルトニアン $H(x,p)$ を表すと，(1.121) より

$$H(x,p) = p\dot{x} - L(x,\dot{x}) = \frac{p^2}{2m} + \frac{m}{2}\omega^2 x^2 \tag{1.128}$$

を得る．このハミルトニアンを使って，正準方程式 (1.124) は

$$\dot{x} = \frac{\partial H}{\partial p} = \frac{p}{m}, \quad \dot{p} = -\frac{\partial H}{\partial x} = -m\omega^2 x \tag{1.129}$$

となる．

3. ハミルトニアン $H(x,p)$ が一定値 E を持つ周期運動では

$$E = \frac{p^2}{2m} + \frac{m\omega^2 x^2}{2} \tag{1.130}$$

となるので，(x,p)-平面として表される位相空間上の軌跡は楕円になる．正準座標 x は $-a \leq x \leq a$ ($a \equiv \sqrt{\frac{2E}{m\omega^2}}$：振幅) の定義域を動けるので，

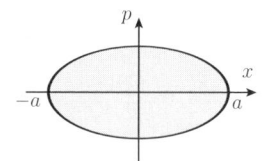

図に記されたこの楕円が囲む領域の面積は，

$$J = 2\int_{-a}^{a} dx\,|p(x)| = 2\int_{-a}^{a} dx\,\sqrt{2m\left(E - \frac{m}{2}\omega^2 x^2\right)} = m\omega a^2 \pi = \frac{2\pi}{\omega}E \tag{1.131}$$

となる[17]．

1-3-2 正準変換

ラグランジュ形式では一般化座標の取り方によらずにオイラー・ラグランジュ方程式が得られたが，正準形式では一般化座標と共役運動量を独立な自由度として取り扱っているので，任意の変数変換 $(q,p) \to (Q(q,p), P(q,p))$ を施すと，ハミルトニアン $\mathcal{H}(Q,P) \equiv H(q(Q,P), p(Q,P))$ に対して正準方程式 (1.124) が必ずしも成り立つとは限らない．では，正準変数の変換後にも正準方程式が成立するための条件とは，どのようなものであろうか？

まず，正準方程式の変換の様子を探るため，最小作用の原理を基に正準方程式

---

[17] 量子力学では，作用変数 J がプランク定数 h の自然数 (n) 倍

$$J = nh \tag{1.132}$$

となる．この条件はボーア・ゾンマーフェルトの量子化条件と呼ばれ，位相空間のプランク定数サイズの離散化を意味する．特に調和振動子のような周期運動の場合には，この量子化条件の下でエネルギー E が連続的でなく離散的な値を取ることが要請される．詳細は「量子力学」の章を参照されたい．

(1.124) を導出する．ハミルトニアンの定義 (1.121) より

$$L = \sum_i p_i \dot{q}^i \left(q^j, p_j\right) - H \tag{1.133}$$

という関係に従うので，作用 S は

$$S = \int_{t_1}^{t_2} dt \left(\sum_i p_i \dot{q}^i - H \right) \tag{1.134}$$

と表される．q^i と p_i を独立な変数として変分を取ると，$\delta \dot{q}^i = \frac{d}{dt}\delta q^i$ に注意して，

$$\begin{aligned}\delta S &= \int_{t_1}^{t_2} dt \sum_i \left(\delta p_i \dot{q}^i + p_i \delta \dot{q}^i - \frac{\partial H}{\partial q^i}\delta q^i - \frac{\partial H}{\partial p_i}\delta p_i \right) \\ &= \int_{t_1}^{t_2} dt \sum_i \left(\left(\dot{q}^i - \frac{\partial H}{\partial p_i}\right)\delta p_i - \left(\dot{p}_i + \frac{\partial H}{\partial q^i}\right)\delta q^i \right)\end{aligned} \tag{1.135}$$

となる．この表式を最小作用の原理 $\delta S = 0$ に当てはめると，目的の正準方程式 (1.124) が得られる．

今度は，正準変数 (q^i, p_i) $(i=1,2,\cdots,f)$ を新しい正準変数 (Q^i, P_i) に変換したときに得られる正準方程式を考える．新しい正準変数に対するハミルトニアンを $\mathcal{H}$，作用を S' とすると，

$$S' = \int_{t_1}^{t_2} dt \left(\sum_i P_i \dot{Q}^i - \mathcal{H} \right) \tag{1.136}$$

と表される．そこで，S に対する条件 $\delta S = 0$ と S' に対する条件 $\delta S' = 0$ が等価になるためには，2 つの作用 S, S' の被積分関数の差が時間 t の全微分として表されれば良い：

$$\sum_i p_i \dot{q}^i - H = \sum_i P_i \dot{Q}^i - \mathcal{H} + \frac{dK}{dt} \tag{1.137}$$

ここで，K が正準座標 q^i, Q^i および時間 t の関数 $K = K(q^i, Q^i, t)$ であるとすると，

$$\frac{dK}{dt} = \sum_i \left(\frac{\partial K}{\partial q^i}\dot{q}^i + \frac{\partial K}{\partial Q^i}\dot{Q}^i \right) + \frac{\partial K}{\partial t} \tag{1.138}$$

より，正準運動量 p_i, P_i およびハミルトニアン $\mathcal{H}$ が

$$p_i = \frac{\partial K}{\partial q^i}, \quad P_i = -\frac{\partial K}{\partial Q^i}, \quad \mathcal{H} = H + \frac{\partial K}{\partial t} \tag{1.139}$$

という関係に従うならば (1.137) が満たされる．こうして正準変数の変換に伴い導

入された関数 $K = K(q^i, Q^i, t)$ を**母関数**と呼び，正準変数の間の変換（1.139）を**正準変換**と呼ぶ．

$K(q^i, Q^i, t)$ を母関数とした正準変換では，q^i と Q^i が独立変数と見なされている．このように正準変換では，独立変数の取り方に応じて異なる母関数が導入される．(1.139) 以外の独立変数の選び方に対し，正準変換は以下のようになる：

- q^i と P_i が独立変数の場合：
  $K = \tilde{K}(q^i, P_i, t) - \sum_i Q^i P_i$ として，正準変数は以下のように変換する：
  $$p_i = \frac{\partial \tilde{K}}{\partial q^i}, \quad Q^i = \frac{\partial \tilde{K}}{\partial P_i}, \quad \mathcal{H} = H + \frac{\partial \tilde{K}}{\partial t} \tag{1.140}$$

- p_i と Q^i が独立変数の場合：
  $K = \bar{K}(p_i, Q^i, t) + \sum_i q^i p_i$ を母関数として，
  $$q^i = -\frac{\partial \bar{K}}{\partial p_i}, \quad P_i = -\frac{\partial \bar{K}}{\partial Q^i}, \quad \mathcal{H} = H + \frac{\partial \bar{K}}{\partial t} \tag{1.141}$$

- p_i と P_i が独立変数の場合：
  上の2つの変換を合わせて，$K = \tilde{\bar{K}}(p_i, P_i, t) + \sum_i (q^i p_i - Q^i P_i)$ を母関数とすると，
  $$q^i = -\frac{\partial \tilde{\bar{K}}}{\partial p_i}, \quad Q_i = \frac{\partial \tilde{\bar{K}}}{\partial P_i}, \quad \mathcal{H} = H + \frac{\partial \tilde{\bar{K}}}{\partial t} \tag{1.142}$$

最後に，正準変数 q^i および p_i の時間発展が正準変換となることを見てみよう．δt を時間の次元を持つ微小量として，次のような母関数を考える：

$$\tilde{K}(q^i, P_i) = \sum_i q^i P_i + \delta t\, H(q^i, P_i) \tag{1.143}$$

ただし $H(q^i, P_i)$ は，共役運動量 p_i を P_i に置き換えたハミルトニアンである．この母関数を (1.140) に当てはめると，

$$p_i = P_i + \delta t \frac{\partial H(q^i, P_i)}{\partial q^i}, \quad Q^i = q^i + \delta t \frac{\partial H(q^i, P_i)}{\partial P_i} \tag{1.144}$$

という関係が得られる．

ここで，正準方程式 (1.124) の意味を考えると，正準方程式は正準変数の時間に関する一階の微分方程式であり，ハミルトニアンを通じて (q^i, p_i) の時間発展を記述する方程式と見なせる．つまり，正準変数の t から $t + \delta t$ への微小時間発展は，

$$q^i(t+\delta t) = q^i(t) + \int_t^{t+\delta t} dt \frac{\partial H}{\partial p_i} \simeq q^i(t) + \delta t \frac{\partial H}{\partial p_i} , \qquad (1.145)$$

$$p_i(t+\delta t) = p_i(t) - \int_t^{t+\delta t} dt \frac{\partial H}{\partial q^i} \simeq p_i(t) - \delta t \frac{\partial H}{\partial q^i} \qquad (1.146)$$

と表され，(1.144) と比較すると，

$$Q^i(t) = q^i(t+\delta t) , \quad P_i(t) = p_i(t+\delta t) \qquad (1.147)$$

という関係にあることが分かる．従って，正準変数 q^i および p_i の時間発展は，正準変換の一例であるといえるのである．

1-3-3 ポアソン括弧

一般に物理量 $F(q^i(t), p_i(t), t)$ の時間変化は

$$\begin{aligned}\frac{dF}{dt} &= \frac{\partial F}{\partial t} + \sum_i \left(\frac{\partial F}{\partial q^i} \dot{q}^i + \frac{\partial F}{\partial p_i} \dot{p}_i \right) = \frac{\partial F}{\partial t} + \sum_i \left(\frac{\partial F}{\partial q^i} \frac{\partial H}{\partial p_i} - \frac{\partial F}{\partial p_i} \frac{\partial H}{\partial q^i} \right) \\ &= \frac{\partial F}{\partial t} + [F, H]\end{aligned} \qquad (1.148)$$

と表される．ここで導入した記号 [,] は**ポアソン括弧**と呼ばれ，一般の物理量 F, G に対する演算として

$$[F, G] \equiv \sum_i \left(\frac{\partial F}{\partial q^i} \frac{\partial G}{\partial p_i} - \frac{\partial F}{\partial p_i} \frac{\partial G}{\partial q^i} \right) \qquad (1.149)$$

と定義される．F が陽に時刻 t によらなければ $\frac{\partial F}{\partial t} = 0$ であるので，

$$\frac{dF}{dt} = [F, H] \qquad (1.150)$$

となり，もし $[F, H] = 0$ であれば F は時間によらず一定，すなわち保存することが分かる．特に，ハミルトニアン H はポアソン括弧の定義より $[H, H] = 0$ なので，H 自体もまた時刻に陽によらなければ保存量となる．

ポアソン括弧が満たす性質として，以下の関係式が挙げられる：

(1) $[F, G] = -[G, F]$

(2) $[q^i, q^j] = [p_i, p_j] = 0 , \quad [q^i, p_j] = \delta^i{}_j ,\quad$ ただし $\quad \delta^i{}_j \equiv \begin{cases} 1 & i = j \\ 0 & i \neq j \end{cases}$

(3) $[F, G_1 G_2] = [F, G_1]G_2 + G_1[F, G_2]$, $[F_1 F_2, G] = [F_1, G]F_2 + F_1[F_2, G]$

(4) $\left[q^i, (p_j)^n\right] = n(p_j)^{n-1} \delta^i{}_j$, $\left[p_i, (q^j)^n\right] = -n(q^j)^{n-1} \delta^j{}_i$

(5) $[q^i, F] = \dfrac{\partial F}{\partial p_i}$, $[p_i, F] = -\dfrac{\partial F}{\partial q^i}$

(6) $[[F, G], J] + [[G, J], F] + [[J, F], G] = 0$ (1.151)

特に最後の恒等式 (6) は**ヤコビ恒等式**と呼ばれ，この関係を用いると，F と G が保存して，なおかつ $[F, H] = [G, H] = 0$ であるならば，

$$[[F, G], H] = -[[G, H], F] - [[H, F], G] = 0 \tag{1.152}$$

が満たされるので，$[F, G]$ という量もまた保存することが分かる．また，こうして導入されたポアソン括弧は，量子力学における**交換子**に対応する．なお，交換子の詳細に関しては「量子力学」の章で紹介する．

例題　中心力ポテンシャル $V(r)$ の下で運動する質量 m の質点を考える．
 1. 直交座標 $\boldsymbol{r} = (x, y, z)$ を使って，ラグランジアンおよびハミルトニアンを求めよ．
 2. 角運動量 $\boldsymbol{L}$ が保存することをポアソン括弧を用いて示せ．
 3. 角運動量の x-成分 L_x と y-成分 L_y に対するポアソン括弧を計算せよ．

<u>解説</u>
 1. 質点の速度を $\dot{\boldsymbol{r}}$ と表すと，ラグランジアンは

$$L = \frac{1}{2} m \dot{\boldsymbol{r}} \cdot \dot{\boldsymbol{r}} - V(r) \tag{1.153}$$

となり，ハミルトニアンは運動量 $\boldsymbol{p} = m\dot{\boldsymbol{r}}$ を用いて

$$H = \frac{\boldsymbol{p} \cdot \boldsymbol{p}}{2m} + V(r) \tag{1.154}$$

と表される．
 2. 直交座標系を用いて角運動量は

$$\boldsymbol{L} = \boldsymbol{r} \times \boldsymbol{p} = (yp_z - zp_y, zp_x - xp_z, xp_y - yp_x) \tag{1.155}$$

と表される．この表式を用いて L_x と H のポアソン括弧を計算すると

$$\begin{aligned}{}[L_x, H] &= \frac{\partial L_x}{\partial y}\frac{\partial H}{\partial p_y} - \frac{\partial L_x}{\partial p_y}\frac{\partial H}{\partial y} + \frac{\partial L_x}{\partial z}\frac{\partial H}{\partial p_z} - \frac{\partial L_x}{\partial p_z}\frac{\partial H}{\partial z} \\ &= \frac{p_z p_y}{m} + \frac{zy}{r}V'(r) - \frac{p_y p_z}{m} - \frac{yz}{r}V'(r) = 0 \end{aligned} \tag{1.156}$$

となり，L_x が保存することが示される．また，L_y, L_z の保存も同様に示される．
3. ポアソン括弧の定義より，

$$[L_x, L_y] = \frac{\partial L_x}{\partial z}\frac{\partial L_y}{\partial p_z} - \frac{\partial L_x}{\partial p_z}\frac{\partial L_y}{\partial z} = p_y x - y p_x = L_z \tag{1.157}$$

という関係が得られる． ∎

例題 母関数 $K = K(q, Q, t)$ として $(q, p) \to (Q, P) = (Q(q, p, t), P(q, p, t))$ という正準変換を考える．このとき，物理量 F, G に対して $\frac{\partial F}{\partial q}\frac{\partial G}{\partial p} - \frac{\partial F}{\partial p}\frac{\partial G}{\partial q} = \frac{\partial F}{\partial Q}\frac{\partial G}{\partial P} - \frac{\partial F}{\partial P}\frac{\partial G}{\partial Q}$ が成立することを示し，ポアソン括弧が正準変換の下で不変であることを確かめよ．

解説

$K = K(q, Q(q, p, t), t)$ とすると，正準変換 $p = \partial K/\partial q$, $P = -\partial K/\partial Q$ から

$$1 = \frac{\partial p}{\partial p} = \frac{\partial^2 K}{\partial Q \partial q}\frac{\partial Q}{\partial p}, \quad \frac{\partial P}{\partial p} = -\frac{\partial^2 K}{\partial Q^2}\frac{\partial Q}{\partial p}, \quad \frac{\partial P}{\partial q} = -\frac{\partial^2 K}{\partial q \partial Q} - \frac{\partial^2 K}{\partial Q^2}\frac{\partial Q}{\partial q} \tag{1.158}$$

という関係式が得られる．ここで，最後の関係式の両辺に $\frac{\partial Q}{\partial p}$ をかけ，残りの関係式を使って整理すると，

$$\frac{\partial P}{\partial q}\frac{\partial Q}{\partial p} = -\frac{\partial^2 K}{\partial q \partial Q}\frac{\partial Q}{\partial p} - \frac{\partial Q}{\partial q}\left(\frac{\partial^2 K}{\partial Q^2}\frac{\partial Q}{\partial p}\right) = -1 + \frac{\partial Q}{\partial q}\frac{\partial P}{\partial p} \tag{1.159}$$

となる．従って，

$$\frac{\partial Q}{\partial q}\frac{\partial P}{\partial p} - \frac{\partial Q}{\partial p}\frac{\partial P}{\partial q} = 1 \tag{1.160}$$

という関係式が導かれたので，これを用いると，

$$\begin{aligned}
&\frac{\partial F}{\partial q}\frac{\partial G}{\partial p} - \frac{\partial F}{\partial p}\frac{\partial G}{\partial q} \\
&= \left(\frac{\partial F}{\partial Q}\frac{\partial Q}{\partial q} + \frac{\partial F}{\partial P}\frac{\partial P}{\partial q}\right)\left(\frac{\partial G}{\partial Q}\frac{\partial Q}{\partial p} + \frac{\partial G}{\partial P}\frac{\partial P}{\partial p}\right) \\
&\quad - \left(\frac{\partial F}{\partial Q}\frac{\partial Q}{\partial p} + \frac{\partial F}{\partial P}\frac{\partial P}{\partial p}\right)\left(\frac{\partial G}{\partial Q}\frac{\partial Q}{\partial q} + \frac{\partial G}{\partial P}\frac{\partial P}{\partial q}\right) \\
&= \left(\frac{\partial F}{\partial Q}\frac{\partial G}{\partial P} - \frac{\partial F}{\partial P}\frac{\partial G}{\partial Q}\right)\left(\frac{\partial Q}{\partial q}\frac{\partial P}{\partial p} - \frac{\partial Q}{\partial p}\frac{\partial P}{\partial q}\right) = \frac{\partial F}{\partial Q}\frac{\partial G}{\partial P} - \frac{\partial F}{\partial P}\frac{\partial G}{\partial Q}
\end{aligned} \tag{1.161}$$

となり，ポアソン括弧 $[F, G]$ が $K(q, Q, t)$ で定められる正準変換 (1.139) の下で不変であることが確かめられた． ∎

ここで位相空間の微小体積の変数変換

$$dQdP = Jdqdp \tag{1.162}$$

に現れる因子 J を**ヤコビアン**と呼び，具体的には以下の行列式で定義される：

$$J \equiv \begin{vmatrix} \frac{\partial Q}{\partial q} & \frac{\partial Q}{\partial p} \\ \frac{\partial P}{\partial q} & \frac{\partial P}{\partial p} \end{vmatrix} = \left| \frac{\partial Q}{\partial q}\frac{\partial P}{\partial p} - \frac{\partial Q}{\partial p}\frac{\partial P}{\partial q} \right| \tag{1.163}$$

ただし，左辺の | | は行列式を表すが，右辺の | | は絶対値を表している事に注意[18]．上の例題で得られた式 (1.160) はこのヤコビアンに相当し，正準方程式に従う系の運動に対する位相空間の微小体積要素 $dV = dqdp$ は正準変換の下で不変であること，すなわち $dQdP = dqdp$ を意味している．また前項の最後で見たとおり，正準変数 (q^i, p_i) の時間発展は正準変換と見なせるので，ある時刻での系の運動が占める位相空間内の領域 Γ_0 の体積 $\Delta V = \int_{\Gamma_0} \prod_i dq^i dp_i$ は時間と共に変化しない：

$$\frac{d}{dt}(\Delta V) = 0 \tag{1.164}$$

この位相空間の微小体積要素が，正準不変である性質を**リュウヴィルの定理**という．リュウヴィルの定理は統計力学の基本原理である等重率の原理を論じる上で重要な役割を果たしている．詳しくは「統計力学」の章を参照されたい．

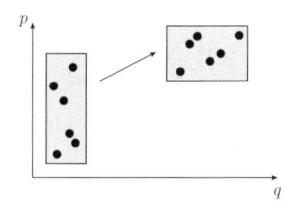

図 1.11 リュウヴィルの定理

練習問題

【**問題 1.1**】図 1.12 のように質量 m の質点が中心力ポテンシャル $U(r)$ に従って運動するとき，以下の問いに答えよ．

1. 円柱座標 $(x, y, z) = (\rho\cos\theta, \rho\sin\theta, z)$ を用いてラグランジアンを表し，一般化座標 (ρ, θ, z) に対する共役運動量 (p_ρ, p_θ, p_z) を求めよ．
2. $z = 0$ で定められる xy-平面内を運動する

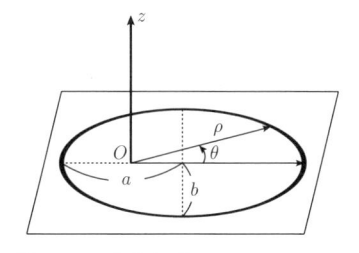

図 1.12 中心力ポテンシャルによる運動

---

[18] ヤコビアンについては，「数理物理学」の章でも議論する．

とき，オイラー・ラグランジュ方程式を求め，この質点が持つエネルギー E と角運動量の z-成分 $L_z = l$ が時間によらないことを示せ．

3. この中心力ポテンシャルが原点に置かれた質量 $M \gg m$ を持った物体が生み出す重力ポテンシャル $U(\rho) = -G\frac{Mm}{\rho}$ であるとき，(E, l) を持った質点の軌道を表す方程式 $\rho(\theta)$ を求めよ．

4. $\epsilon \equiv \sqrt{1 + \frac{2l^2 E}{m^3 G^2 M^2}}$ が $\epsilon < 1$ を満たすとき，質点は楕円運動をする（**ケプラーの第一法則**）．この楕円の面積および原点と質点を結ぶ直線が単位時間当たりに掃く面積（**面積速度**）を l を用いて表せ．（この面積速度が一定というのが**ケプラーの第二法則**．）さらに，この楕円運動の周期 T を求め，楕円の長径 a との間に

$$\frac{T^2}{a^3} = \frac{4\pi^2}{GM} \tag{1.165}$$

という関係があり，周期 T の 2 乗が長径の 3 乗 a^3 に比例することを示せ．（**ケプラーの第三法則**）

【問題 1.2】図 1.13 のような，水平方向にだけ運動できる質点 m_1 を支点とし，質点 m_2 がおもりとなった振り子がある．この振り子に対し，鉛直下向きに重力が作用しているとき，$\phi = \pi/2$ での質点の位置をこの系の位置エネルギー V の基準点として，以下の問いに答えよ．

1. この系に対する全位置エネルギー V を，ϕ，x の関数として表せ．ただし，重力加速度を g とする．
2. この系に対するラグランジアンを求めよ．
3. ϕ，x に共役な運動量 p_ϕ，p_x を計算せよ．
4. この系に対するオイラー・ラグランジュ方程式を導け．

図 1.13　2 つの質点からなる振り子

【問題 1.3】摩擦のない水平面上を運動する質量 m の質点に，図 1.14 のように片方の端が固定された，自然な長さが l，バネ定数が k のバネが取り付けてある．

1. 平面の極座標を用いて，この系に対するラグランジアンを求めよ．
2. この系のオイラー・ラグランジュ方程式を導け．
3. この系における力学的エネルギー E とハミルトニアン H を求めよ．

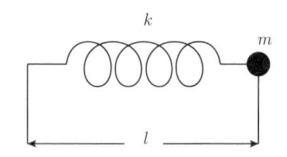

図 1.14　バネに取り付けられた質点の運動

4. この系の正準方程式を導け.

【問題 1.4】$K = K(q,Q)$ による正準変換 $(q,p) \to (Q,P)$ を考える. $K = qQ$ とし, Q と P を q と p で表せ.

第 2 章

電磁気学

　電気が帯電した物体に及ぼす力や，磁気が電流に及ぼす力は我々の生活で身近に感じられるものであり，これらは**電磁相互作用**と総称される．電磁相互作用は場の概念を導入することによって，電場と磁場によって媒介される力と解釈され，さらにこれらの場はマクスウェル方程式によって支配される．ここでは，電磁場にまつわる物理現象の諸法則からマクスウェル方程式が導かれる過程を見てゆく．

2-1　数学的準備

　電磁場を取り扱う上でベクトル解析は必要不可欠となる．そこでまず初めに，スカラー場やベクトル場の微分と積分に関する基礎的事項をまとめておく．

2-1-1　微分演算

　ベクトル微分演算子 ∇（**ナブラ**）は次のように定義される：

$$\nabla \equiv \left(\frac{\partial}{\partial x}, \frac{\partial}{\partial y}, \frac{\partial}{\partial z}\right) \tag{2.1}$$

ベクトル微分演算子は，3 次元空間の各点 (x, y, z) で関数に値を持つ**スカラー場** $\phi(x, y, z)$ や 3 次元ベクトルに値を持つ**ベクトル場** $\boldsymbol{A}(x, y, z) = (A_x(x, y, z), A_y(x, y, z), A_z(x, y, z))$ に対し，以下のように作用する：

- **勾配**：スカラー場 ϕ に作用して，ベクトル場を作る．

$$\mathrm{grad}\,\phi(x, y, z) = \nabla \phi(x, y, z) = \left(\frac{\partial \phi(x, y, z)}{\partial x}, \frac{\partial \phi(x, y, z)}{\partial y}, \frac{\partial \phi(x, y, z)}{\partial z}\right) \tag{2.2}$$

- **発散**：∇ とベクトル場 $\boldsymbol{A}$ の内積．ベクトル場に作用してスカラー場を作る．

$$\mathrm{div}\,\boldsymbol{A}(x, y, z) = \nabla \cdot \boldsymbol{A} = \frac{\partial A_x(x, y, z)}{\partial x} + \frac{\partial A_y(x, y, z)}{\partial y} + \frac{\partial A_z(x, y, z)}{\partial z} \tag{2.3}$$

- 回転：∇ とベクトル場 $\boldsymbol{A}$ の外積．ベクトル場に作用してベクトル場を作る．

$$\operatorname{rot} \boldsymbol{A}(x,y,z) = \nabla \times \boldsymbol{A} = (\operatorname{rot} \boldsymbol{A}_x, \operatorname{rot} \boldsymbol{A}_y, \operatorname{rot} \boldsymbol{A}_z)\,, \tag{2.4}$$

$$\operatorname{rot} \boldsymbol{A}_x = \frac{\partial A_z(x,y,z)}{\partial y} - \frac{\partial A_y(x,y,z)}{\partial z}\,,$$

$$\operatorname{rot} \boldsymbol{A}_y = \frac{\partial A_x(x,y,z)}{\partial z} - \frac{\partial A_z(x,y,z)}{\partial x}\,,$$

$$\operatorname{rot} \boldsymbol{A}_z = \frac{\partial A_y(x,y,z)}{\partial x} - \frac{\partial A_x(x,y,z)}{\partial y}\,,$$

ベクトル場の積や微分は，以下の恒等式を満たす：

$$\text{(i)} \quad (\boldsymbol{u}\times\boldsymbol{v})\cdot\boldsymbol{w} = (\boldsymbol{v}\times\boldsymbol{w})\cdot\boldsymbol{u} = (\boldsymbol{w}\times\boldsymbol{u})\cdot\boldsymbol{v} \tag{2.5}$$

$$\text{(ii)} \quad (\boldsymbol{u}\times\boldsymbol{v})\times\boldsymbol{w} = (\boldsymbol{u}\cdot\boldsymbol{w})\boldsymbol{v} - (\boldsymbol{v}\cdot\boldsymbol{w})\boldsymbol{u} \tag{2.6}$$

$$\text{(iii)} \quad \operatorname{rot}\operatorname{grad} f = 0 \tag{2.7}$$

$$\text{(iv)} \quad \operatorname{rot}\operatorname{grad} \boldsymbol{A} = 0 \tag{2.8}$$

$$\text{(iv)} \quad \operatorname{div}\operatorname{rot} \boldsymbol{A} = 0 \tag{2.9}$$

$$\text{(vi)} \quad \operatorname{div}(\boldsymbol{A}\times\boldsymbol{B}) = (\operatorname{rot}\boldsymbol{A})\cdot\boldsymbol{B} - \boldsymbol{A}\cdot(\operatorname{rot}\boldsymbol{B}) \tag{2.10}$$

$$\text{(iv)} \quad \operatorname{rot}\operatorname{rot}\boldsymbol{A} = \operatorname{grad}\operatorname{div}\boldsymbol{A} - \triangle\boldsymbol{A} \tag{2.11}$$

$$\triangle \equiv \operatorname{div}\operatorname{grad} = \nabla\cdot\nabla = \frac{\partial^2}{\partial x^2} + \frac{\partial^2}{\partial y^2} + \frac{\partial^2}{\partial z^2} \tag{2.12}$$

ただし，$\boldsymbol{u},\boldsymbol{v},\boldsymbol{w}$ は 3 次元ベクトルであり，f はスカラー場，$\boldsymbol{A}$ と $\boldsymbol{B}$ はベクトル場を表している．また，$\triangle$ は**ラプラシアン**と呼ばれる，スカラー微分演算子である．

ベクトル微分の演算例として，$r \equiv \sqrt{x^2+y^2+z^2}$ に対し以下の結果が得られる：

1. $\operatorname{grad} r = \dfrac{\boldsymbol{r}}{r}$， 2. $\operatorname{grad} \dfrac{1}{r} = -\dfrac{\boldsymbol{r}}{r^3}$， 3. $\operatorname{rot} \dfrac{\boldsymbol{r}}{r^3} = 0$，

4. $\operatorname{grad}(\boldsymbol{a}\cdot\boldsymbol{r}) = \boldsymbol{a}$　($\boldsymbol{a}$ は定ベクトル)， 5. $\operatorname{rot}\bigl(f(r)\boldsymbol{a}\bigr) = \dfrac{f'(r)}{r}\boldsymbol{r}\times\boldsymbol{a}$ $\quad$ (2.13)

ただし関数 $f(r)$ に対し，$f'(r)$ は変数 r に関する微分を表している．

2-1-2　多重積分

(1) 体積積分：関数 $f(x,y,z)$ の 3 次元空間内の領域 V における体積積分は 3 重積分として計算される：

$$\int_V dV\, f = \iiint_V dxdydz\, f(x,y,z) \tag{2.14}$$

体積積分は，対象とする積分領域 V の形状や対称性に応じて様々な座標系を選ぶことにより効果的に計算を実行できる[1]：

- 立方体（一辺の長さ L）：
(x, y, z)　$0 \leq x, y, z \leq L$

$$\int_0^L dx \int_0^L dy \int_0^L dz\, f(x, y, z) \tag{2.15}$$

- 円柱（底面の半径 R，高さ L）：
$(x, y, z) = (r\cos\theta, r\sin\theta, z)$　$0 \leq r \leq R\,,\ 0 \leq \theta \leq 2\pi\,,\ 0 \leq z \leq L$

$$\int_0^L dz \int_{x^2+y^2 \leq R^2} dxdy\, f(x, y, z) = \int_0^L dz \int_{-R}^R dy \int_{-\sqrt{R^2-y^2}}^{\sqrt{R^2-y^2}} dx\, f(x, y, z)$$
$$= \int_0^L dz \int_0^R rdr \int_0^{2\pi} d\theta\, f(r\cos\theta, r\sin\theta, z)$$
$$(dV \equiv r d\theta dr dz) \tag{2.16}$$

- 球（半径 R）：
$(x, y, z) = (r\cos\phi\sin\theta, r\sin\phi\sin\theta, r\cos\theta)$　$0 \leq r \leq R\,,\ 0 \leq \theta \leq \pi\,,\ 0 \leq \phi \leq 2\pi$

$$\int_{x^2+y^2+z^2 \leq R^2} dxdydz\, f(x,y,z) = \int_{-R}^R dz \int_{-\sqrt{R^2-z^2}}^{\sqrt{R^2-z^2}} dy \int_{-\sqrt{R^2-z^2-y^2}}^{\sqrt{R^2-z^2-y^2}} dx\, f(x,y,z)$$
$$= \int_0^R r^2 dr \int_0^\pi \sin\theta\, d\theta \int_0^{2\pi} d\phi\, f(r\cos\phi\sin\theta, r\sin\phi\sin\theta, r\cos\theta)$$
$$(dV \equiv r^2 \sin\theta d\phi d\theta dr) \tag{2.17}$$

一般の座標 $q^i\ (i=1,2,3)$ を用いて，直交座標 (x,y,z) が $x = x(q^i), y = y(q^i), z = z(q^i)$ のように与えられたとき，微小体積要素 dV は

$$dV = dxdydz = J dq^1 dq^2 dq^3\,,\quad J \equiv \begin{vmatrix} \frac{\partial x}{\partial q^1} & \frac{\partial x}{\partial q^2} & \frac{\partial x}{\partial q^3} \\ \frac{\partial y}{\partial q^1} & \frac{\partial y}{\partial q^2} & \frac{\partial y}{\partial q^3} \\ \frac{\partial z}{\partial q^1} & \frac{\partial z}{\partial q^2} & \frac{\partial z}{\partial q^3} \end{vmatrix} \tag{2.18}$$

となる．ここで，J はヤコビアンと呼ばれ，$|\ |$ は行列式を表す．

(2) 面積分：(x,y) 平面内の 2 次元領域 S 上の面積分は 2 重積分として計算される：

---

[1] なお，ここでは計算結果のみをまとめたが，これらの座標系やヤコビアンの計算を熟知していない読者は「数理物理学」の章を参照して，これらの計算に習熟しておくことを勧める．

$$\int_S dS\, f = \iint_S dxdy\, f(x,y,z) \tag{2.19}$$

面積分もまた微小面積要素 dS を積分領域の形状に応じ，その対称性に応じた座標系を導入して計算するのが効果的である：

- 正方形（$z = z_0$ 平面内，一辺の長さ L）：
  $(x,y,z) = (x,y,z_0)\quad 0 \leq x,y \leq L$
  $$\int_0^L dx \int_0^L dy\, f(x,y,z_0) \tag{2.20}$$

- 円（$z = z_0$ 平面内，半径 R）：
  $(x,y,z) = (r\cos\theta, r\sin\theta, z_0)\quad 0 \leq r \leq R\, ,\, 0 \leq \theta \leq 2\pi$
  $$\int_{x^2+y^2 \leq R^2} dxdy\, f(x,y,z_0) = \int_{-R}^R dy \int_{-\sqrt{R^2-y^2}}^{\sqrt{R^2-y^2}} dx\, f(x,y,z_0)$$
  $$= \int_0^R rdr \int_0^{2\pi} d\theta\, f(r\cos\theta, r\sin\theta, z_0) \tag{2.21}$$

- 球面（半径 R）：
  $(x,y,z) = (R\cos\phi\sin\theta, R\sin\phi\sin\theta, R\cos\theta)\quad 0 \leq \theta \leq \pi\, ,\, 0 \leq \phi \leq 2\pi$
  $$\int_{x^2+y^2+z^2=R^2} dS\, f(x,y,z)$$
  $$= R^2 \int_0^\pi \sin\theta d\theta \int_0^{2\pi} d\phi\, f(R\cos\phi\sin\theta, R\sin\phi\sin\theta, R\cos\theta) \tag{2.22}$$

(3) 線積分：3 次元空間内の曲線 C に沿った区間 L 上の線積分は，パラメータ t を用いて曲線を $(x(t), y(t), z(t))$ と表した場合，以下のように計算される[2]：

$$\int_L dl\, f(x,y,z) = \int_L dt\, \frac{dl}{dt} f(x(t), y(t), z(t)) \tag{2.23}$$

ここで微小線要素は $dl = d\left(\sqrt{x(t)^2 + y(t)^2 + z(t)^2}\right)$ であり，L の形状に応じて以下の計算例が挙げられる[3]：

- 正方形周（$z = 0$ 平面内，一辺の長さ L）：
  $(x,y,z) = (x,y,0)\quad 0 \leq x,y \leq L$

---

[2] 特に，積分路が閉経路である場合には強調して積分記号 $\oint$ が用いられる．
[3] 積分する向きに注意せよ．

$$\int_0^L dy\, f(0,y,0) + \int_0^L dx\, f(x,L,0) + \int_L^0 dy\, f(L,y,0) + \int_L^0 dx\, f(x,0,0) \quad (2.24)$$

- 円周（$z = z_0$ 平面内，半径 R）：
  $(x,y,z) = (R\cos\theta, R\sin\theta, z_0) \quad 0 \leq \theta \leq 2\pi$

$$\int_{x^2+y^2=R^2} dl\, f(x,y,z_0) = R\int_0^{2\pi} d\theta\, f(R\cos\theta, R\sin\theta, z_0) \quad (2.25)$$

2-1-3　ベクトル場の積分

非自明な形状の（特に球対称性や軸対称性等の高い対称性を持った）領域上のベクトル場の積分は，**ガウスの定理**や**ストークスの定理**を用いることにより，計算を効果的に実行できる．

ガウスの定理は発散（div）を伴う体積積分と面積分の間に以下の関係を与える：

> **ガウスの定理**
> V を 3 次元領域とし，その境界をなす 2 次元閉曲面（つまり球面のように端のない曲面）を S とすると，V 上のベクトル場 $\boldsymbol{v}$ に対して以下の関係が成立する：
> $$\int_S dS\, \boldsymbol{v}\cdot\boldsymbol{n} = \int_V dV\, \mathrm{div}\,\boldsymbol{v} \quad (2.26)$$

ここで，$\boldsymbol{n}$ は S 上の各点において S に垂直な外向きの単位ベクトル（**法線ベクトル**）である．

例として図 2.1 のような，V が一辺 L の立方体の場合にはガウスの定理の主張 (2.26) は以下のようにして具体的に確かめられる：

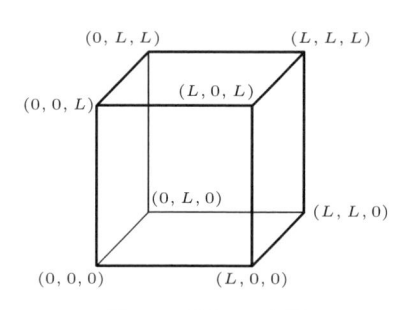

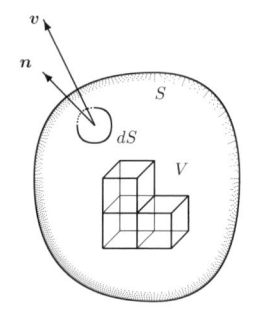

図 **2.1**　ガウスの定理　　　　図 **2.2**　一般の領域の細かな立方体への分割

$$\int_V dV \operatorname{div} \boldsymbol{v} = \int_0^L dx \int_0^L dy \int_0^L dz \left(\frac{\partial v_x}{\partial x} + \frac{\partial v_y}{\partial y} + \frac{\partial v_z}{\partial z} \right)$$
$$= \int_0^L dy \int_0^L dz\, v_x(L,y,z) - \int_0^L dy \int_0^L dz\, v_x(0,y,z) + \int_0^L dx \int_0^L dz\, v_y(x,L,z)$$
$$- \int_0^L dx \int_0^L dz\, v_y(x,0,z) + \int_0^L dx \int_0^L dy\, v_z(x,y,L) - \int_0^L dx \int_0^L dy\, v_z(x,y,0)$$
$$= \int_S dS\, \boldsymbol{v} \cdot \boldsymbol{n} \tag{2.27}$$

この結果を使って一般の領域上の積分を取り扱うには，V を小さな立方体に細かく分割すればよい．ある閉曲面 S で囲まれた領域 V を 2 つに分け，それぞれの領域 V_1, V_2 を囲む 2 つの閉曲面を S_1, S_2 とする．これら 2 つの閉曲面が接する部分からの面積分への寄与は，$\boldsymbol{n}$ の向きが逆になるため互いに打ち消し合い，

$$\int_{S_1} dS\, f(x,y,z) + \int_{S_2} dS\, f(x,y,z) = \int_S dS\, f(x,y,z) \tag{2.28}$$

となる．さらに図 2.2 のように領域 V を細かく分割すると，各微小立方体に対して (2.27) 式が成立し，各微小立方体の間に (2.28) 式の関係を用いると各微小立方体の表面積分のうち，V の境界（表面）に現れない面積分への寄与は相殺する．この細分を無限に細かく取ることによって，最終的にガウスの定理の主張 (2.26) が示される[4]．

次にストークスの定理は回転（rot）を伴う面積分と線積分の間に関係を与える：

ストークスの定理

S を 2 次元領域とし，C をその境界をなす 1 次元閉曲線とすると，S 上のベクトル場 $\boldsymbol{v}$ に対して，以下の関係が成立する：

$$\int_C dl\, \boldsymbol{s} \cdot \boldsymbol{v} = \int_S dS\, \boldsymbol{n} \cdot \operatorname{rot} \boldsymbol{v} \tag{2.29}$$

ここで $\boldsymbol{s}$ は C に接する単位ベクトル（**接線ベクトル**と呼ばれる），$\boldsymbol{n}$ は S の法線ベクトルを表している．

例として曲面 S が図 2.3 のように xy-平面内の一辺の長さ L の正方形となる場合には，法線ベクトルは $\boldsymbol{n} = (0,0,1)$ となるので，以下のようにストークスの定理の主張 (2.29) が確かめられる：

---

[4] 証明の詳細には積分の解析的取り扱いを要するので割愛する．

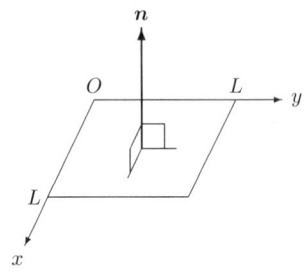

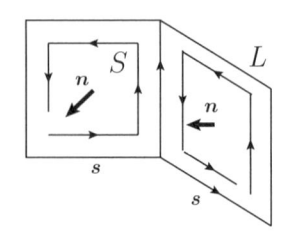

図 2.3 正方形についてのストークスの定理　　**図 2.4** 微小細分された曲面での積分

$$\int_S dS\,\boldsymbol{n} \cdot \operatorname{rot} \boldsymbol{v} = \int_0^L dx \int_0^L dy \left(\frac{\partial v_y}{\partial x} - \frac{\partial v_x}{\partial y} \right)$$
$$= \int dy\, v_y(L,y,0) - \int dy\, v_y(0,y,0) + \int dx\, v_x(x,0,0) - \int dx\, v_x(x,L,0)$$
$$= \int_C dl\,\boldsymbol{s} \cdot \boldsymbol{v} \tag{2.30}$$

ただし，2行目の第1～4項目に対して接線ベクトル $\boldsymbol{t}$ はそれぞれ $\boldsymbol{t} = (0,1,0)$, $(0,-1,0)$, $(1,0,0)$, $(-1,0,0)$ と選んだ．

図2.4のように辺を共有する複数の正方形領域上の積分を考えると，共有する内部の辺の積分が相殺して境界の寄与のみが残る．さらに一般の曲面上の積分に対しては，曲面 S を十分小さな正方形領域に分割し，各微小正方形領域に (2.30) 式の関係を適用することによって，最終的にストークスの定理の主張 (2.29) が示される．

2-2　静電場の法則

2-2-1　クーロンの法則

2つの電荷を持った物体を空間内に置くとそれらの間には力が生じる．図2.5のように置かれた2つの**点電荷** q と q' の間に働く力 $\boldsymbol{F}$ は，**クーロンの法則**に従う：

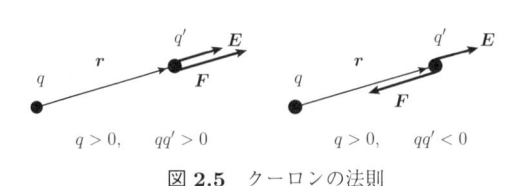

図 2.5 クーロンの法則

> **クーロンの法則**
>
> 真空中に置かれた大きさを持たない点電荷 q の位置を座標の原点に選び，別の点電荷 q' を r に配置すると，q' に働く力 F は，
>
> $$F = \frac{qq'}{4\pi\varepsilon_0 r^2}\frac{r}{r} \tag{2.31}$$
>
> となる．また作用・反作用の法則により，q に働く力は向きを逆にした $-F$ となる．ここで ε_0 は**真空の誘電率**と呼ばれ，その値が
>
> $$\varepsilon_0 = 8.854 \times 10^{-12}\,\mathrm{A^2\,s^2\,N^{-1}\,m^{-2}} \tag{2.32}$$
>
> となる定数である．

クーロンの法則は，電荷 q と q' との間に働く力が**遠隔相互作用**によるものであると解釈される．

ここで，点電荷 q が空間の位置 r に生み出す**電場** E を

$$E \equiv \frac{q}{4\pi\varepsilon_0 r^2}\frac{r}{r} \tag{2.33}$$

のように定めると，クーロンの法則は

$$F = q'E \tag{2.34}$$

と表される．電場を用いた相互作用の記述では，電荷 q によって生み出された電場 E が電荷 q' に**近接相互作用**を及ぼしていると解釈できる[5]．こうした理由から，以下では電場が決定する (2.33) 式をクーロンの法則と呼ぶこともある．

N 個の点電荷 q_i が位置 r_i に置かれたとき，これらの電荷が位置 r に生み出す電場 E は，各電荷が生み出す電場 E_i の線形結合によって与えられる：

$$E = \sum_{i=1}^{N}\frac{1}{4\pi\varepsilon_0}\frac{q_i}{|r - r_i|^3}(r - r_i) \tag{2.35}$$

電場のこうした性質を**重ね合わせの原理**と呼ぶ．

より一般的に電荷が図 2.6 のように，3 次元空間の領域 V に電荷密度 $\rho(r)$ で連続的に分布している場合には，点 (x, y, z) 近傍の体積 dV の微小な領域内の電荷は

---

[5] 遠隔相互作用は，電荷 q と q' の間の距離 r によらず一方から他方へ相互作用が時間差なく伝わることを前提としているが，特殊相対性理論の枠組みでは相互作用は光速以上では伝達されないことが要請されるので，電場を導入して近接相互作用として考える方が自然である．詳しくは「特殊相対性理論」の章を参照されたい．

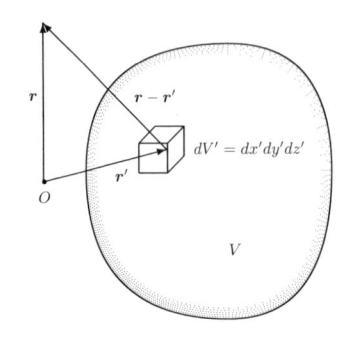

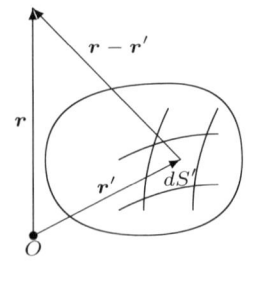

図 2.6 広がりを持った電荷分布　　**図 2.7** 面上に広がりを持った電荷分布

$\rho(\bm{r})dV$ となる．そこで V を十分小さな微小領域に分割して，各微小領域内にある電荷（微小電荷）が生み出す電場に対して重ね合わせの原理を適用すると，一般の電荷分布が位置 $\bm{r}$ に生み出す電場 $\bm{E}(\bm{r})$ は，電荷が分布する空間領域 V 上の体積積分として表される：

$$\bm{E}(\bm{r}) = \frac{1}{4\pi\varepsilon_0} \int_V dV' \frac{\rho(\bm{r}')(\bm{r}-\bm{r}')}{|\bm{r}-\bm{r}'|^3} , \quad \bm{r}' = (x', y', z'), \quad dV' = dx'dy'dz' \qquad (2.36)$$

次に電荷が図 2.7 のように，曲面 S 上に分布している場合を考える．電荷の面密度を $\sigma(\bm{r})$（$\bm{r}$ は曲面上の点）とすると，面積 dS の微小な領域に存在する電荷は $\sigma(\bm{r})dS$ となり，これらの電荷全体が位置 $\bm{r}$ に生み出す電場 $\bm{E}(\bm{r})$ は電荷が分布する曲面 S 上の面積分として表される：

$$\bm{E}(\bm{r}) = \frac{1}{4\pi\varepsilon_0} \int_S dS' \frac{\sigma(\bm{r}')(\bm{r}-\bm{r}')}{|\bm{r}-\bm{r}'|^3} , \quad \bm{r}' = (x', y', z') \qquad (2.37)$$

さらに図 2.8 のように，電荷が曲線 L 上に分布している場合には，この電荷分布が生み出す電場は線積分によって表される．電荷の線密度を $\rho(\bm{r})$（$\bm{r}$ は曲線上の点）とすると，長さ dl の微小な領域に存在する電荷は ρdl となり，これらの電荷全体が位置 $\bm{r}$ に生み出す電場 $\bm{E}(\bm{r})$ は電荷が分布する曲線 L 上の線積分となる：

$$\bm{E}(\bm{r}) = \frac{1}{4\pi\varepsilon_0} \int_L dl' \frac{\rho(\bm{r}')(\bm{r}-\bm{r}')}{|\bm{r}-\bm{r}'|^3} , \quad \bm{r}' = (x', y', z') \qquad (2.38)$$

例題　図 2.8 のような無限に長い直線上に一様な電荷の線密度 ρ で分布している線電荷が生み出す電場の大きさを，クーロンの法則を使って求めよ．

解説

電荷が z 軸上に分布するよう座標を選ぶと，電場 $\boldsymbol{E}$ の各成分は (2.33) を使って

$$E_x = \frac{1}{4\pi\varepsilon_0}\int_{-\infty}^{\infty} dz' \frac{\rho x}{\{x^2+y^2+(z-z')^2\}^{3/2}}$$

$$= \frac{1}{2\pi\varepsilon_0}\frac{\rho x}{x^2+y^2}, \qquad (2.39)$$

$$E_y = \frac{1}{2\pi\varepsilon_0}\frac{\rho y}{x^2+y^2}, \quad E_z = 0 \qquad (2.40)$$

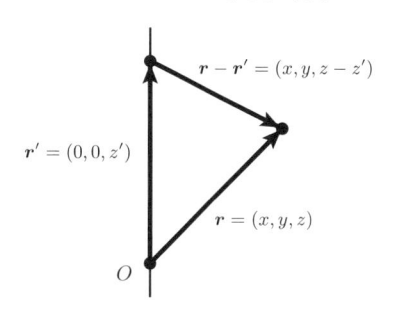

図 **2.8** 直線上の電荷分布

と求まる．ここで $x \equiv R\sinh t$ とおいて積分を以下のように実行した[6]：

$$\int_{-\infty}^{\infty} dx \frac{1}{(R^2+x^2)^{3/2}} = \frac{1}{R^2}\int_{-\infty}^{\infty} dt \frac{1}{\cosh^2 t} = \frac{1}{R^2}\Big[\tanh t\Big]_{-\infty}^{\infty} = \frac{2}{R^2} \qquad (2.41)$$

よって，電場の大きさ $E = |\boldsymbol{E}|$ は，$r \equiv \sqrt{x^2+y^2}$ として

$$E = \sqrt{E_x^2 + E_y^2 + E_z^2} = \frac{\rho}{2\pi\varepsilon_0 r} \qquad (2.42)$$

となる． ∎

2-2-2 ガウスの法則

曲面 S を貫く**電束** Φ を以下のように定義する（図 2.9）：

$$\Phi \equiv \varepsilon_0 \int_S dS\, \boldsymbol{E}\cdot\boldsymbol{n} \qquad (2.43)$$

ここで，$\boldsymbol{n}$ は曲面 S に対する法線ベクトルを表す．原点に点電荷 q があるとき，原点を中心とする半径 R の球面を貫く電束 Φ は，球面上の各点で $\boldsymbol{r}\cdot\boldsymbol{r}=R^2$，$\boldsymbol{n}=\frac{\boldsymbol{r}}{R}$ となることに注意すると，

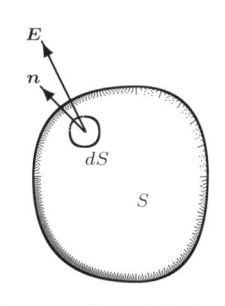

図 **2.9** ガウスの法則

$$\Phi = \varepsilon_0 \int_{x^2+y^2+z^2=R^2} dS\, \boldsymbol{E}\cdot\boldsymbol{n} = \frac{qR^2}{4\pi}\int_0^\pi \sin\theta d\theta \int_0^{2\pi} d\phi\, \frac{\boldsymbol{r}}{R^3}\cdot\frac{\boldsymbol{r}}{R} = q \qquad (2.44)$$

となり，球面の大きさによらず電荷のみによって決まることが分かる．この結果は，単位立体角当たりを貫く電束が一定となることを意味しており[7]，より一般に原点

---

[6] $x = R\tan t$ とおいても積分できる．
[7] 点 O から見た曲面領域 S の**立体角** Ω とは，O を頂点として S を囲む錐が O を中心とする単位球面

を囲む任意の閉曲面 S について，

$$\int_S dS\, \boldsymbol{E}\cdot\boldsymbol{n} = \frac{q}{\varepsilon_0} \tag{2.45}$$

が成立する．さらに電場に対して重ね合わせの原理が成り立つことを思い出すと，この関係は電荷が複数個ある場合や連続的に分布する場合にも拡張され，次の**ガウスの法則（積分形）**が成立する：

ガウスの法則 (積分形)：

$$\int_S dS\, \boldsymbol{E}\cdot\boldsymbol{n} = \frac{1}{\varepsilon_0} \times \{\text{閉曲面 } S \text{ 内にある電荷の総和}\} \tag{2.46}$$

例題 面電荷密度 σ の無限に広がった一様な平面上の電荷が生み出す電場の大きさを，ガウスの法則を用いて求めよ．

解説
 図 2.10 のように断面積 S を持ち，平面を垂直に貫く円柱を考える．円柱の側面の電場は相殺し，電束 Φ は上面と底面からの寄与のみとなるので，以下のように表される[8]：

$$\Phi = 2\varepsilon_0 S E \tag{2.47}$$

一方，この円柱内部にある総電荷は $S\sigma$ であるので，ガウスの法則を用いて，

$$\frac{\Phi}{\varepsilon_0} = \frac{S\sigma}{\varepsilon_0} \tag{2.48}$$

となり，電場の大きさは

$$E = \frac{\sigma}{2\varepsilon_0} \tag{2.49}$$

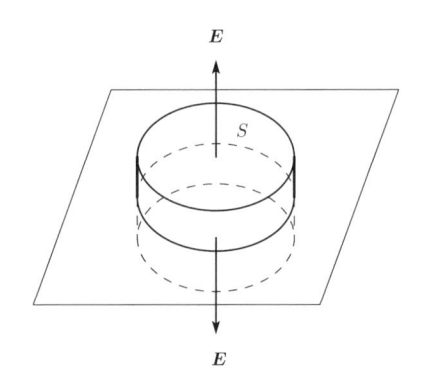

図 2.10 平面を垂直に貫く断面積 S の円柱

を切り取る領域の面積として定義される．
 [8] 面電荷に垂直な直線を軸とした回転の下，電荷分布が変わらないことから，電場の向きが面電荷に垂直であることが分かる．さらに，面電荷に平行に原点を移動させても電荷分布が変わらないことから，電場の大きさが面電荷からの距離のみにしかよらないことも分かる．

と求まる.

　系にある変換を施しても不変である場合には，系はその変換に応じた**対称性**を有するという．例えば系が軸対称であるならば，ある軸のまわりで回転操作を施しても系は変わらない．また，この例題の電荷分布のように系が面対称であるならば，面を境に上下を反転させる変換の下で系が不変となる．このように系が対称性を有する場合には，電場の向きや大きさが一定となる曲面 S を適切に選ぶことによって，ガウスの法則を用いて効率的に電場を決定できる．

2-2-3　静電ポテンシャル

　クーロンの法則 (2.33) によって得られた点電荷が生み出す電場 E に (2.13) の関係式 3 を適用すると，$\mathrm{rot}\,E = 0$ が導かれる．電場については重ね合わせの原理が成り立つので，(静的な場合) 任意の電荷分布に対しても一般に以下の関係が成立する：

$$\mathrm{rot}\,E = 0 \tag{2.50}$$

　スカラー場 $\phi(r)$ を用いて電場が $E(x,y,z) = -\mathrm{grad}\,\phi(x,y,z)$ と表されるとき，(2.8) より恒等的に $\mathrm{rot}\,E(x,y,z) = 0$ となるが，ストークスの定理を使うと，その逆として，$\mathrm{rot}\,E(x,y,z) = 0$ なら $E(x,y,z) = -\mathrm{grad}\,\phi(x,y,z)$ となるようなスカラー場（スカラー・ポテンシャル）$\phi(x,y,z)$ が存在することも示される．

　$\mathrm{rot}\,E = 0$ を満たす静電場 E に対して

$$E = -\mathrm{grad}\,\phi = -\nabla\phi \tag{2.51}$$

となるスカラー場 ϕ を**静電ポテンシャル**（または**電位**）と呼ぶ[9]．例えば，原点に置かれた点電荷の作る電場 (2.33) に対して静電ポテンシャルは

$$\phi(r) = \frac{1}{4\pi\varepsilon_0}\frac{q}{r} \tag{2.52}$$

と表され，一般の電荷分布 $\rho(r)$ に対しては重ね合わせの原理により

$$\phi(r) = \frac{1}{4\pi\varepsilon_0}\int_V dV' \frac{\rho(r')}{|r-r'|} \tag{2.53}$$

となる．

---

[9] 特に，2 点間の電位差を**電圧**と呼ぶ．

こうして定められた静電ポテンシャルの値が一定となる曲面を**等電位面**と呼ぶ．この等電位面上の各点で接平面は電場と直交する．実際，等電位面上の一点 r における単位接ベクトルを t とすると[10]，等電位面上の点は $r + \epsilon t$ と表され，$\epsilon \ll 1$ とすると

$$0 = \phi(r + \epsilon t) - \phi(r) \simeq \epsilon t \cdot \nabla \phi(r) = -\epsilon t \cdot E(r) \tag{2.54}$$

という関係が得られ，等電位面が電場に対して直交することが確かめられる．

ここで静電ポテンシャルを力学的に考察してみよう．電場 E の下で，電荷 q を点 r_0 から点 r_1 へ運ぶのに要する仕事を考える．図 2.11 のような経路 C_1 および C_2 に沿って電荷 q を動かすのに要する仕事はそれぞれ，

$$W_1 = q \int_{C_1} dl\, s \cdot E, \quad W_2 = q \int_{C_2} dl\, s \cdot E \tag{2.55}$$

となるが，$F = qE$，$\mathrm{rot}\, E = 0$ およびストークスの定理（2.29）を用いて，

$$W_1 - W_2 = q \int_{C_1 - C_2} dl\, s \cdot E = q \int_{S:C_1-C_2\text{ を縁とする面}} dS\, n \cdot \mathrm{rot}\, E = 0 \tag{2.56}$$

という関係に従う．ここで $C_1 - C_2$ は，経路 C_1 に沿って r_0 から r_1 に達したのち経路 C_2 を逆にたどって r_0 に戻る閉曲線であるので，その積分値はゼロになることが分かる．よって $W_1 = W_2$，すなわち，クーロン力による仕事は経路によらないことが示された．

「解析力学」の章で導入したように，経路によらない仕事量を持つ力は**保存力**と呼ばれる[11]．クーロン力もまた保存力であり，その仕事 W は経路の選び方によらず

$$W = q \int_{r_0}^{r_1} dl\, s \cdot E = -q(\phi(r_1) - \phi(r_0)) \tag{2.57}$$

のように端点での値の差として表される．つまり，クーロン力に対して位置エネルギー $V(r) \equiv q\phi(r)$ が経路の選び方によらずに定まることが保証される．以上により，電荷 q の値によらず $\mathrm{rot}\, E = 0$ を満たす電場 E に対して，静電ポテンシャル ϕ が常に存在することが力学的考察を通じて明らかとなった．

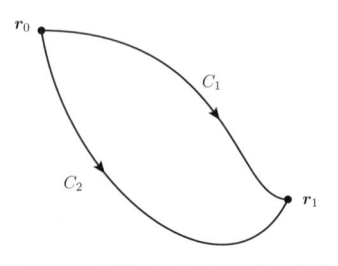

図 2.11 経路 C_1 と C_2 に沿った仕事

---

[10] 曲面 S 上の 1 点 r において，S に接するベクトルはベクトル空間を張り，**接ベクトル空間**と呼ばれる．特に，このベクトル空間の元を**接ベクトル**と呼ぶ．

[11] 一般に力 F が保存力であるための条件は $\mathrm{rot}\, F = 0$ である．

2-2-4 ガウスの法則（微分形）とポアソン方程式

ガウスの法則の「積分形」はガウスの定理を使うことによって「微分形」に書き換えることができる．ガウスの法則は (2.46) で与えられるが，電荷密度 $\rho(x,y,z)$ を用いると (2.46) の右辺の電荷の総和は $\int_V dV\,\rho(x,y,z)$ と表されるので，ガウスの定理 (2.26) を使うと

$$\int_V dV\,\mathrm{div}\,\boldsymbol{E}(x,y,z) = \frac{1}{\varepsilon_0}\int_V dV\,\rho(x,y,z) \tag{2.58}$$

と表される．この表式は，任意の領域 V について成り立つので，以下の**ガウスの法則（微分形）**が得られる：

ガウスの法則（微分形）：

$$\mathrm{div}\,\boldsymbol{E}(x,y,z) = \frac{\rho(x,y,z)}{\varepsilon_0} \tag{2.59}$$

また，(2.51) 式を (2.59) 式に代入すると，静電ポテンシャルに対する方程式：

$$-\triangle \phi = \frac{\rho}{\varepsilon_0} \tag{2.60}$$

を得る．この方程式を**ポアソン方程式**と呼ぶ．

点電荷に対してポアソン方程式を考える．ガウスの法則（微分形）には電荷密度が現れるが，点電荷には体積がないので，電荷密度は無限大になる．しかしながら「無限大」という言葉はそのままでは意味を成さない．この点を明確にするため，点電荷の電荷密度を表現する超関数として**デルタ関数**を導入する[12]．$r \neq 0$ ならば，div を直接計算することで

$$\mathrm{div}\left(\frac{\boldsymbol{r}}{r^3}\right) = 0, \qquad (\boldsymbol{r} \neq 0) \tag{2.61}$$

となることが示される．もし $\boldsymbol{r} = 0$ においても，$\mathrm{div}\left(\frac{\boldsymbol{r}}{r^3}\right) = 0$ であるとすると，原点にある点電荷 q が生み出す電場 $\boldsymbol{E}$ は (2.33) で与えられるので，ガウスの法則 (2.46) とガウスの定理 (2.26) を用いると，

$$\frac{q}{\varepsilon_0} = \int_S dS\,\boldsymbol{E}\cdot\boldsymbol{n} = \int_V dV\,\mathrm{div}\,\boldsymbol{E} = 0 \tag{2.62}$$

が得られ，矛盾した結論が導かれる．この矛盾の原因は，$\boldsymbol{r} = 0$ においても $\mathrm{div}\left(\frac{\boldsymbol{r}}{r^3}\right) = 0$ と仮定した点にある．

---
[12] 超関数やデルタ関数の定義とそれらの性質に関しては「数理物理学」の章を参照せよ．

この矛盾を解消するため，原点近傍にのみ積分値を持つ超関数：

$$\int_V dV\, \delta(\boldsymbol{r}) = \begin{cases} 1 & (0 \in V) \\ 0 & (0 \notin V) \end{cases} \quad (2.63)$$

として定義されるデルタ関数 $\delta(\boldsymbol{r})$ を導入する．点電荷の電荷密度を $\rho(\boldsymbol{r}) = q\delta(\boldsymbol{r})$ と選ぶと，

$$\operatorname{div}\left(\frac{\boldsymbol{r}}{r^3}\right) = -\triangle\left(\frac{1}{r}\right) = 4\pi \delta(\boldsymbol{r}) \quad (2.64)$$

となり，静電ポテンシャル (2.52) はポアソン方程式を満たすことがデルタ関数の定義より示される．

2-2-5 電気双極子

1個の点電荷が生み出す静電ポテンシャルは (2.52) で与えられ，重ね合わせの原理を用いると，図 2.12 のように位置 $\delta\boldsymbol{r}/2$ に $+q$ の電荷，位置 $-\delta\boldsymbol{r}/2$ に $-q$ の電荷を置いたときにこれら2つの点電荷が生み出す静電ポテンシャルは

$$\phi = \frac{1}{4\pi\varepsilon_0} \frac{q}{|\boldsymbol{r} - \frac{1}{2}\delta\boldsymbol{r}|} - \frac{1}{4\pi\varepsilon_0} \frac{q}{|\boldsymbol{r} + \frac{1}{2}\delta\boldsymbol{r}|} = \frac{1}{4\pi\varepsilon_0} \frac{\boldsymbol{p}\cdot\boldsymbol{r}}{r^3} + \left(\delta\boldsymbol{r} \text{ の 2 次以上の項}\right) \quad (2.65)$$

となる．ここで $\boldsymbol{p} = q\delta\boldsymbol{r}$ を**電気双極子モーメント**と呼び，$\boldsymbol{p}$ を有限に保ったまま $\delta\boldsymbol{r}$ をゼロにする極限を取ることによって得られる電荷分布を**電気双極子**と呼ぶ．電場と静電ポテンシャルの関係 $\boldsymbol{E} = -\operatorname{grad}\phi$ より，この電気双極子が生み出す電場は，電気双極子モーメント $\boldsymbol{p}$ を用いて，

$$\boldsymbol{E} = -\frac{1}{4\pi\varepsilon_0} \frac{\boldsymbol{p} - 3\frac{\boldsymbol{p}\cdot\boldsymbol{r}}{r^2}\boldsymbol{r}}{r^3} \quad (2.66)$$

と表される．

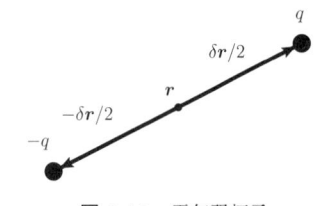

図 2.12 電気双極子

例題 無限に広い平面上，この平面に垂直な向きに大きさ p の電気双極子モーメントを持った電気双極子が，面密度 n で一様に分布しているとき，この平面からの距離 R の位置に生み出される静電ポテンシャルと電場を求めよ．

解説

座標系 (x,y,z) を導入し，電気双極子モーメント $\bm{p}=(0,0,p)$ が $z=0$ の平面上に分布する配置を考える．この配置に対し，xy-平面から距離 R の点 $(0,0,R)$ に生み出される静電ポテンシャルと電場を求める．xy-平面上の極座標を用いて，静電ポテンシャル $\phi(0,0,R)$ を直接計算すると

$$\phi(0,0,R)=\frac{1}{4\pi\varepsilon_0}\int_0^\infty dr\,r\int_0^{2\pi}d\theta\,\frac{\pm npR}{(r^2+R^2)^{\frac{3}{2}}}=\pm\frac{1}{2}\frac{npR}{\varepsilon_0}\left[-(r^2+R^2)^{-\frac{1}{2}}\right]_0^\infty=\pm\frac{1}{2}\frac{np}{\varepsilon_0} \quad (2.67)$$

となる．また ϕ は一定となるので，$\bm{E}=-\nabla\phi$ より電場は $\bm{E}=0$ となる． ∎

別解

電荷密度 $\pm nq$ の 2 枚の面を距離 δr だけ離して平行に置き，$p=q\delta r$ を一定に保ったまま極限 $\delta r\to 0$ を取ると，ガウスの法則 (2.46) より上と同じ結果が得られる． ∎

2-3 静磁場の法則

磁場は電流によって生じ，また，電流は磁場から力を受ける．ここでは，電流と磁場に関する法則について考える．

2-3-1 定常電流

電荷を帯びた粒子（**荷電粒子**）が移動すると電荷の流れが生じ，こうした流れを**電流**と呼ぶ．

単位体積を流れる電荷の流れを表すベクトルとして**電流密度ベクトル $\bm{j}$** を導入する．微視的には，微小な体積 dV 内にある N 個の荷電粒子 q_i $(i=1,\cdots,N)$ が速度 $\bm{v}_i$ で移動する集団運動として，電流密度は

$$\bm{j}dV\equiv\sum_{dV\text{内のすべての電荷}}q_i\bm{v}_i \quad (2.68)$$

と定められる．曲面 S を貫く電流 I は電流密度を用いて

$$I=\int_S dS\,\bm{n}\cdot\bm{j} \quad (2.69)$$

と表される．特に，$\bm{j}$ が時間的に変化しないような電流を**定常電流**と呼ぶ．

50　第 2 章　電磁気学

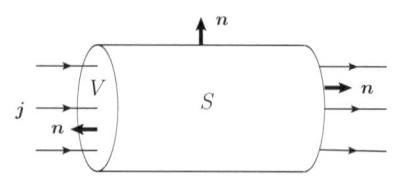

図 2.13　閉曲面 S を出入りする電流

ある閉曲面 S に囲まれた領域 V に流入する電流の総量と，流出する電流の総量は等しくなり，電流は保存する．図 2.13 のような定常電流の流れを考えると，電流の保存は

$$\int_S dS\, \boldsymbol{n} \cdot \boldsymbol{j} = 0 \tag{2.70}$$

と表される．ここでガウスの定理を使うと（2.70）式は

$$\int_V dV\, \mathrm{div}\,\boldsymbol{j} = 0 \tag{2.71}$$

と書き換えられるが，この関係は任意の領域 V に対して成り立つので，以下のような**電流保存則**（微分形）の式が得られる：

$$\mathrm{div}\,\boldsymbol{j} = 0 \tag{2.72}$$

2-3-2　ビオ・サバールの法則

電流が流れるとそのまわりには磁場が生じる．こうして発生する磁場の性質は，**ビオ・サバールの法則**や**アンペールの法則**によって記述される．ここではまず前者のビオ・サバールの法則について見てゆく．

ビオ・サバールの法則によると，定常電流 I が曲線 C に沿って流れているとき，電流のまわりに生じる**磁束密度** $\boldsymbol{B}$ は図 2.14 のような C 上の線積分として表される：

$$\boldsymbol{B}(\boldsymbol{r}) = \frac{\mu_0 I}{4\pi} \int_C dl\, \frac{\boldsymbol{s} \times (\boldsymbol{r} - \boldsymbol{r}')}{|\boldsymbol{r} - \boldsymbol{r}'|^3} \tag{2.73}$$

ここで，$\boldsymbol{s}$ および dl はそれぞれ曲線 C の接線ベクトルおよび微小線要素を表している．また，

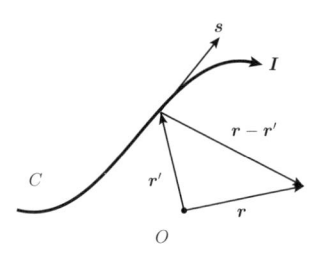

図 2.14　ビオ・サバールの法則

μ_0 は**真空の透磁率**と呼ばれる定数であり，

$$\mu_0 = 4\pi \times 10^{-7} \text{ N A}^{-2} \tag{2.74}$$

という値を持つ．さらに，電流密度 $\boldsymbol{j}$ を用いて（2.73）式を書き換えると，より一般的な磁束密度の表式：

$$\boldsymbol{B}(\boldsymbol{r}) = \frac{\mu_0}{4\pi} \int dV' \frac{\boldsymbol{j}(\boldsymbol{r}') \times (\boldsymbol{r} - \boldsymbol{r}')}{|\boldsymbol{r} - \boldsymbol{r}'|^3} \tag{2.75}$$

が得られる．

このように，電荷によって生み出される電場を記述するクーロンの法則に対応して，電流によって生み出される磁場はビオ・サバールの法則によって記述されるのである．

2-3-3　ベクトル・ポテンシャルとアンペールの法則

ビオ・サバールの法則から得られる積分表式（2.73）を

$$\frac{\boldsymbol{s} \times (\boldsymbol{r} - \boldsymbol{r}')}{|\boldsymbol{r} - \boldsymbol{r}'|^3} = \text{rot}\, \frac{\boldsymbol{s}}{|\boldsymbol{r} - \boldsymbol{r}'|} \tag{2.76}$$

という関係を使って書き換えると，磁束密度 $\boldsymbol{B}$ に対する**ガウスの法則**が得られる[13]：

磁場に対するガウスの法則：

$$\text{div}\, \boldsymbol{B} = 0 \tag{2.77}$$

一般に $\boldsymbol{B}(x,y,z) = \text{rot}\,\boldsymbol{A}(x,y,z)$ ならベクトル微分演算子の恒等式（2.9）より $\text{div}\,\boldsymbol{B}(x,y,z) = 0$ となるが，その逆として，$\text{div}\,\boldsymbol{B}(x,y,z) = 0$ なら $\boldsymbol{B}(x,y,z) = \text{rot}\,\boldsymbol{A}(x,y,z)$ となるようなベクトル場 $\boldsymbol{A}(x,y,z)$ が存在することがいえる．よって，磁束密度は

$$\boldsymbol{B} = \text{rot}\,\boldsymbol{A} \tag{2.78}$$

と表され，このベクトル場 $\boldsymbol{A}$ を**ベクトル・ポテンシャル**と呼ぶ．

ここで，$\boldsymbol{A}$ は一意的に定められる量ではないことに注意しよう．実際，適当なス

---
[13] 磁場に対する電荷の類似物として**磁荷**を考えると，ガウスの法則によって系の全磁荷が常にゼロになることが要請される．これは，**磁気単極子（モノポール）**が（古典）電磁気学の範疇では単独で存在できないことを意味している．

カラー場 $\phi(\boldsymbol{r})$ を用いて

$$\boldsymbol{A} \to \boldsymbol{A} + \operatorname{grad} \phi \tag{2.79}$$

とベクトル・ポテンシャルを変更しても

$$\operatorname{rot} \operatorname{grad} \phi = 0 \tag{2.80}$$

なので，磁束密度 $\boldsymbol{B}$ は変わらない．(2.79) で定められるベクトル・ポテンシャルの変換を，**ゲージ変換**と呼ぶ．ゲージ変換によるベクトル・ポテンシャルの不定性を固定するために，**クーロンゲージ条件**：

$$\operatorname{div} \boldsymbol{A} = 0 \tag{2.81}$$

をベクトル・ポテンシャル $\boldsymbol{A}$ に課すと，ビオ・サバールの法則 (2.75) から得られる磁束密度 $\boldsymbol{B}$ を与えるベクトル・ポテンシャルは，定数ベクトル $\boldsymbol{A}_0$ の不定性を除いて，

$$\boldsymbol{A}(\boldsymbol{r}) = \frac{\mu_0}{4\pi} \int_V dV' \, \frac{\boldsymbol{j}(\boldsymbol{r}')}{|\boldsymbol{r} - \boldsymbol{r}'|} \tag{2.82}$$

と決定される．実際，このベクトル・ポテンシャル $\boldsymbol{A}(\boldsymbol{r})$ がゲージ条件 (2.81) を満たすことは，電流の保存則 (2.72) を用いて直接確かめられる．

この表式 (2.82) に対してラプラシアン $\triangle = \operatorname{div} \operatorname{grad}$ を作用すると，(2.13) の 1 式および (2.64) 式から

$$-\triangle \boldsymbol{A} = \mu_0 \boldsymbol{j} \tag{2.83}$$

が導かれる．さらに (2.11) 式とクーロンゲージ条件 (2.81) を合わせて，

$$\operatorname{rot} \boldsymbol{B} = \operatorname{rot}(\operatorname{rot} \boldsymbol{A}) = \operatorname{grad} \operatorname{div} \boldsymbol{A} - \triangle \boldsymbol{A} = -\triangle \boldsymbol{A} = \mu_0 \boldsymbol{j} \tag{2.84}$$

が得られる．以上により，磁束密度 $\boldsymbol{B}$ に対して**アンペールの法則（微分形）**が成立することが分かる：

アンペールの法則（微分形）：

$$\operatorname{rot} \boldsymbol{B} = \mu_0 \boldsymbol{j} \tag{2.85}$$

例題 図 2.15 のような直線上を流れる電流 I が，直線からの距離 R の位置に生じ

るベクトル・ポテンシャルを求めよ．

解説

電流が流れる直線を z 軸にとり，電流に沿った接線ベクトルを $s = (0,0,1)$ と選ぶ．位置 $r = (R,0,0)$ に生じるベクトル・ポテンシャルは，

$$A(r) = \left(0, 0, \frac{\mu_0 I}{4\pi} \int_{-\infty}^{\infty} \frac{dz}{(R^2 + z^2)^{\frac{1}{2}}}\right) \tag{2.86}$$

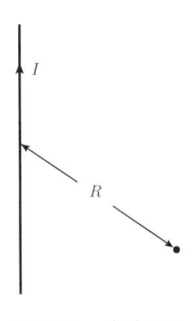

図 **2.15** 直線電流

となるが，この積分は収束しない．そこで，A に定数ベクトルを付け加えても磁束密度 $B = \mathrm{rot}\, A$ の値は変わらないことから，ベクトル・ポテンシャルの基準点を以下のように変更する：

$$A(r) \to A'(r) = A(r) - A(r_0) \tag{2.87}$$

ここで，ベクトル・ポテンシャルの新たな基準点を $r_0 = (0,0,R_0)$ とした．こうして得られるベクトル・ポテンシャル A' は収束し，以下のように求められる．

上式のベクトル・ポテンシャルの積分で，$A(r)$ に対しては $z = R\sinh t$，$A(r_0)$ に対しては $z = R_0 \sinh t$ として別々に変数変換すると，$A'(r)$ に現れる積分は以下のように実行される：

$$\int_{-\infty}^{\infty} dz \left(\frac{1}{(R^2+z^2)^{\frac{1}{2}}} - \frac{1}{(R_0^2+z^2)^{\frac{1}{2}}}\right) \equiv \lim_{L\to+\infty} \int_{-L}^{L} dz \left(\frac{1}{(R^2+z^2)^{\frac{1}{2}}} - \frac{1}{(R_0^2+z^2)^{\frac{1}{2}}}\right)$$

$$= \lim_{L\to+\infty} 2\left[\sinh^{-1}\frac{L}{R} - \sinh^{-1}\frac{L}{R_0}\right] = 2\ln\frac{R_0}{R} \tag{2.88}$$

これより，直線電流が生み出す磁場に対するベクトル・ポテンシャルは，

$$A'(r) = \left(0, 0, \frac{\mu_0 I}{4\pi} \int_{-\infty}^{\infty} dz \left(\frac{1}{(R^2+z^2)^{\frac{1}{2}}} - \frac{1}{(R_0^2+z^2)^{\frac{1}{2}}}\right)\right) = \left(0, 0, \frac{\mu_0 I}{2\pi} \ln \frac{R_0}{R}\right) \tag{2.89}$$

と求まる．　■

電流 I が閉じた経路 C に沿って流れるとき，この周回電流により位置 r に生じるベクトル・ポテンシャルは

$$A(r) = \frac{\mu_0}{4\pi} \oint_C dl' \frac{I s'}{|r - r'|} \tag{2.90}$$

となる．ただし，s' は C 上の点 r' での接線ベクトルを表している．r と電流との間

の距離が閉経路 C の大きさに比べて十分に大きいならば，$\frac{1}{|r-r'|} \simeq \frac{1}{r}\left(1 + \frac{r \cdot r'}{r^2}\right)$ と近似できるので，ベクトル・ポテンシャル (2.90) は

$$A(r) = \frac{\mu_0 I}{4\pi r} \oint_C dl' \, s' + \frac{\mu_0 I}{4\pi r^3} \oint_C dl' \, s'(r \cdot r') \tag{2.91}$$

と表される．ここで，右辺第 1 項はゼロになるので，第 2 項のみが残る．さらに，ベクトル積の恒等式 (2.6) から得られる周回積分に対する恒等式：

$$\oint_C dl' \, s'(r \cdot r') = \frac{1}{2} \oint_C dl' \, (r' \times s') \times r \tag{2.92}$$

を使うと，微小周回電流が生み出すベクトル・ポテンシャル (2.91) に対して以下のような表式が得られる：

$$A(r) = \frac{1}{4\pi} \frac{p \times r}{r^3} \tag{2.93}$$

ここで，p は**磁気双極子モーメント**と呼び，以下のように定義される：

$$p \equiv \frac{\mu_0 I}{2} \oint_C dl' \, (r' \times s') \tag{2.94}$$

ベクトル・ポテンシャル (2.93) から磁束密度 B を求めると，

$$B = -\frac{\mu_0}{4\pi} \frac{p - 3\frac{p \cdot r}{r^2} r}{r^3} \tag{2.95}$$

となり，電気双極子が作る電場 (2.66) と類似の形が得られる．そこで電荷と同様に磁荷を導入すると，この微小閉経路を流れる電流は正と負の磁荷[14]からなる**磁気双極子**と見なせるのである．

2-3-4 ストークスの定理とアンペールの法則の積分形

ガウスの法則と同様，アンペールの法則の「微分形」からアンペールの法則の「積分形」が導かれる．閉曲線 C を境界とする曲面 S を考えると，ストークスの定理 (2.29) により，

$$\oint_C dl \, s \cdot B = \int_S dS \, n \cdot \text{rot} \, B = \mu_0 \int_S dS \, n \cdot j = \mu_0 \times \{S \text{ を貫く電流の総量}\} \tag{2.96}$$

と書き換えられる．こうして得られた磁束密度の積分に関する性質を**アンペールの法則（積分形）**という：

[14) 磁石の N 極と S 極に対応する．

> アンペールの法則（積分形）：
> $$\oint_C dl\, \boldsymbol{s} \cdot \boldsymbol{B} = \mu_0 \times \{S \text{ を貫く電流の総量}\} \tag{2.97}$$

例題 直線電流 I が作る磁束密度をアンペールの法則（積分形）を用いて求めよ．

解説
　図 2.16 のように半径 R の円を考え，この円の中心を垂直に直線電流が流れているとする．
　この系には直線電流まわりに軸対称性があるので，磁束密度の大きさ B は円周上で一定となり，その向きは円周に接している．(2.97) 式を用いると，

$$B \cdot 2\pi R = \mu_0 I \tag{2.98}$$

となり，磁束密度の大きさ B は

$$B = \frac{\mu_0 I}{2\pi R} \tag{2.99}$$

であることが分かる．

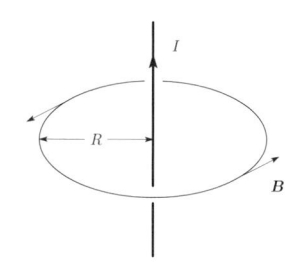

図 2.16 直線電流 I が作る磁場

　電荷分布の対称性が高いときガウスの法則（積分形）を用いて電場を効率的に求められたのと同様にして，電流配置の対称性が高い場合には，磁場の向きや大きさが一定の曲線 C を適切に選ぶことによって，アンペールの法則（積分形）を用いて効率的に磁場が決定できる．

2-3-5　磁場とローレンツ力

　磁束密度 $\boldsymbol{B}(\boldsymbol{r})$ の磁場中を速度 $\boldsymbol{v}$ で運動する電荷 q を持った荷電粒子は

$$\boldsymbol{F} = q\boldsymbol{v} \times \boldsymbol{B} \tag{2.100}$$

という力を受ける．これを（狭義の）**ローレンツ力**という．この性質を基に，磁場中に置かれた電流が受ける力を求められる．電流 I は微視的に，単位長さ当たり N 個の電荷 q を持った荷電粒子が速度 v で同じ方向に移動する集団運動として記述で

きるので，(2.68) 式および (2.69) 式を使って電流 I は，

$$I = Nqv \tag{2.101}$$

と表される．電流中の各荷電粒子は磁場からローレンツ力 (2.100) を受けるので，長さ l の直線電流 I に垂直で磁束密度 B の一様な磁場をかけると電流全体には，電流と磁場の両方に垂直な方向に，大きさ

$$F = qNlvB = IlB \tag{2.102}$$

のローレンツ力を受けることが分かる．なお，この力の向きは**フレミング左手の法則**（親指：力 $\boldsymbol{F}$ の向き，人差し指：磁場 $\boldsymbol{B}$ の向き，中指：電流 $\boldsymbol{I}$ の向き）により決定される．

例題 同じ向きに流れる 2 本の直線電流 I を距離 R だけ離して平行に置いたとき，単位長さ当たりの電流が及ぼす力を求めよ．さらに，互いに逆向きに電流が流れたときに電流に働く力の向きを答えよ．

解説
アンペールの法則より，一方の電流が距離 R だけ離れた位置に生み出す磁束密度の大きさ B は (2.99) 式で与えられるので，もう一方の電流が単位長さ当たりに受けるローレンツ力の大きさは (2.102) 式に当てはめると

$$F = \frac{\mu_0 I^2}{2\pi R} \tag{2.103}$$

と求まる．また力の向きは，電流が同じ向きに流れているときには引力，逆向きに流れているときには斥力（反発力）として働く． ■

2-4 マクスウェル方程式

ここまでは時間変化のない電荷や電流によって生じる，静的な電場と磁場の法則を取り扱ってきた．ところが，電荷や電流が時間変化する場合には，変位電流によってアンペールの法則の変更が必要となり，磁場の時間変化に伴う電磁誘導現象を記述するためにファラデーの法則も必要となる．これらの法則を取り入れた電場と磁場に対する 4 つの方程式を総称してマクスウェル方程式と呼び，この方程式の解として一般の電磁場によって生じる物理現象が記述される．特に，マクスウェル方程

式の解の中でも波動的振る舞いをするものは電磁波と呼ばれ，光の物理的性質を記述することができる．本節ではこれらの性質について論じる．

2-4-1 電荷保存則

時間変化する電場を記述するため，その源となる電荷の時間変化について考える．空間領域 V 内にある電荷 Q が時間とともに変化する場合には，その変化分は電流として領域に出入りするので，電流密度 $\boldsymbol{j}$ を用いて

$$\frac{dQ}{dt} = -\int_S dS\,\boldsymbol{n}\cdot\boldsymbol{j} \tag{2.104}$$

と表される．一方，電荷密度を ρ とすると電荷 Q は空間積分：

$$Q = \int_V dV\,\rho \tag{2.105}$$

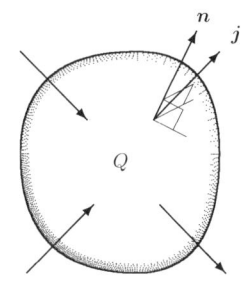

図 **2.17** 電荷保存

となるので，(2.104) とガウスの定理 (2.26) を合わせて

$$0 = \frac{\partial \rho}{\partial t} + \operatorname{div}\boldsymbol{j} \tag{2.106}$$

が成立する．この関係を**電荷保存則**と呼び，源となる電荷分布の時間変化がない電流保存則 (2.72) の一般化となっている．

2-4-2 変位電流

アンペールの法則 $\operatorname{rot}\boldsymbol{B} = \mu_0\boldsymbol{j}$ に対し，ベクトル微分演算子の恒等式 (2.9) の $\operatorname{div}\operatorname{rot}\boldsymbol{B} = 0$ を使うと $\operatorname{div}\boldsymbol{j} = 0$ となり，電荷の時間変化がある電流保存則 (2.106) を記述できないことが分かる．この原因は，(2.85) 式で与えられるアンペールの法則が，系が静的な場合にしか成り立たないためであり，静的でない系を取り扱うにはこの法則を修正しなければならない．そこで，$\boldsymbol{j}$ とは別の電流密度 $\boldsymbol{J}$ を導入してアンペールの法則が

$$\operatorname{rot}\boldsymbol{B} = \mu_0(\boldsymbol{j} + \boldsymbol{J}) \tag{2.107}$$

という形をしていると仮定してみよう．両辺に div を作用させ，電荷保存則 (2.106) を用いると，

$$0 = -\frac{\partial \rho}{\partial t} + \text{div}\, \boldsymbol{J} \tag{2.108}$$

となる．ここでガウスの法則（2.59）を使って電荷密度 ρ を電場 $\boldsymbol{E}$ の発散に書き換えると，

$$0 = \text{div}\left(-\varepsilon_0 \frac{\partial \boldsymbol{E}}{\partial t} + \boldsymbol{J}\right) \tag{2.109}$$

となるので，電場の時間変化が

$$\varepsilon_0 \frac{\partial \boldsymbol{E}}{\partial t} = \boldsymbol{J} \tag{2.110}$$

という関係を満たせば，(2.107) 式が他の法則と矛盾なく成立することが分かる．こうして導入された $\boldsymbol{J}$ を**変位電流**と呼ぶ．以上により，静的でない場合にも成り立つようなアンペールの法則の修正が得られた：

修正されたアンペールの法則：

$$\text{rot}\,\boldsymbol{B} - \mu_0 \varepsilon_0 \frac{\partial \boldsymbol{E}}{\partial t} = \mu_0 \boldsymbol{j} \tag{2.111}$$

2-4-3　ファラデーの法則

時間変化をする磁場は，**電磁誘導現象**を引き起こす．静的でない磁場の性質を理解するため，この現象について考える．

磁場中に置かれた回路 C に対し，C が囲む曲面 S を貫く磁場の大きさを変化させると，回路には磁場の変化を打ち消す向きに**誘導起電力** V が生じる．この起電力 V は**レンツの法則**によって以下のようになる：

$$V = -\frac{\Delta \Phi_B}{\Delta t} \tag{2.112}$$

ここで導入した Φ_B は**磁束**と呼ばれ，

$$\Phi_B = \int_S dS\, \boldsymbol{n} \cdot \boldsymbol{B} \tag{2.113}$$

と定義される．また，起電力 V は回路 C 一周分にわたって生じる静電ポテンシャルであるので，電場 $\boldsymbol{E}$ の積分として

$$V = \int_C dl\, \boldsymbol{s} \cdot \boldsymbol{E} = \int_S dS\, \boldsymbol{n} \cdot \text{rot}\,\boldsymbol{E} \tag{2.114}$$

と表される．これらの関係を合わせて，**ファラデーの法則（微分形）**の表式が得られる：

ファラデーの法則：
$$\mathrm{rot}\,\boldsymbol{E} = -\frac{\partial \boldsymbol{B}}{\partial t} \tag{2.115}$$

別の電磁誘導現象として，こんどは時間変化する電流が生み出す磁場について考える．図 2.18 のように，単位長さ当たりの巻き数が n で，長さ l が半径 R より十分長いコイルに電流 I を流す場合を考える．$l \gg R$ のときには磁場は，コイルの対称性を考えると，コイルの軸と平行でない向きの成分やコイルの外での磁場は相殺し，最終的にコイル内部にのみ軸と平行な向きに一様な磁場が生じる．そこで，コイルの外側と内側をまたぐように配置された，軸方向に長さ l の長方形を閉経路 C に選ぶと，アンペールの法則（積分形）は

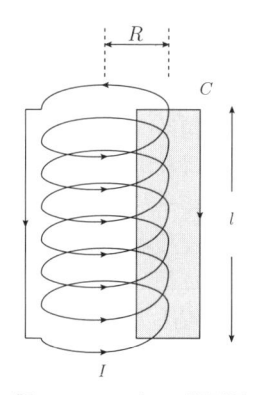

$$Bl = \mu_0 nlI \tag{2.116}$$

図 2.18 コイルの断面図と長方形領域

と表され，磁束密度の大きさが

$$B = \mu_0 nI \tag{2.117}$$

の磁場が生じる．特に周期的に時間変化する電流 $I = I_0 \sin \omega t$ を流すと，磁場の時間変化は

$$\frac{dB}{dt} = \mu_0 n\omega I_0 \cos \omega t \tag{2.118}$$

と表されるので，レンツの法則 (2.112) を使うとコイルには

$$V = -\mu_0 \pi R^2 n^2 l \omega I_0 \cos \omega t \tag{2.119}$$

という誘導起電力が，電流の流れを妨げる向きに発生する．また一般に，起電力を

$$V = -L \frac{dI}{dt} \tag{2.120}$$

と表したときの係数 L を（**自己**）**インダクタンス**と呼び，(2.119) 式からこのコイルのインダクタンスは，$L = \mu_0 \pi R^2 n^2 l$ であることが分かる．

インダクタンス L のコイルに電流を流し続けるために，外部から電源電圧 $V_p = -V = V_0 \cos \omega t$ をコイルにかけると，(2.120) 式よりコイルに流れる電流は

$$I = \frac{1}{L} \int dt \, V_p = \frac{V_0}{L\omega} \sin \omega t = \frac{V_0}{L\omega} \cos \left(\omega t - \frac{\pi}{2} \right) \tag{2.121}$$

となる．ここで，電気抵抗 R_0 に電流 I が流れたとき，抵抗前後の電位差 V が**オームの法則**により

$$V = R_0 I \tag{2.122}$$

と与えられることを思い出すと，(2.119) 式に現れた係数 $L\omega = \mu_0 \pi R^2 n^2 l \omega$ は電気抵抗に類似の因子と見なせて，**誘導リアクタンス**と呼ばれる．しかしながら (2.121) 式で得られた電流の位相は，電源電圧の位相に比べて $\frac{\pi}{2}$ だけ遅れ，こうした振る舞いはオームの法則 (2.122) とは異なる．

上で考えた巻き数 n，半径 R のコイル（これをコイル 1 とする）の内側に，コイル 1 と同じ長さ l で半径 R' ($R' < R$)，巻き数 n' のコイル 2 を入れ，コイル 1 にのみ電流 $I = I_0 \sin \omega t$ を流すと，コイル 2 には起電力：

$$V = -\mu_0 \pi (R')^2 n n' l \omega I_0 \cos \omega t \tag{2.123}$$

が生じる．また逆に，コイル 2 にのみ電流 $I = I_0 \sin \omega t$ を流すと，(2.123) と同じ起電力がコイル 1 に生じる．一般に複数個のコイルに対して，i 番目のコイルに I_i という電流を流したとき，j 番目のコイルに生じる起電力 V_j は

$$V_j = -L_{ji} \frac{dI_i}{dt} \tag{2.124}$$

という形で与えられる．この L_{ij} は，i 番目のコイルと j 番目のコイルの間の**相互インダクタンス**と呼ばれ $L_{ij} = L_{ji}$ という相反性を満たすことが示される．ここで述べた例 (2.123) の場合，相互インダクタンスは

$$L_{12} = \mu_0 \pi (R')^2 n n' l \tag{2.125}$$

となり，発生する起電力の向きを考えると相反性 $L_{12} = L_{21}$ に従うことが分かる．

2-4-4　マクスウェルの法則

以上により電磁場が従う法則は，電場と磁場に対するガウスの法則 (2.59), (2.77), 修正されたアンペールの法則 (2.111), ファラデーの法則 (2.115) として得られた

以下の 4 つの方程式（**マクスウェル方程式**）にまとめられる：

<u>マクスウェル方程式：</u>
$$\mathrm{div}\,\boldsymbol{E} = \frac{\rho}{\varepsilon_0}, \quad \mathrm{rot}\,\boldsymbol{E} + \frac{\partial \boldsymbol{B}}{\partial t} = 0, \quad \mathrm{rot}\,\boldsymbol{B} - \mu_0\varepsilon_0\frac{\partial \boldsymbol{E}}{\partial t} = \mu_0\boldsymbol{j}, \quad \mathrm{div}\,\boldsymbol{B} = 0 \quad (2.126)$$

これらが電磁場に対する基本方程式であり，電磁場がこの方程式系に従うことを総称して，**マクスウェルの法則**と呼ぶ．

2-4-5 電場のエネルギー

保存力であるクーロン力には，位置エネルギーが定義され，この位置エネルギーは電場が持つエネルギーとして解釈できる．ここでは，電場 E が有するエネルギーについて考える．

クーロンの法則より，2 つの電荷の間にはクーロン力 (2.31) が働き，この系の位置エネルギー U_E は

$$U_E = \frac{qq'}{4\pi\varepsilon_0 r} \tag{2.127}$$

となる．電荷が N 個ある場合は，

$$U_E = \frac{1}{4\pi\varepsilon_0}\sum_{(i,j)\text{ のすべての組み合わせ}} \frac{q_i q_j}{|\boldsymbol{r}_i - \boldsymbol{r}_j|} = \frac{1}{2}\frac{1}{4\pi\varepsilon_0}\sum_{i,j=1,\cdots,N,\ i\neq j} \frac{q_i q_j}{|\boldsymbol{r}_i - \boldsymbol{r}_j|} \tag{2.128}$$

と拡張される．ここで，二重に数えた分を補正するために $\frac{1}{2}$ という因子を導入した．さらに一般の電荷分布に対する位置エネルギーは

$$U_E = \frac{1}{2}\frac{1}{4\pi\varepsilon_0}\int dV \int dV' \frac{\rho(\boldsymbol{r})\rho(\boldsymbol{r}')}{|\boldsymbol{r}-\boldsymbol{r}'|} \tag{2.129}$$

と表される．このエネルギーを電場に蓄えられたエネルギーと解釈するため，この表式を E のみの表現に書き直す．ガウスの法則の微分形 (2.59) を使うと，(2.129) 式の電荷密度 ρ は電場 $\boldsymbol{E}$ の発散に書き換えられる：

$$U_E = \frac{\varepsilon_0}{2}\frac{1}{4\pi}\int dV \int dV' \frac{\mathrm{div}\,\boldsymbol{E}(\boldsymbol{r})\mathrm{div}\,'\boldsymbol{E}(\boldsymbol{r}')}{|\boldsymbol{r}-\boldsymbol{r}'|} \tag{2.130}$$

ただし，$\mathrm{div}\,'$ は $\boldsymbol{r}'$ についての微分，div は $\boldsymbol{r}$ についての微分を表している．ここで，ベクトル場 $\boldsymbol{A}(\boldsymbol{r}) = (A_1(\boldsymbol{r}), A_2(\boldsymbol{r}), A_3(\boldsymbol{r}))$ の各成分が空間の遠方 $|\boldsymbol{r}| \to \infty$ で十分に（$\frac{1}{r}$ よりも）早く $\boldsymbol{A}(\boldsymbol{r}) \to 0$ となるならば，

$$\int_{全空間} dV \operatorname{grad} A_i = 0 , \quad i = 1, 2, 3 \tag{2.131}$$

および

$$\int_{全空間} dV \operatorname{div} \boldsymbol{A} = 0 \tag{2.132}$$

を満たすことに注意して，$\operatorname{div}(f(\boldsymbol{r})\boldsymbol{A}(\boldsymbol{r})) = f(\boldsymbol{r})\operatorname{div} \boldsymbol{A}(\boldsymbol{r}) + (\operatorname{grad} f(\boldsymbol{r})) \cdot \boldsymbol{A}(\boldsymbol{r})$ および $\partial f(x-x')/\partial x = -\partial f(x-x')/\partial x'$ を用いながら部分積分を繰り返すと，(2.130) の表式は

$$U_E = -\frac{\varepsilon_0}{2}\frac{1}{4\pi}\int dV \int dV' \frac{1}{|\boldsymbol{r}-\boldsymbol{r}'|}\boldsymbol{E}(\boldsymbol{r}') \cdot \operatorname{grad} \operatorname{div} \boldsymbol{E}(\boldsymbol{r}) \tag{2.133}$$

となる．さらに恒等式 (2.11) および $\operatorname{rot} \boldsymbol{E} = 0$，$\boldsymbol{E}(\boldsymbol{r}') \cdot \triangle \boldsymbol{E}(\boldsymbol{r}) = \triangle (\boldsymbol{E}(\boldsymbol{r}') \cdot \boldsymbol{E}(\boldsymbol{r})) = \operatorname{div} \operatorname{grad} (\boldsymbol{E}(\boldsymbol{r}') \cdot \boldsymbol{E}(\boldsymbol{r}))$ を用いて部分積分を繰り返すと

$$\begin{aligned}
U_E &= -\frac{\varepsilon_0}{2}\frac{1}{4\pi}\int dV \int dV' \frac{\boldsymbol{E}(\boldsymbol{r}') \cdot \triangle \boldsymbol{E}(\boldsymbol{r})}{|\boldsymbol{r}-\boldsymbol{r}'|} \\
&= -\frac{\varepsilon_0}{2}\frac{1}{4\pi}\int dV \int dV' \boldsymbol{E}(\boldsymbol{r}') \cdot \boldsymbol{E}(\boldsymbol{r})\triangle\left(\frac{1}{|\boldsymbol{r}-\boldsymbol{r}'|}\right) \\
&= \frac{\varepsilon_0}{2}\int dV \boldsymbol{E}(\boldsymbol{r}) \cdot \boldsymbol{E}(\boldsymbol{r})
\end{aligned} \tag{2.134}$$

を得る．なお，最後の等式では，デルタ関数の表式 (2.64) を使った．こうして導かれた U_E の最終表式には，源となる電荷分布 $\rho(\boldsymbol{r})$ は陽に現れず，電場 $\boldsymbol{E}$ のみで表されている．つまりこの表式から，電場自体がエネルギーを持っていると解釈できる．

2-4-6　コンデンサ

2 つの導体の間に一時的に電荷を貯える電気素子を**コンデンサ**（**蓄電器**）という．例として，面積 S の十分に大きな導体板を距離 d だけ離して平行に置いて作ったコンデンサを考える．2 枚の導体板の一方に Q，もう一方の導体板に $-Q$ の電荷を与えると，各導体上の単位面積当たりの電荷密度はそれぞれ，$\rho = \pm\frac{Q}{S}$ となり，導体板の間には大きさ $E = \frac{Q}{\varepsilon_0 S}$ の電場が生じる[15]．また，導体間の電場の大きさは一定なので，2 つの導体板間の電位差 V は

---

[15] それぞれの導体板は，導体から外向きに，それぞれ $E = \frac{\rho}{2\varepsilon_0} = \pm\frac{Q}{2\varepsilon_0 S}$ の強さの電場を作るが，この電場は，2 つの導体板の外側では互いに打ち消し合い，導体板の間では互いに強め合って大きさが倍になる．

$$V = Ed = \frac{Qd}{\varepsilon_0 S} \tag{2.135}$$

となる．一般に，コンデンサに貯えられる電荷 Q は，コンデンサにかかる電圧に比例し，

$$Q = CV \tag{2.136}$$

と表される．この表式に現れた比例係数 C を**電気容量**と呼び，単位は F（ファラッド）で表される．この単位 F は，コンデンサに 1 V の電圧をかけたときに，1 C の電荷[16] が貯えられたとき，このコンデンサの電気容量を 1 F と定めている．例として，ここで導入した平行板コンデンサの場合には，(2.135) 式から

$$C = \varepsilon_0 \frac{S}{d} \tag{2.137}$$

となる．

コンデンサの導体板間の電場の持つエネルギー U_E は，(2.134) 式を使って計算すると，

$$U_E = \frac{\varepsilon_0}{2} \int dV \, \boldsymbol{E}(\boldsymbol{r}) \cdot \boldsymbol{E}(\boldsymbol{r}) = \frac{dQ^2}{2\varepsilon_0 S} = \frac{Q^2}{2C} = \frac{CV^2}{2} \tag{2.138}$$

となる．なお，最後の 2 つの表式は一般のコンデンサに対しても成立する[17]．

コンデンサに，$V = V_0 \cos \omega t$ という電源電圧をかけた場合には，コンデンサに貯えられる電荷 Q は $Q = CV_0 \cos \omega t$ となる．そこで，コンデンサに流入する電流 I は，コンデンサに蓄えられる電荷 Q の時間変化として表されるので，

$$I = \frac{dQ}{dt} = -C\omega V_0 \sin \omega t = C\omega V_0 \cos\left(\omega t + \frac{\pi}{2}\right) \tag{2.139}$$

となり，あたかも $1/C\omega$ という抵抗があるように振る舞う．しかしながら，この電流の位相は電源電圧の位相に比べて $\frac{\pi}{2}$ だけ進んでいる[18]．

---

[16] 電荷の単位 C（クーロン）は，単位時間当たり 1 A（アンペア）の電流が運ぶ電気量を表している．その大きさは 1 つの電子が持つ電気量 e（**電気素量**）の $6.24150962915265 \times 10^{18}$ 倍となる．

[17] コンデンサに電荷 Q が蓄えられたときにコンデンサにかかる電圧は (2.136) となるが，(2.138) のエネルギーは $QV = Q^2/C$ と一致しない．これは正しくは以下のようにして理解できる．コンデンサの一方の導体板に蓄えられた電荷が生み出す電場による，もう一方の導体板の位置との間の電位差は (2.136) の半分の $Q/2C$ となる．そこで，もう一方の導体板に蓄えられた電荷が持つ位置エネルギーは $Q^2/2C$ となり，(2.138) の表式に一致する．

[18] コイルの場合との違いに留意されたい．

2-4-7 電磁場のエネルギー

静的な場合,電場のエネルギー U_E は (2.134) で与えられるが,ここでは静的でない場合を考える.簡単のため系が真空,すなわち $j=0$, $\rho=0$ を仮定する.マクスウェル方程式 (2.126) を用いて,電場が持つエネルギー U_E の時間変化を考えると,

$$\frac{\partial U_E}{\partial t} = 2\frac{\varepsilon_0}{2}\int dV\, \bm{E}(\bm{r})\cdot\frac{\partial \bm{E}(\bm{r})}{\partial t} = \varepsilon_0 \int dV\, \frac{\bm{E}(\bm{r})\cdot \operatorname{rot}\bm{B}(\bm{r})}{\mu_0 \varepsilon_0}$$
$$= \frac{1}{\mu_0}\int dV\, \operatorname{rot}\bm{E}(\bm{r})\cdot \bm{B}(\bm{r}) = -\frac{1}{\mu_0}\int dV\, \frac{\partial \bm{B}(\bm{r})}{\partial t}\cdot \bm{B}(\bm{r}) = -\frac{\partial U_B}{\partial t} \quad (2.140)$$

となる.ここで,2行目のはじめの等式では,ベクトル微分演算子のライプニッツ則 (2.10) および (2.132) を使った.この表式に現れた

$$U_B \equiv \frac{1}{2\mu_0}\int dV\, \bm{B}(\bm{r})\cdot \bm{B}(\bm{r}) \quad (2.141)$$

は,磁場 $\bm{B}$ が持つエネルギーを表している.こうして得られた関係:

$$\frac{\partial}{\partial t}(U_E + U_B) = 0 \quad (2.142)$$

は,電場および磁場の全エネルギー $U_E + U_B$ が時間変化せずに保存すると解釈される.

そこで,電磁場のエネルギー保存則の微分形,すなわちエネルギー密度の保存則を考える.電場および磁場のエネルギー密度:

$$\epsilon_E = \frac{\varepsilon_0}{2}\bm{E}(\bm{r})\cdot \bm{E}(\bm{r}), \quad (2.143)$$

$$\epsilon_B = \frac{1}{2\mu_0}\bm{B}(\bm{r})\cdot \bm{B}(\bm{r}) \quad (2.144)$$

は (2.140) 式より,保存則:

$$\frac{\partial(\epsilon_E + \epsilon_B)}{\partial t} = \frac{\partial}{\partial t}\left(\frac{\varepsilon_0}{2}\bm{E}(\bm{r})\cdot \bm{E}(\bm{r}) + \frac{1}{2\mu_0}\bm{B}(\bm{r})\cdot \bm{B}(\bm{r})\right)$$
$$= \frac{1}{\mu_0}\left(\bm{E}(\bm{r})\cdot \operatorname{rot}\bm{B}(\bm{r}) - \bm{B}(\bm{r})\cdot \operatorname{rot}\bm{E}(\bm{r})\right) = -\frac{1}{\mu_0}\operatorname{div}(\bm{E}\times\bm{B}) = -\operatorname{div}\bm{P} \quad (2.145)$$

を満たす.ここで,$\bm{P}$ はポインティング・ベクトルと呼ばれ,

$$\bm{P}(\bm{r}) \equiv \frac{1}{\mu_0}\bm{E}(\bm{r})\times\bm{B}(\bm{r}) \quad (2.146)$$

と定義される.実際 (2.145) 式は,電荷保存則 (2.106) と同様な形をしており,ポインティング・ベクトル $\bm{P}$ がエネルギー密度の流れ(運動量密度)を表していると

解釈される.

このように,静的でない電磁場に対しては,電場と磁場の両方のエネルギーを同時に取り扱うことによってエネルギー保存則が得られ,両者は不可分の関係にある.また,電磁場のエネルギーの流れを表すポインティング・ベクトルが電場 E と磁場 B の外積として定められることからも分かるように,電場と磁場は等価に(統一的に)取り扱うのが自然であることが明らかとなった[19].

2-4-8 電磁波

最後に,波動的振る舞いをするマクスウェル方程式の解である,電磁波について考える.電磁波解の性質を見るため,まず初めに波動に関して少し復習する.

x-軸を正の方向に進む波の振幅は,一般に滑らかな関数(**波動関数**と呼ぶ)f を用いて $f(x-vt)$ と表され,f の値が一定となる位置が速度 v で進む.そこで,この波動関数 f は

$$\left(\frac{\partial}{\partial t} - v\frac{\partial}{\partial x}\right)f = 0 \tag{2.147}$$

という偏微分方程式を満たす.また同様に,x-軸を負の方向に進む波は $f(x+vt)$ と表され,波動関数は

$$\left(\frac{\partial}{\partial t} + v\frac{\partial}{\partial x}\right)f = 0 \tag{2.148}$$

という偏微分方程式を満たす.(2.147)式と(2.148)式を合わせると,これら両方の波を記述する偏微分方程式は

$$0 = \left(\frac{\partial}{\partial t} - v\frac{\partial}{\partial x}\right)\left(\frac{\partial}{\partial t} + v\frac{\partial}{\partial x}\right)f = \left(\frac{\partial^2}{\partial t^2} - v^2\frac{\partial^2}{\partial x^2}\right)f \tag{2.149}$$

となることが分かる.一般に,空間を伝わる速さ v の波は,

$$\left(\frac{\partial^2}{\partial t^2} - v^2\triangle\right)f = 0 \tag{2.150}$$

を満たし,この方程式を**波動方程式**と呼ぶ.以上の復習をふまえて,真空中を伝搬する電磁波を考える.

マクスウェル方程式 (2.126) は真空中 ($j=0$, $\rho=0$) では以下のようになる:

---

[19] こうした側面は次項の電磁波や特殊相対性理論でより鮮明になる.

$$\text{div}\,\boldsymbol{E} = 0\,,\quad \text{rot}\,\boldsymbol{E} + \frac{\partial \boldsymbol{B}}{\partial t} = 0\,,\quad \text{rot}\,\boldsymbol{B} - \mu_0\varepsilon_0\frac{\partial \boldsymbol{E}}{\partial t} = 0\,,\quad \text{div}\,\boldsymbol{B} = 0 \tag{2.151}$$

このマクスウェル方程式に対して，まず初めに 2 番目の式の rot を取ると，

$$0 = \text{rot}\,\text{rot}\,\boldsymbol{E} + \frac{\partial \text{rot}\,\boldsymbol{B}}{\partial t} = \text{grad}\,\text{div}\,\boldsymbol{E} - \triangle\boldsymbol{E} + \mu_0\varepsilon_0\frac{\partial^2 \boldsymbol{E}}{\partial t^2} = -\triangle\boldsymbol{E} + \mu_0\varepsilon_0\frac{\partial^2 \boldsymbol{E}}{\partial t^2} \tag{2.152}$$

となり，さらに 1 番目と 3 番目の式を使うと，電場 $\boldsymbol{E}$ が

$$\left(\frac{\partial^2}{\partial t^2} - \frac{1}{\mu_0\varepsilon_0}\triangle\right)\boldsymbol{E} = 0 \tag{2.153}$$

という波動方程式に従うことが分かる．同様に，3 番目の式の rot から磁場 $\boldsymbol{B}$ に対する波動方程式：

$$\left(\frac{\partial^2}{\partial t^2} - \frac{1}{\mu_0\varepsilon_0}\triangle\right)\boldsymbol{B} = 0 \tag{2.154}$$

が得られる．このようにマクスウェルの方程式の解となる電場と磁場は独立ではなく，互いに関係し合いながら伝搬し波動的振る舞いをする．

こうした電場と磁場の波動解は**電磁波**と呼ばれ，光の物理現象を記述する．真空中を伝搬する光の速度（光速）c は

$$c = 2.99792458 \times 10^8 \text{ m/s} \tag{2.155}$$

と定義されているが，電場と磁場が従う波動方程式（2.153），(2.154) が速度 $v = c$ で進む波の波動方程式（2.149）となるには，真空の誘電率と透磁率が

$$c^2 = \frac{1}{\mu_0\varepsilon_0} \tag{2.156}$$

という関係に従うことが要請され，実際に真空の誘電率 (2.32) と透磁率 (2.74) の値は，(2.156) の関係を満たしている．また次の具体例で見るように，マクスウェルの方程式 (2.151) の 1 番目と 4 番目の式は電磁波が図 2.19 のように電場と磁場の向きが共に進行方向と直交しながら伝搬する**横波**であることを表している．

電磁波の具体例として，電場が x-方向に伝搬する $\boldsymbol{E} = \boldsymbol{E}_0 \sin\left(2\pi\left(\frac{x}{\lambda} - \nu t\right)\right)$ という解を考える．ここで，λ は波長，ν は振動数を表しており，$\boldsymbol{E}_0 = (E_{0x}, E_{0y}, E_{0z})$ は定数ベクトルである．$\text{div}\,\boldsymbol{E} = 0$ より，

$$0 = \text{div}\,\boldsymbol{E} = \frac{\partial E_x}{\partial x} = \frac{2\pi E_{0x}}{\lambda}\cos\left(2\pi\left(\frac{x}{\lambda} - \nu t\right)\right) \tag{2.157}$$

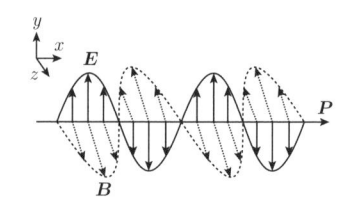

図 **2.19** 電磁波

となることから $E_{0x} = 0$ が要請され，この波が進行方向である x-方向に垂直な成分しか持たない横波であることが分かる．実際，電磁波の一種である光が横波であることは，特定方向の横波だけを遮る偏光板を，遮る向きが垂直になるように 2 枚重ねると光を通さないという現象として実際に観測される．また，$\text{rot}\,\boldsymbol{E} + \frac{\partial \boldsymbol{B}}{\partial t} = 0$ より，磁場は

$$\frac{\partial \boldsymbol{B}}{\partial t} = -\text{rot}\,\boldsymbol{E} = -\frac{2\pi}{\lambda}(0, -E_{0z}, E_{0y})\cos\left(2\pi\left(\frac{x}{\lambda} - \nu t\right)\right) \tag{2.158}$$

という方程式に従い，その解は

$$\boldsymbol{B} = \frac{1}{\lambda\nu}(0, -E_{0z}, E_{0y})\sin\left(2\pi\left(\frac{x}{\lambda} - \nu t\right)\right) \tag{2.159}$$

であることが分かる．さらに $\lambda\nu = c$ であるので

$$\boldsymbol{B} = \frac{1}{c}(0, -E_{0z}, E_{0y})\sin\left(2\pi\left(\frac{x}{\lambda} - \nu t\right)\right) \tag{2.160}$$

と書き換えられる．これらの解に対して，ポインティング・ベクトルは

$$\boldsymbol{P}(\boldsymbol{r}) \equiv \frac{1}{\mu_0}\boldsymbol{E}(\boldsymbol{r}) \times \boldsymbol{B}(\boldsymbol{r}) = \frac{1}{\mu_0 c}\left(E_{0y}^2 + E_{0z}^2, 0, 0\right)\sin^2\left(2\pi\left(\frac{x}{\lambda} - \nu t\right)\right) \tag{2.161}$$

と進行方向（x-軸方向）に正の値を持つことから，エネルギーが実際に正の向きに伝わっていることが確かめられる．

このように，真空中を伝搬する光は横波となり，光のエネルギーは進行方向に光速で流れることが明らかとなった．こうした光の電磁気学的性質を基に，量子力学や相対性理論の基礎原理が構築される．以降の章では，これらの新たな理論がいかに構築され，自然現象を説明するかを見てゆく．

練習問題

【問題 2.1】
1. 無限に長い線電荷密度 ρ の一様な直線上の電荷が，直線からの距離 R の位置に生み出す電場を求めよ．
2. 直線上を流れる電流 I が，直線からの距離 R の位置に生み出す磁束密度を求めよ．

【問題 2.2】 原点 $(x,y,z) = (0,0,0)$ を中心として，$z = 0$ の平面内に置かれた半径 a の円周を流れる電流 I が位置 $\boldsymbol{r} = (x,y,z)$ に生み出すベクトル・ポテンシャルを求

めよ．ただし，$a \ll |r|$ を仮定して近似せよ．

【問題 2.3】図 2.20 のように，直線状の導線を z-軸上に置き，xz-平面内に，z-軸方向に長さ a，x-軸方向に長さ b の矩形（長方形）の回路を置いた．回路と導線の最短距離を R としたとき，この回路と導線の間の相互インダクタンスを求めよ．

【問題 2.4】図 2.21 のような，内径 a，外径 b の同芯球状導体からなるコンデンサの電気容量を求めよ．

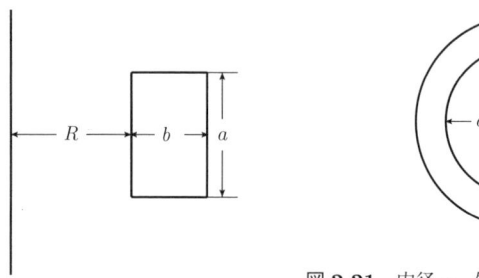

図 2.20 回路と導線

図 2.21 内径 a，外径 b の同芯球状導体からなるコンデンサ

第3章

量子力学

分子や原子などの微視的なスケールの物理現象を考えると，古典力学の理論的枠組みは破綻し，新たな力学的原理が必要とされる．この新たな原理は歴史的に，古典力学で説明できない様々な物理現象の理解を通じて発見され，量子力学として体系化されてきた．本章では，量子力学の諸原理に基づいて，微視的物理現象が説明される様子を理解しよう．

3-1 量子力学前夜

3-1-1 光電効果：光の粒子性

図 3.1 のように，金属板に光を当てると電子が飛び出す現象が発見された．この現象は，**光電効果**と呼ばれ，光の照射によって飛び出した電子は**光電子**という．ミリカンによる実験ではこの現象を確かめるため，図 3.2 のように 2 つの金属板（陰極と陽極）に電圧 V をかけ，陰極に X 線や紫外線を照射して放出された光電子を電流として測定した．

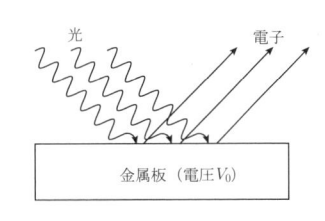

図 3.1 光電効果

電子が陽極に到達するのを妨げる向きに電圧をかけると，放出された電子の運動エネルギーが，eV を超えたときに電流が測定される[1]．そこで，金属板に照射した光の振動数 ν と電流が流れ始める最小電圧 V_0 を測定すると，

$$eV_0 = h\nu - W \tag{3.1}$$

という関係に従うことが明らかとなった．ここで，W は**仕事関数**と呼ばれ，電子

---

[1] $e = 1.6 \times 10^{-19}$C は電気素量であり，電子 1 個が持つ電気量を表す．

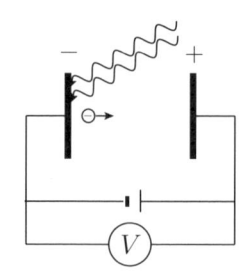

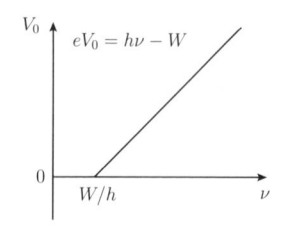

図 3.2　ミリカンによる実験

が金属表面を飛び出すのに必要とする運動エネルギーのしきい値を表している．照射した光の振動数が $\nu \geq W/h$ となると電子の運動エネルギーが仕事関数を上回り，電流が流れ始めて電圧 V ($\geq V_0$) が測定される．この関係に現れる比例係数 h ($= 6.6 \times 10^{-34}$ J s) は**プランク定数**と呼ばれる量子力学のスケールを特徴付ける定数である．プランク定数を表す記号としてしばしば h の代わりに $\hbar = \frac{h}{2\pi}$ という特殊記号を用いて表されることもある．

こうした光電効果の実験から，以下の事実が明らかとなった：

- 飛び出す光電子の数 N_e は入射光の振動数 ν によらず，入射光の強度 I にのみ依存する．
- 個々の光電子が持つ運動エネルギー T は，入射光の強度 I によらず，入射光の振動数 ν に比例する．
- 光電効果は，入射光の振動数がある最小値 ν_0 ($= W/h$) を超えた場合に生じ，それ以下の振動数では強度をいくら上げても光電子は飛び出してこない．

これらの事実によると光電効果は，金属板表面に X 線や紫外線などの光を照射すると，光が持つエネルギーが金属板中の自由電子に運動エネルギーを与え，その結果，金属内から電子が飛び出す現象であると解釈するのが自然である．一方，電磁気学を支配するマクスウェル方程式によると，光は電磁波として記述される．そこで光を電磁波として解釈するならば，電磁場の大きさの 2 乗に比例した光のエネルギーが金属内の自由電子に与えられ，光電子として測定されるはずだが，そうすると光の強度と振動数に関する上記の光電効果の性質を説明するのは困難となってしまう．こうした矛盾を解決するため，微視的スケールの物理現象を記述するには電磁気学の原理を修正し，新たな原理を導入しなければならないと結論付けられる．

光電効果に現れた微視的スケールでの光の特異な性質を説明するため，アインシュタインは**光量子仮説**を導入した．

> **光量子仮説**
>
> 光はエネルギー $E = h\nu$ を持った**光子**（または，**光量子**）の集まりと見なすべきである．

この仮説を用いると，ミリカンの実験で得られた光電子の運動エネルギーと入射光の振動数の関係 (3.1) が説明できる．

- 1個の光子が持つエネルギーは $E = h\nu$ であるので，金属板への照射によって1個の自由電子に与えられるエネルギーは振動数にのみ依存する．
- 振動数一定の入射光の強度 I は光子数 N_p に比例し，強度を上げればより多くの自由電子が光電子として測定される．
- エネルギー保存則より，金属表面から飛び出した光電子が持つ運動エネルギー K は，入射光の振動数 ν と仕事関数 W を用いて $h\nu \leq W + K$ という関係に従う．$K > 0$ とならないと電子は飛び出さないので，ν が $\nu_0 (= W/h)$ を超えないと光電効果は起こらない．

最後に光電効果が起こるエネルギースケールを見積もってみよう．光電効果は，紫外線やX線などを入射光としたときに生じる．紫外線の典型的な波長は $10^{-7\sim-9}$ m であり，光速の値 $c = 3 \times 10^8$ m/s を用いると，振動数は $10^{15\sim 17}$ s^{-1} となる．光子1個が持つエネルギーはプランク定数をかけて，$h\nu \sim 10^{-19\sim-17}$ J となるが，これは1個の電子に 1 V の電圧をかけたときに得られるエネルギーである 1 **電子ボルト**（1 eV $= 1.60 \times 10^{-19}$ J）と同程度のエネルギースケールとなっている．

3-1-2　コンプトン散乱

光量子仮説を裏付ける別の証拠として，**コンプトン散乱**がある．コンプトン散乱とは，物質に波長 λ が一定のX線を照射し，その散乱波の波長 λ' を測定すると，物質によらず散乱角 θ に応じて異なる波長のずれ $\Delta\lambda = \lambda' - \lambda$ が測定される現象である．この波長のずれは，光を波として捉えると解釈できないが，以下で見るように光量子仮説に基づいて，光子と質点との衝突現象として捉えると説明できる[2]．

振動数 ν を持った入射光の光子が，静止している質量 m の電子に衝突する散乱問題を考える．この散乱では，衝突後の電子は光速に近い速度で運動するので，特殊相対性理論による取り扱いが必要となる．ここでは関係式 (5.61) から得られる，

---

[2] コンプトン散乱に伴う検出技術に関しては，「実験物理学」の章で紹介する．

運動量 p および静止エネルギー mc^2 と相対論的エネルギー E との関係：

$$E = \sqrt{p^2c^2 + m^2c^4} \qquad (3.2)$$

を仮定して，この散乱問題を考えよう[3]．

光量子仮説より，入射してくる光子はエネルギー $h\nu$ を有する．また，光子の質量はゼロ $m_{ph} = 0$ なので，(3.2) を用いると運動量の大きさは $h\nu/c$ となる．ここで，図 3.3 のように入射光の進行方向に対して，光子が角度 θ，電子が角度 ϕ で散乱されたとする．衝突後の電子の運動量の大きさを p とし，散乱後の光の振動数を ν' とすると，衝突の前後でのエネルギー保存則より

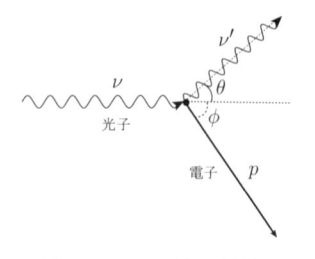

図 3.3 コンプトン散乱

$$h\nu + mc^2 = h\nu' + \sqrt{p^2c^2 + m^2c^4} \qquad (3.3)$$

となり一方，運動量保存則から

$$\frac{h\nu}{c} = \frac{h\nu'}{c}\cos\theta + p\cos\phi, \quad 0 = \frac{h\nu'}{c}\sin\theta - p\sin\phi \qquad (3.4)$$

が得られる．これらの関係を使うと，衝突後の光の波長 λ' は h, m, c, θ, および衝突前の光の波長 $\lambda = c/\nu$ を用いて，以下のように表される：

$$\lambda' = \lambda + \lambda_0 (1 - \cos\theta) \qquad (3.5)$$

ただし λ_0 は以下の組み合わせで与えられる：

$$\lambda_0 = \frac{h}{mc} \qquad (3.6)$$

ここで，電子の静止質量 $m = 9.1 \times 10^{-31}$ kg を代入すると，$\lambda_0 = 2.4 \times 10^{-12}$ m となり，この波長は電子の**コンプトン波長**と呼ばれる．

(3.5) の波長と角度の関係式は，物質に（電子の束縛エネルギーが無視できる程の）高エネルギーの X 線を当てたときの実験結果を見事に再現し，光量子仮説の正しさを裏付けることとなった．

---

[3] 特殊相対性理論でのエネルギーや運動量の定義に関しては，「特殊相対性理論」の章を参照．

3-1-3 電子の波動性

2つの隙間が開いた壁に向けて図 3.4 のように,広範囲に銃弾が広がって発射される性能の悪い機関銃で弾を撃ち込み,その弾痕を調べるという,仮想的問題を考えてみよう. 2 つの隙間のまわりで散乱された銃弾が,隙間が開いた壁の後ろに置かれたスクリーンにぶつかると弾痕が残り,このスクリーンのある点に銃弾がぶつかる確率は,それぞれの隙間を通って銃弾が来る確率の和となる.

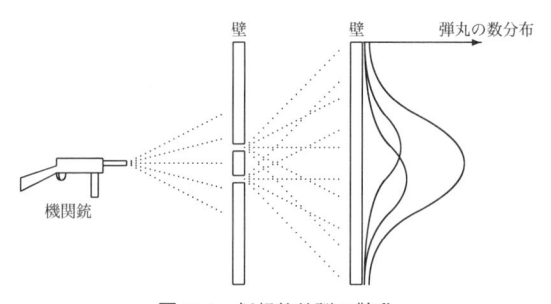

一方,2 つの隙間が開いた壁に今度は光(電磁波)を当てると,後ろのスクリーンには縞模様ができる.この現象は,2 つの隙間から出た光が波のように振る舞い,干渉を起こすため生じる. 図 3.5 のように,隙間の間の距離を d,壁とスクリーンの間の距離を l とすると,スクリーンの中心からの距離 x が $d \ll x \ll l$ のとき,干渉縞の間隔 a は $a = l\lambda/d$ となる[4]. 今度は,ブラウン管に使われているような電子銃から電子を放出し,前のような 2 つの隙間が開いた壁に当て,後ろの壁に測定器を置いて電子を観測する.

図 3.4 仮想的銃弾の散乱

---

[4] この関係の導出を簡単に説明しよう. 2 つの隙間からの経路の長さの差は $\sqrt{l^2 + \left(x + \frac{d}{2}\right)^2} - \sqrt{l^2 + \left(x - \frac{d}{2}\right)^2} \simeq \frac{xd}{l}$ なので,光の波長を λ とすると 2 つの経路から来る光の位相差 δ は $\delta = \frac{2\pi x d}{l \lambda}$ となる. 光の振幅は $A = A_0 \sin\left(\frac{2\pi c}{\lambda}t + \delta\right) + B_0 \sin\left(\frac{2\pi c}{\lambda}t\right)$ となるので,強度 I は

$$I = A^2 = A_0^2 \sin^2\left(\frac{2\pi c}{\lambda}t + \delta\right) + B_0^2 \sin^2\left(\frac{2\pi c}{\lambda}t\right) + 2A_0 B_0 \sin\left(\frac{2\pi c}{\lambda}t + \delta\right) \sin\left(\frac{2\pi c}{\lambda}t\right)$$
$$\sim \frac{1}{2}\left(A_0^2 + B_0^2 + 2A_0 B_0 \cos \delta\right) \tag{3.7}$$

となる. ここで最後の $\sim$ では時間平均を考えている. つまり,

$$\int_0^{\frac{\lambda}{c}} dt \sin^2\left(\frac{2\pi c}{\lambda}t + \delta\right) = \frac{\lambda}{2c} , \quad \int_0^{\frac{\lambda}{c}} dt \sin\left(\frac{2\pi c}{\lambda}t + \delta\right) \sin\left(\frac{2\pi c}{\lambda}t\right) = \frac{\lambda}{2c}\cos\delta \tag{3.8}$$

を周期 λ/c で割り,時間平均を求めた. (3.7) の最終式で最初の 2 つの項はそれぞれの隙間から来る光の強

この測定器は電子がぶつかると，波の強度のように連続的な分布にはならず，1個，2個，... と離散的に測定する．ところが，電子銃から放出される電子の数を増やしていくと弾丸のような分布にならず，図 3.6 のように分布に強弱の縞模様が現れ，光のように干渉が起こっている様子が測定された．つまりこの現象から，電子が波として振る舞っているということが発見されたのである．

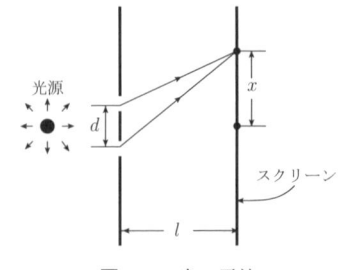

図 3.5 光の干渉

ここで一方の隙間に，電子の通過を検出できるような仕掛けをし，測定器にぶつかった電子がどちらの隙間を通ったかということが判別できるようにすると，今度はこの干渉縞は生じない．すなわちこの干渉は，電子がどちらの隙間を通ったか分からない場合に生じる現象なのである．

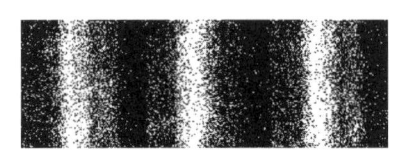

図 3.6 スクリーン上の干渉縞

干渉縞の間隔から電子の波長 λ を読み取れる．電子が持つ運動量の大きさ p と比べると，運動量の大きさの逆数が波長に比例し，その比例係数は光量子仮説で導入されたプランク定数 h となる ($p = h/\lambda$)．このように，通常粒子と考えられる電子も波としての性質を持つことが明らかとなった．この性質を応用して考案された装置が，**電子顕微鏡**である．

以上の測定実験の結果，電子のように物質を構成する微視的スケールの粒子（物質粒子）は，1個, 2個,... と数えられる「粒子」としての性質の他に，「波」(**物質波**) としての性質を併せ持つことが明らかとなった．こうした物質波の性質は，ド・ブロイ仮説によって特徴付けられる．

ド・ブロイ仮説

物質粒子の運動量 p と物質波の波長 λ の間には，ド・ブロイの関係式：
$$\lambda = \frac{h}{p} \tag{3.9}$$
が成立する．

度を表している．一方，3 項目は干渉を表し，縞模様を生み出す原因となっている．このような干渉項の有無が波と粒子の違いとなって現れているのである．$A_0 B_0 > 0$ とすると $\delta = 2\pi n$ (n は整数) のとき光は強くなるので干渉縞の間隔 $a = l\lambda/d$ を得る．

ド・ブロイ仮説が意味することは，光子のみならず電子などの物質粒子もまた微視的スケールでは「波」と「粒子」の両方の側面を持ち合わせるということである．これらの観測事実から，微視的スケールの物理現象を記述するためには，ニュートン力学の原理を修正して，実験結果を説明できる新たな原理の導入が要請される．こうした要請をまとめて作り上げられた新たな力学体系が量子力学である．

3-1-4 波束としての粒子

微視的粒子が波として振る舞う様子は，波の重ね合わせとして実現される**波束**を用いて記述される．ここでは，粒子の記述を念頭に，群速度と波束の性質を概観する．

x-方向に伝搬する波の振動数を ν，波長を λ とすると，その波は適切な境界条件の下，正弦波 $\psi(x,t) = A\sin(\omega t - kx)$ として表される．ただし $\omega \equiv 2\pi\nu$, $k \equiv 2\pi/\lambda$ はそれぞれ，**角振動数**，**波数**と呼ぶ．これらのパラメータを用いて，この波の伝搬速度は $u = \lambda\nu = \omega/k$ と表され，**位相速度**という．一方，ω が k の関数として与えられるとき $v = d\omega/dk$ を**群速度**という（図 3.7）．

角振動数が波数の関数であるとき，すなわち $\omega = \omega(k)$ と表される場合に，波数が近い 2 つの波の重ね合わせを考えよう．2 つの波数をそれぞれ k と $k+\Delta k$ とすると $\omega(k+\Delta k) \sim \omega(k) + \Delta k \frac{d\omega}{dk}$ なので 2 つの波の重ね合わせは

$$\sin(\omega(k)t - kx) + \sin(\omega(k+\Delta k)t - (k+\Delta k)x)$$
$$\sim 2\sin(\omega(k)t - kx)\cos\left(\left(\frac{d\omega}{dk}t - x\right)\frac{\Delta k}{2}\right) \tag{3.10}$$

となる．ここで，三角関数の公式 $\sin A + \sin B = 2\sin\frac{A+B}{2}\cos\frac{A-B}{2}$ を使った．最後の表式は，うなりを表しており，$\sin(\omega(k)t - kx)$ と振動する波の振幅は，$2\cos\left(\left(\frac{d\omega}{dk}t - x\right)\frac{\Delta k}{2}\right)$ と変化する．この振幅を持つ部位が進む速さこそが群速度で

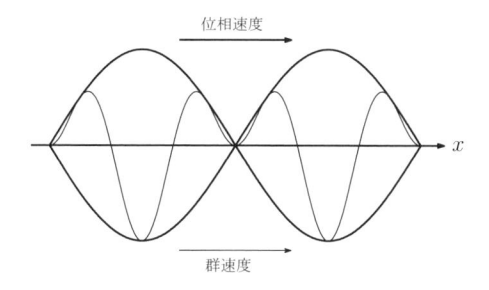

図 3.7　波の重ね合わせと群速度

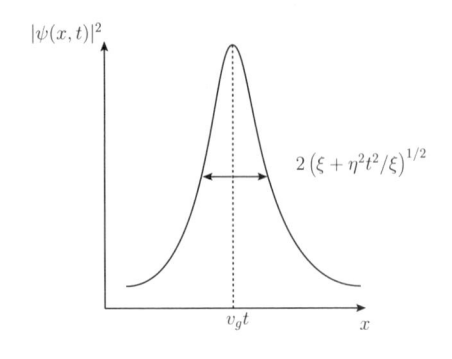

図 3.8 ガウス型波束

ある．粒子が物質波として記述されるとすると，その粒子は振幅が最も大きい位置の近傍に局在し，その位置が群速度で動く様子が観測される．

より一般的な波束として，角速度 k，角振動数 $\omega(k)$ を持つ波の重ね合わせを考える．上の正弦波の代わりに複素数を用いて平面波を $e^{ikx-i\omega(k)t}$ と表し，関数 $\phi(k)$ を重みとしてこの平面波を重ね合わせると

$$\psi(x,t) = \int_{-\infty}^{\infty} dk\,\phi(k) e^{ikx-i\omega(k)t} \tag{3.11}$$

という波束が得られる．特にこの重み $\phi(k)$ を $\psi(x,t)$ の振幅が $k=k_0$ のまわりに局在するような関数に選ぶと，この重ね合わされた波は塊のように振る舞い，この塊の速度は群速度 $v_g = \left(\frac{d\omega}{dk}\right)_{k_0}$ を持つ．

この様子を見るため，具体的に $\phi(k) = e^{-\xi(k-k_0)^2}$ と選び，$\omega(k)$ の $k=k_0$ まわりでの 2 次までのテイラー展開：

$$\omega(k) = \omega(k_0) + (k-k_0)\left(\frac{d\omega}{dk}\right)_{k_0} + \frac{1}{2}(k-k_0)^2\left(\frac{d^2\omega}{dk^2}\right)_{k_0} + \cdots \tag{3.12}$$

を (3.11) に代入し，振幅 $|\psi(x,t)|^2$ を計算すると，図 3.8 のような分布

$$|\psi(x,t)|^2 = \left(\frac{\pi^2}{\xi^2+\eta^2 t^2}\right) e^{-\xi(x-v_g t)^2/(2(\xi^2+\eta^2 t^2))}, \tag{3.13}$$

$$v_g = \left(\frac{d\omega}{dk}\right)_{k_0},\quad \eta \equiv \frac{1}{2}\left(\frac{d^2\omega}{dk^2}\right)_{k_0} \tag{3.14}$$

が得られる．

振幅の時間依存性を見ると,この波束は群速度 v_g で進んでいることが分かる[5]. こうした性質を持つ波束は,粒子描像と広がりを持つ波動描像を結びつける上で有用である.量子力学と波束の関係に関しては,波動関数の確率解釈と共に次節で論じることにしよう.

3-1-5　ボーア・ゾンマーフェルトの量子化条件

まず初めに,長さ L の円周上を運動する粒子を考える.この粒子の物質波としての波長はド・ブロイの関係式 (3.9) より $\lambda = h/p$ となる.物質波が円周上で閉じるためには円周の長さは波長の整数倍でなければならず,$Lp = nh$ $(n = 0, \pm1, \pm2, \cdots)$ という関係が要請される(図 3.9).これを一般の周期運動に拡張したのが**ボーア・ゾンマーフェルトの量子化条件**である:

$$\oint p dx = nh = 2\pi n\hbar \quad (n = 0, \pm1, \pm2, \cdots), \quad \hbar \equiv h/2\pi \tag{3.15}$$

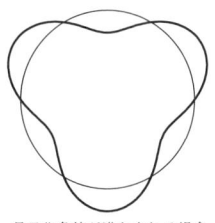

量子化条件が満たされる場合　　量子化条件が満たされない場合

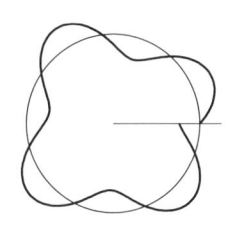

図 **3.9**　ボーア・ゾンマーフェルト条件

例題　陽子と電子からなる水素原子を考える.電子の質量を m_e,電荷の大きさを e とし,$4\pi\varepsilon_0 = 1$ という単位系を選ぶと,電子のエネルギーは次式で与えられる:

$$E = \frac{p^2}{2m_e} - \frac{e^2}{r} \tag{3.16}$$

ここで p は運動量の大きさ,r は陽子と電子の間の距離である.今,簡単のため静止した陽子のまわりを,電子が半径 R $(r = R)$ の円運動をしているとする.そのと

---

[5] その幅 Δ は $\Delta = \sqrt{\xi}\left(1 + \eta^2 t^2/\xi^2\right)^{1/2}$ のように時間 t と共に広がり,しだいにぼやけてくる.もし ξ が大きければ,このぼやける早さは遅くなる.

き，遠心力とクーロン力の釣り合いおよびボーア・ゾンマーフェルトの量子化条件から，電子が持つエネルギーが

$$E_n = -\frac{m_e e^4}{2\hbar^2}\frac{1}{n^2}, \quad n = 1, 2, 3, \cdots \tag{3.17}$$

となることを示せ．

解説

まず，遠心力とクーロン力の釣り合いの式から，電子の速度 v を用いて $m_e v^2/R = e^2/R^2$ という関係が得られる．さらに電子の運動量は $p = m_e v$ であるので，$p^2 = m_e e^2/R$ となり，この運動量を用いてボーア・ゾンマーフェルトの量子化条件 (3.15) は $p \cdot 2\pi R = 2\pi n\hbar$ と表される．これらの関係式から，p と $1/R$ は $p = m_e e^2/n\hbar$，$1/R = m_e e^2/n^2\hbar^2$ となり，電子のエネルギーの表式 (3.16) に代入すると，(3.17) が得られる．ここで係数 $m_e e^4/(2\hbar^2)$ はリュードベリ定数と呼ばれる．

この例題で考えた原子模型に基づいて，原子の**輝線（スペクトル線）**が以下のように説明できる．$n = m$ の軌道にある電子が $n = k\,(<m)$ の軌道に移ると，エネルギー差 $\Delta E = E_m - E_k$ に相当するエネルギーを持つ光を発する．このように離散的な振動数を持った光の発光現象は，実際に原子の輝線として観測される．振動数 ν の光は $h\nu$ のエネルギーを持つので，電子が軌道を遷移した際に生じる光の振動数は以下の関係に従う[6]：

$$h\nu = \frac{m_e e^4}{2\hbar^2}\left(\frac{1}{k^2} - \frac{1}{m^2}\right) \tag{3.18}$$

3-2 シュレディンガー方程式

3-2-1 対応原理と確率解釈

前節で見たように，電子をはじめとした微視的粒子は粒子性と波動性の性質を併せ持つ．こうした微視的粒子の運動を記述する理論は，古典力学から導くことはできず，実験事実を基にした推測によって構築された．ここでは，微視的粒子が波束に

---

[6] $k = 1$ と固定すると光の振動数 ν は，m の値に応じて飛び飛びの値を持つ．こうした光のスペクトルをライマン系列と呼ぶ．同様に $k = 2$ に相当する光のスペクトルはバルマー系列，$k = 3$ に相当するものはパッシェン系列と呼ばれ，(3.17) は水素ガスの輝線の観測結果を正しく再現している．

よって記述されることを仮定して，この波束が従う方程式と**古典-量子の対応原理**について考える．

運動量 p，エネルギー E を持って運動する，質量 m の粒子の運動を考える．位置エネルギーが働かない自由粒子の場合，古典力学ではエネルギーと運動量は

$$E = \frac{p^2}{2m} \tag{3.19}$$

という関係に従う．一方，この粒子が波束であると仮定すると，群速度（3.14）は運動量 p と質量 m を用いて

$$v_g = \frac{d\omega}{dk} = \frac{p}{m} \tag{3.20}$$

という関係に従うことが要請される．さらに微視的スケールでは，エネルギーと角振動数 ω の間に

$$E = h\nu = \hbar\omega \tag{3.21}$$

という関係が観測されており，

$$\omega = \frac{p^2}{2m\hbar} \tag{3.22}$$

と表される．これらの関係の整合性から，

$$p = \hbar k, \quad \omega(k) = \frac{\hbar k^2}{2m} \tag{3.23}$$

が満たされなければならない．なお，この関係はド・ブロイの関係式を再現している．

自由粒子に対する $\omega(k)$ が得られたので，この結果を波束の定義式（3.11）に適用してみよう．$k = p/\hbar$，$\omega = E/\hbar$，および規格化された重み因子 $\sqrt{\frac{\hbar}{2\pi}}\varphi(p) \equiv \phi(p/\hbar)$ を導入して，波束（3.11）を

$$\psi(x,t) = \frac{1}{\sqrt{2\pi\hbar}} \int dp\, \varphi(p) e^{i(px-Et)/\hbar} \tag{3.24}$$

と表したとき，エネルギーと運動量の関係 $E = p^2/(2m)$ より，この関数は次の微分方程式：

$$i\hbar \frac{\partial \psi(x,t)}{\partial t} = -\frac{\hbar^2}{2m} \frac{\partial^2 \psi(x,t)}{\partial x^2} \tag{3.25}$$

を満たす．自由粒子を記述する波束が従うこの微分方程式は**シュレディンガー方程式**と呼ばれる．

シュレディンガー方程式をエネルギーと運動量の古典的関係式（3.19）に対する

量子力学的対応物と見なすと,

$$E \to i\hbar\frac{\partial}{\partial t}, \quad p \to -i\hbar\frac{\partial}{\partial x} \tag{3.26}$$

という対応規則が見出される.この対応を基に,位置エネルギー $V(x)$ がある場合に拡張すると,今度はエネルギーと運動量の関係が $E = p^2/(2m) + V(x)$ となるので,シュレディンガー方程式は,

$$i\hbar\frac{\partial\psi(x,t)}{\partial t} = \left(-\frac{\hbar^2}{2m}\frac{\partial^2}{\partial x^2} + V(x)\right)\psi(x,t) \tag{3.27}$$

となる.以上のようにして導入されたシュレディンガー方程式の解 $\psi(x,t)$ を**波動関数**と呼ぶ.シュレディンガー方程式が虚数単位 i を含むことから一般に波動関数は複素数値を持つ.「解析力学」の章で導入したように,運動エネルギーと位置エネルギーの和を正準変数 (x,p) を用いて表した関数 $H(x,p)$ は**ハミルトニアン**に他ならない.つまり対応規則 (3.26) から解釈すると,シュレディンガー方程式 (3.27) の右辺にはハミルトニアンに相当する微分演算子が現れている:

$$H(x,p) \to -\frac{1}{2m}\hbar^2\frac{\partial^2}{\partial x^2} + V(x) \tag{3.28}$$

さらに3次元空間を運動する粒子の波動関数に対するシュレディンガー方程式もまた,上の導出の自然な拡張によって得られる.$\boldsymbol{r} = (x_i) = (x,y,z)$, $\boldsymbol{p} = (p_i) = (p_x,p_y,p_z)$ ($i=1,2,3$ または x,y,z) とすると,直線上を運動する粒子と同様に

$$(p_x,p_y,p_z) \to \left(-i\hbar\frac{\partial}{\partial x}, -i\hbar\frac{\partial}{\partial y}, -i\hbar\frac{\partial}{\partial z}\right) \tag{3.29}$$

という対応規則が見出される.この対応を位置エネルギー $V(\boldsymbol{r})$ を持った3次元粒子のハミルトニアン $H(\boldsymbol{r},\boldsymbol{p}) = \boldsymbol{p}^2/2m + V(\boldsymbol{r})$ に適用すると,3次元シュレディンガー方程式:

$$i\hbar\frac{\partial\psi(\boldsymbol{r},t)}{\partial t} = \left(-\frac{\hbar^2}{2m}\triangle + V(\boldsymbol{r})\right)\psi(\boldsymbol{r},t) \tag{3.30}$$

が得られる.ここで,$\triangle$ はラプラシアンを表している:

$$\triangle = \frac{\partial^2}{\partial x^2} + \frac{\partial^2}{\partial y^2} + \frac{\partial^2}{\partial z^2} \tag{3.31}$$

波動関数の物理的意味付けは,**ボルンの確率解釈**によって与えられた.この解釈によると,波動関数 $\psi(\boldsymbol{r},t)$ で定められる粒子の量子的状態の測定を行ったとき,時刻 t,位置 $\boldsymbol{r}$ 近傍の微小体積 dV 内の領域内に,この粒子を観測する確率は,

$$\rho(\boldsymbol{r},t)dV \equiv \psi^*(\boldsymbol{r},t)\psi(\boldsymbol{r},t)dV \tag{3.32}$$

となると考えられる．ここで，ψ^* は ψ の複素共役を意味している．この $\rho(\boldsymbol{r},t)$ を**確率密度**と呼び，特に波動関数が 2 乗可積分な関数である場合には，

$$\int dV\,\rho(\boldsymbol{r},t) = 1 \tag{3.33}$$

と規格化して全確率が 1 となるように波動関数 ψ を定める．

例題 確率密度 $\rho(\boldsymbol{r},t) \equiv \psi^*(\boldsymbol{r},t)\psi(\boldsymbol{r},t)$ に対し，ベクトル場 $\boldsymbol{j}(\boldsymbol{r},t)$ を

$$\boldsymbol{j}(\boldsymbol{r},t) \equiv -\frac{i\hbar}{2m}\left(\psi^*(\boldsymbol{r},t)\left(\nabla\psi(\boldsymbol{r},t)\right) - \left(\nabla\psi^*(\boldsymbol{r},t)\right)\psi(\boldsymbol{r},t)\right) \tag{3.34}$$

と定義したとき，保存則:

$$\frac{\partial \rho}{\partial t} + \nabla \cdot \boldsymbol{j} = 0 \tag{3.35}$$

を満たすことを，シュレディンガー方程式を使って示せ．

解説

シュレディンガー方程式 (3.30) およびその複素共役

$$-i\hbar\frac{\partial \psi^*(\boldsymbol{r},t)}{\partial t} = \left(-\frac{\hbar^2}{2m}\triangle + V(\boldsymbol{r})\right)\psi^*(\boldsymbol{r},t) \tag{3.36}$$

を使うと

$$\begin{aligned}
\frac{\partial \rho}{\partial t} &= \frac{\partial \psi^*(\boldsymbol{r},t)}{\partial t}\psi(\boldsymbol{r},t) + \psi^*(\boldsymbol{r},t)\frac{\partial \psi(\boldsymbol{r},t)}{\partial t} \\
&= \frac{i}{\hbar}\left[\left(-\frac{\hbar^2}{2m}\triangle + V(\boldsymbol{r})\right)\psi^*(\boldsymbol{r},t)\right]\psi(\boldsymbol{r},t) - \frac{i}{\hbar}\psi^*(\boldsymbol{r},t)\left[\left(-\frac{\hbar^2}{2m}\triangle + V(\boldsymbol{r})\right)\psi(\boldsymbol{r},t)\right] \\
&= -\nabla\cdot\left[-\frac{i\hbar}{2m}\left(\psi^*(\boldsymbol{r},t)\left(\nabla\psi(\boldsymbol{r},t)\right) - \left(\nabla\psi^*(\boldsymbol{r},t)\right)\psi(\boldsymbol{r},t)\right)\right] = -\nabla\cdot\boldsymbol{j}
\end{aligned} \tag{3.37}$$

となり保存則 (3.35) が得られる．

(3.35) 式は電磁気学で導入した (2.106) の電荷保存則 $0 = \frac{\partial \rho}{\partial t} + \mathrm{div}\,\boldsymbol{j}$ と同じ形をしており，$\int dV\,\psi^*(\boldsymbol{r},t)\psi(\boldsymbol{r},t)$ が時間によらないことが分かる．よって，全確率の規格化 (3.33) が首尾一貫して定められ，$\boldsymbol{j}(\boldsymbol{r},t)$ は**確率の流れ**の密度として解釈される．■

シュレディンガー方程式の大きな特徴の 1 つとして線形性が挙げられる．つま

り，$\psi_1(x,t)$ と $\psi_2(x,t)$ の 2 つの解があるとき，A と B を定数（複素数）として $A\psi_1(x,t)+B\psi_2(x,t)$ も解になる．先の 3-1-3 項での電子の干渉のような問題を考えたとき，隙間 1 を通る電子の波動関数を $A\psi_1(x,t)$，隙間 2 を通る波動関数を $B\psi_2(x,t)$ とすると，隙間 2 を塞いだ場合に時刻 t，位置 x に電子が存在する確率密度は $P_1 = |A|^2 \psi_1^*(x,t)\psi_1(x,t)$ となり，一方隙間 1 を塞いだ場合に得られる同様の確率密度は $P_2 = |B|^2 \psi_2^*(x,t)\psi_2(x,t)$ となる．ところが，両方の隙間が開いている場合，2 つの波動関数が重ね合わされるので，時刻 t，位置 x に電子が存在する確率密度 P は，

$$\begin{aligned} P &= (A^*\psi_1^*(x,t) + B^*\psi_2^*(x,t))(A\psi_1(x,t) + B\psi_2(x,t)) \\ &= P_1 + P_2 + 2\mathrm{Re}\left(A^*B\psi_1^*(x,t)\psi_2(x,t)\right) \end{aligned} \quad (3.38)$$

となる．この確率密度 P は，$P = P_1 + P_2$ とはならず，干渉を表す項が 2 行目の最後に現れる[7]．この結果から，波動関数とその確率解釈による微視的粒子の記述が，前節で見た干渉現象を正しく実現していることが確かめられた．

3-2-2 演算子と期待値

対応原理により，運動量やハミルトニアンは微分演算子と対応付けられたが，一般に量子力学では物理量は演算子として記述される．例えば規格化された波動関数を用いて，確率密度 $\rho(\boldsymbol{r},t)$ は $\psi^*(\boldsymbol{r},t)\psi(\boldsymbol{r},t)$ と定義されたが，一般の演算子 $\hat{A}$ に対して，その**期待値**（または**平均値**）$\langle\hat{A}\rangle$ は，波動関数を用いて

$$\langle\hat{A}\rangle \equiv \int dV\, \psi^*(\boldsymbol{r},t)\hat{A}\psi(\boldsymbol{r},t) \quad (3.39)$$

と定められる．また，2 つの波動関数 $\psi_1(\boldsymbol{r},t)$，$\psi_2(\boldsymbol{r},t)$ に対して以下のように**内積**を定義する：

$$\langle\psi_1|\psi_2\rangle \equiv \int dV\, \psi_1^*(\boldsymbol{r},t)\psi_2(\boldsymbol{r},t) \quad (3.40)$$

この記法を使うと，(3.39) は $\langle\hat{A}\rangle = \langle\psi|\hat{A}\psi\rangle$ と表される．

ある波動関数 $\psi_A(\boldsymbol{r},t)$ に演算子 $\hat{A}$ を作用させて得られる関数が，元の波動関数に比例し，その比例係数 A を用いて

$$\hat{A}\psi_A(\boldsymbol{r},t) = A\psi_A(\boldsymbol{r},t) \quad (3.41)$$

---

[7] Re は複素関数の実部を表す．

と表されるとき，この波動関数 $\psi_A(\boldsymbol{r},t)$ を演算子 $\hat{A}$ の**固有関数**と呼ぶ．この固有関数が表す量子力学的な状態を**固有状態**と呼び，(3.41) の比例係数 A を**固有値**という．さらに任意の波動関数が固有関数の線形結合によって

$$\psi(\boldsymbol{r},t) = \sum_A c_A(\boldsymbol{r},t)\psi_A(\boldsymbol{r},t) \tag{3.42}$$

と表されるならば，その固有関数の集合は**完全系**をなすという[8]．ここで $\sum_A$ は一般に，固有値が離散的な場合はそのまま和を表し，連続的な場合は積分

$$\psi(\boldsymbol{r},t) = \int dA\, c_A(\boldsymbol{r},t)\psi_A(\boldsymbol{r},t) \tag{3.43}$$

を表すものとする．

例として，運動量演算子 $\hat{p} \equiv -i\hbar\partial/\partial x$ の固有状態は $e^{i\frac{px}{\hbar}}$ と与えられるので，展開 (3.42) は

$$\psi(x,t) = \int dp\, \phi(p,t) e^{i\frac{px}{\hbar}} \tag{3.44}$$

となる．この場合，展開係数 $\phi(p,t)$ は波動関数 $\psi(x,t)$ の**フーリエ変換**によって与えられる[9]．

さらに物理量に対応する演算子の量子力学的状態への作用を記述するため，新たな記法を導入する．波動関数 $\psi(x)$ に対応する量子力学的状態を（一般に無限次元）線形空間 $\mathscr{H}$ のベクトルとして $|\psi\rangle$ と表し，これを**ケット状態**と呼ぶことにする．このケット状態に対し，(3.40) の内積 $\langle\psi_1|\psi_2\rangle$ を与えるような双対ベクトル $\langle\psi_1|$ は波動関数 $\psi_1(x)$ に対応する**ブラ状態**と呼ぶ．

例として，$\hat{x}$ を座標 x に対応する演算子とすると，$\hat{x}|x\rangle = x|x\rangle$ となる座標演算子の固有状態 $|x\rangle$ が定められる．この状態が正規直交条件 $\langle x|x'\rangle = \delta(x-x')$ を満たすならば，波動関数は $\psi(x) = \langle x|\psi\rangle$，$\psi^*(x) = \langle\psi|x\rangle$ と表すことができる．さらに固有値 x の固有状態が完全性の条件を満たすならば，$\int dx\, |x\rangle\langle x| = \mathbb{I}$ となるので[10]，

---

[8] 完全系をなす関数の集合に関しては，「数理物理学」の章を参照．
[9] フーリエ変換に関しては，「数理物理学」の章を参照．
[10] 完全性の条件は，線形空間 $\mathscr{H}$ の正規直交基底 $|i\rangle$ とその双対の基底 $\langle j|$ を用いて，

$$\mathbb{I}_{\mathscr{H}} = \sum_i |i\rangle\langle i|, \quad \langle i|j\rangle = \delta_{ij} \tag{3.45}$$

と表される．ただし，$\mathbb{I}_{\mathscr{H}}$ は $\mathscr{H}$ 上の恒等演算子を表す．特に状態のラベル i,j が離散的な場合には，ブラ状態を行ベクトル，ケット状態を列ベクトルと同定でき，これらのベクトルの直積として $|i\rangle\langle j|$ は行列と見なせ，$\mathbb{I}_{\mathscr{H}}$ は恒等行列として表される．一方，状態のラベル i,j が連続的な場合には，上の和は積分に置き換えられる．

$$\langle\psi_1|\psi_2\rangle = \int dx\,\langle\psi_1|x\rangle\langle x|\psi_2\rangle = \int dx\,\psi_1^*(x)\psi_2(x) \tag{3.46}$$

のように (3.40) を再現する.

ここで，波動関数 $\psi(x)$ に対し $\psi(x) \to e^{i\theta}\psi(x)$ のように定数の θ だけ位相を変えても (3.39) の演算子 $\hat{A}$ の期待値 $\langle\hat{A}\rangle$ は変わらない．このため，定数の位相だけ異なる波動関数は，同じ量子力学的状態に対応すると解釈される．

a, b を（複素数値）定数としたとき，2 つの波動関数の内積は次のような性質を持つ：

(1) $\langle\psi_1|a\psi_2 + b\psi_3\rangle = a\langle\psi_1|\psi_2\rangle + b\langle\psi_1|\psi_3\rangle$

(2) $\langle a\psi_1 + b\psi_2|\psi_3\rangle = a^*\langle\psi_1|\psi_3\rangle + b^*\langle\psi_2|\psi_3\rangle$

(3) $\langle\psi|\psi\rangle > 0$　ただし，ψ は恒等的に 0 ではないとする．

(4) $\langle\psi_1|\psi_2\rangle = \langle\psi_2|\psi_1\rangle^*$

任意の状態 $|\psi_1\rangle$, $|\psi_2\rangle$ に対して,

$$\langle\psi_1|\hat{A}\psi_2\rangle = \langle\hat{A}^\dagger\psi_1|\psi_2\rangle \tag{3.47}$$

を満たす演算子 $\hat{A}^\dagger$ を $\hat{A}$ の**エルミート共役**と呼ぶ[11]．特に，演算子 $\hat{A}$ が $\hat{A} = \hat{A}^\dagger$ であるとき，演算子 $\hat{A}$ が**エルミート**であるという．以下の例題で示されるように，エルミート演算子の固有値は実数となり，一般に物理量を表現する演算子は全て**エルミート演算子**である．また，任意の演算子 $\hat{A}$ に対し $\hat{A}^\dagger\hat{A}$ および $\hat{A}\hat{A}^\dagger$ はエルミートであり，その期待値は非負となる.

例題　$\hat{A}$ をエルミート演算子とする．このとき，$\hat{A}$ の固有値が実数であることを示せ．

解説

演算子 $\hat{A}$ の固有関数を ψ_A とし，その固有値を A とすると, (3.41) より

$$\begin{aligned}\langle\psi_A|\hat{A}\psi_A\rangle &= A\langle\psi_A|\psi_A\rangle \\ &= \langle\hat{A}\psi_A|\psi_A\rangle = A^*\langle\psi_A|\psi_A\rangle\end{aligned} \tag{3.48}$$

となる．よって $A^* = A$，すなわち A が実数であることが示された．　■

---

[11] † は「ダガー（短剣）」という．

3-2-3 交換子と不確定性関係

運動量演算子が微分演算子として表されたことからも明らかなように，運動量演算子 $\hat{p}$ と座標演算子 $\hat{x}$ を波動関数に作用する際，順序によって異なる結果が得られ，その違いは

$$[\hat{x},\hat{p}] = i\hbar \tag{3.49}$$

と表される．ここで，

$$[\hat{A},\hat{B}] \equiv \hat{A}\hat{B} - \hat{B}\hat{A} \tag{3.50}$$

を**交換子**と呼び，対応原理によると，解析力学で導入したポアソン括弧 $[,]$ に相当する．

$\hat{A}$, $\hat{B}$, $\hat{C}$ を量子的演算子とすると，上の交換子の定義から $[\hat{A}\hat{B},\hat{C}] = \hat{A}[\hat{B},\hat{C}] + [\hat{A},\hat{C}]\hat{B}$ が成り立ち，さらに**ヤコビ恒等式**$[[\hat{A},\hat{B}],\hat{C}] + [[\hat{B},\hat{C}],\hat{A}] + [[\hat{C},\hat{A}],\hat{B}] = 0$ も満たされる．また，$[\hat{A},\hat{B}] = 0$ であるならば $\hat{A}$ と $\hat{B}$ は可換（または交換可能）であるという．演算子 $\hat{A}$ と $\hat{B}$ が可換ならば，$\hat{A}$ の固有状態であると同時に $\hat{B}$ の固有状態となるものが存在し，そうした状態を**同時固有状態**と呼ぶ．特にハミルトニアンと可換な演算子の固有値は**良い量子数**と呼ばれ，量子力学の状態を特徴付ける量を与える．

例題 座標 $\hat{x}$ と運動量 $\hat{p}$ の交換関係 $[\hat{x},\hat{p}] = i\hbar$ を用いて，

$$\langle (\delta x)^2 \rangle \langle (\delta p)^2 \rangle \geq \frac{\hbar^2}{4} \tag{3.51}$$

を示せ．ただし，$\hat{p}$, $\hat{x}$ の期待値を $\langle \hat{p} \rangle$, $\langle \hat{x} \rangle$ とし，$\delta x \equiv \hat{x} - \langle \hat{x} \rangle$, $\delta p \equiv \hat{p} - \langle \hat{p} \rangle$ である．

解説

α を任意の実数として $\hat{A} \equiv \delta x + i\alpha \delta p$ とすると $\langle \hat{A}\hat{A}^\dagger \rangle \geq 0$ となるが，これを交換関係 $[\delta x, \delta p] = i\hbar$ を使って書き直すと

$$\langle (\delta x)^2 \rangle + \hbar\alpha + \langle (\delta p)^2 \rangle \alpha^2 \geq 0 \tag{3.52}$$

と表される．この関係式が任意の α について成り立つための条件として，不等式 (3.51) が得られる．この不等式は，量子力学では（古典力学とは異なり）x と p の値を同時にかつ正確に測定することはできず，プランク定数で関係付けられた δx や δp 程度の不確定性が生じることを意味している．こうして得られた (3.51) を**不確**

定性関係という．

3-3　1次元シュレディンガー方程式の解

位置エネルギー（ポテンシャル）V が時間に依存しない場合，エネルギー E を持つ状態に対する波動関数 $\psi(x,t)$ は時間依存部分 $T(t) = e^{-iEt/\hbar}$ と空間依存部分 $\varphi(x)$ に変数分離され，$\psi(x,t) = T(t)\varphi(x)$ と表される．空間依存部分の波動関数は，以下のような時間に依存しないシュレディンガー方程式に従う：

$$-\frac{\hbar^2}{2m}\frac{d^2\varphi(x)}{d^2x} + V(x)\varphi(x) = E\varphi(x) \tag{3.53}$$

この方程式の解 $\varphi(x)$ によって定められる，エネルギー E が確定値を持つ状態を**定常状態**という．ここでは，直線上を運動する粒子に対するシュレディンガー方程式の解の振る舞いを，いくつかの例に対して考えてみよう．

3-3-1　箱型ポテンシャルとトンネル効果

例題　位置エネルギーが図 3.10 のような階段型ポテンシャルで与えられる，1次元量子力学系を考える：

$$V(x) = \begin{cases} 0 & (x < 0) \\ U_0 & (x > 0) \end{cases} \tag{3.54}$$

x-軸上 $x < 0$ 方向から，質量 m の粒子がエネルギー E を持って入射するとき以下の問いに答えよ．

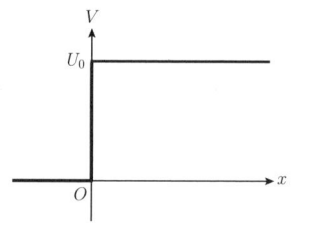

図 3.10　階段型ポテンシャル

1. 入射粒子の波動関数を $\psi_I(x,t) = e^{-\frac{i(Et-px)}{\hbar}}$ としたとき，この粒子の運動量 p を E, m, $\hbar$ で表せ．
2. ポテンシャルによって反射された粒子の波動関数を $\psi_R = Ae^{-\frac{i(Et+qx)}{\hbar}}$ とし，ポテンシャルを透過した粒子の $x > 0$ での波動関数を $\psi_T = Be^{-\frac{i(Et-ikx)}{\hbar}}$ とする（ここで A, B は定数の係数である）．$E < U_0$ のとき，q, k を E, U_0, m, $\hbar$ を用いて表せ．
3. $x > 0$ での確率の流れの密度 $j_T(x,t) = -i\frac{\hbar}{2m}\left(\psi_T^*\frac{\partial \psi_T}{\partial x} - \psi_T\frac{\partial \psi_T^*}{\partial x}\right)$ を求めよ．

解説

1. シュレディンガー方程式 $i\hbar \frac{\partial \psi(x,t)}{\partial t} = -\frac{\hbar^2}{2m} \frac{\partial^2 \psi(x,t)}{\partial x^2}$ に $\psi = \psi_I$ を代入すると，$E\psi_I = \frac{p^2}{2m}\psi_I$ となるので，運動量 $p = \pm\sqrt{2mE}$ を得るが入射波は $x > 0$ 方向に進むので $p = \sqrt{2mE}$ となる．

2. 同様に今度はシュレディンガー方程式 $i\hbar \frac{\partial \psi(x,t)}{\partial t} = -\frac{\hbar^2}{2m} \frac{\partial^2 \psi(x,t)}{\partial x^2} + V(x)\psi(x,t)$ に $\psi = \psi_R$ を代入すると $E\psi_R = \frac{q^2}{2m}\psi_R$, $E\psi_T = \left(-\frac{k^2}{2m} + U_0\right)\psi_T$ となり，$q = \pm\sqrt{2mE}$, $k = \pm\sqrt{2m(U_0 - E)}$ を得る．ここで，反射波は左に進むので，$q = \sqrt{2mE} = p$ と定まる．一方，透過波は $E < U_0$ のとき $k < 0$ とすると，$x \to \infty$ で $|\psi_T|^2 \to \infty$ となるがこれは無限遠で粒子数密度が無限大になることを示しており，物理的に受け入れがたい．従って，正の k が選ばれ $k = \sqrt{2m(U_0 - E)}$ となる．

3. 確率の流れの密度 $j_T(x,t)$ の定義に $\psi_T(x,t)$ の表式を代入すると，$j_T = 0$ を得る．確率の流れの密度が $j_T = 0$ となることは，粒子が壁に染み込んでも結局は全て反射されることを表している．

次の例題で見るように，壁の厚さが有限であれば，粒子が壁を越えて出現するという現象が起こる．この現象を**トンネル効果**と呼ぶ．

例題 図 3.11 のような箱型ポテンシャル障壁に x-軸上 $x < 0$ 方向から，質量 m の粒子がエネルギー $E < U_0$ で入射するとき，以下の問いに答えよ．

1. 次の3つの領域：領域1: $x < 0$, 領域2: $0 < x < a$, 領域3: $a < x$, におけるシュレディンガー方程式とその一般解を求めよ．

2. 入射波 ψ_I による確率の流れ $j_I(x) = -i\frac{\hbar}{2m}\left(\psi_I^* \frac{\partial \psi_I}{\partial x} - \psi_I \frac{\partial \psi_I^*}{\partial x}\right)$ を入射流と呼び，反

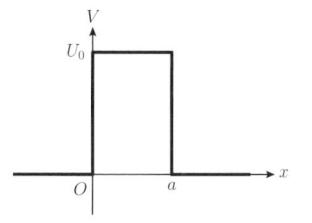

図 **3.11** 箱型ポテンシャル

射波 ψ_R および透過波 ψ_T に対しても同様に反射流 j_R および透過流 j_T が定められる．このとき，入射流に対する反射流の割合 $R = j_R/j_I$ を**反射率**，入射流に対する透過流の割合 j_T/j_I を**透過率**と呼ぶ．$x = 0$ および $x = a$ における，波動関数およびその x に関する微分が連続であるという条件（**解の接続条件**）を用いて，反射率および透過率を求めよ．

解説

1. 各領域でのシュレディンガー方程式は，

$$i\hbar \frac{\partial \psi_1(x,t)}{\partial t} = -\frac{\hbar^2}{2m} \frac{\partial^2 \psi_1(x,t)}{\partial x^2} , \tag{3.55}$$

$$i\hbar \frac{\partial \psi_2(x,t)}{\partial t} = -\frac{\hbar^2}{2m} \frac{\partial^2 \psi_2(x,t)}{\partial x^2} + U_0 \psi_2(x,t) , \tag{3.56}$$

$$i\hbar \frac{\partial \psi_3(x,t)}{\partial t} = -\frac{\hbar^2}{2m} \frac{\partial^2 \psi_3(x,t)}{\partial x^2} \tag{3.57}$$

となり，これらの方程式の一般解：

$$\psi_1 = A e^{-i\frac{Et-kx}{\hbar}} + B e^{-i\frac{Et+kx}{\hbar}} , \tag{3.58}$$

$$\psi_2 = C e^{i\frac{ipx-Et}{\hbar}} + D e^{\frac{-ipx-Et}{\hbar}} , \tag{3.59}$$

$$\psi_3 = E e^{-i\frac{Et-kx}{\hbar}} + F e^{-i\frac{Et+kx}{\hbar}} \tag{3.60}$$

を得る．ここで $k = \sqrt{2mE}$, $p = \sqrt{2m(U_0 - E)}$ である．

2. 波動関数 $\psi_i(x,t)$ $(i=1,2,3)$ の時間依存性は共通して $\mathrm{e}^{-iEt/\hbar}$ となり，空間部分を

$$\varphi_i(x) = \mathrm{e}^{iEt/\hbar} \psi_i(x,t) , \quad i = 1,2,3 \tag{3.61}$$

と表す．$\varphi_i(x)$ $(i=1,2,3)$ が $x=0$ と $x=a$ で滑らかにつながるための条件：$\varphi_1(0) = \varphi_2(0)$, $\varphi_1'(0) = \varphi_2'(0)$, $\varphi_2(a) = \varphi_3(a)$, $\varphi_2'(a) = \varphi_3'(a)$ は，

$$A + B = C + D, \quad ik(A - B) = -p(C - D),$$
$$C\mathrm{e}^{-pa/\hbar} + D\mathrm{e}^{pa/\hbar} = E\mathrm{e}^{ika/\hbar}, \quad -p(C\mathrm{e}^{-pa/\hbar} - D\mathrm{e}^{pa/\hbar}) = ikE\mathrm{e}^{ika/\hbar} \tag{3.62}$$

となる．ここで，$x > 0$ からの入射はないので $F = 0$ となった．これらを使って，

$$\frac{B}{A} = \frac{(k^2 + p^2)(\mathrm{e}^{-pa/\hbar} - \mathrm{e}^{pa/\hbar})}{(k-ip)^2 \mathrm{e}^{-pa/\hbar} - (k+ip)^2 \mathrm{e}^{pa/\hbar}},$$

$$\frac{E}{A} = -\frac{4ikp\mathrm{e}^{-ika/\hbar}}{(k-ip)^2 \mathrm{e}^{-pa/\hbar} - (k+ip)^2 \mathrm{e}^{pa/\hbar}} \tag{3.63}$$

が得られる．係数 A を持つ項が入射波を表し，B, E を持つ項がそれぞれ反射波 ψ_R および透過波 ψ_T を表すので，反射率 R および透過率 T は，

$$R = \frac{|B|^2 k}{|A|^2 k} = \frac{\left(1 + \frac{p^2}{k^2}\right)^2 \sinh^2 \frac{pa}{\hbar}}{4\frac{p^2}{k^2} + \left(1 + \frac{p^2}{k^2}\right)^2 \sinh^2 \frac{pa}{\hbar}} , \quad T = \frac{|E|^2 k}{|A|^2 k} = \frac{4\frac{p^2}{k^2}}{4\frac{p^2}{k^2} + \left(1 + \frac{p^2}{k^2}\right)^2 \sinh^2 \frac{pa}{\hbar}} \tag{3.64}$$

となり[12]，これらの和が $R + T = 1$ を満たすことが確かめられる．これは，全

---

[12] ここで R と T の表式の分子と分母に k が現れた理由は，波動関数の空間部分 $\phi(x)$ が平面波 e^{ikx} の

3-3-2 井戸型ポテンシャルと束縛状態

例題 図 3.12 のような 1 次元の井戸型ポテンシャルの中を運動する質量 m の粒子を考える.

1. エネルギー $E < U_0$ の入射粒子に対し, $x < 0$, $0 < x < a$, $x > a$ での波動関数をそれぞれ ψ_I, ψ_II, ψ_III とする. $x = 0, a$ での解の接続条件および $x \to -\infty$ で $\psi_\mathrm{I} \to 0$, $x \to +\infty$ で $\psi_\mathrm{III} \to 0$ となる条件から, エネルギー E が満たすべき条件を求めよ.

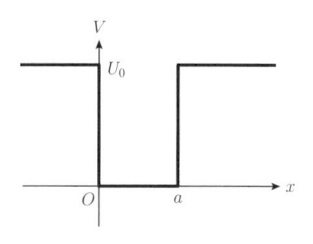

図 3.12 井戸型ポテンシャル

2. 以下簡単のため, $U_0 \to +\infty$ とし, 粒子が有限のエネルギーを持っていると仮定する. このとき, $x < 0$ および $x > a$ での粒子の波動関数がゼロになるとして, 領域 $0 < x < a$ でのシュレディンガー方程式の解を求めよ. また, このときエネルギー E はどういう値を取るか?

解説

1. 各領域でのシュレディンガー方程式は,

$$i\hbar \frac{\partial \psi_\mathrm{I}(x,t)}{\partial t} = -\frac{\hbar^2}{2m}\frac{\partial^2 \psi_\mathrm{I}(x,t)}{\partial x^2} + U_0 \psi_\mathrm{I}(x,t) , \quad (3.65)$$

$$i\hbar \frac{\partial \psi_\mathrm{II}(x,t)}{\partial t} = -\frac{\hbar^2}{2m}\frac{\partial^2 \psi_\mathrm{II}(x,t)}{\partial x^2} , \quad (3.66)$$

$$i\hbar \frac{\partial \psi_\mathrm{III}(x,t)}{\partial t} = -\frac{\hbar^2}{2m}\frac{\partial^2 \psi_\mathrm{III}(x,t)}{\partial x^2} + U_0 \psi_\mathrm{III}(x,t) \quad (3.67)$$

となり, これらの方程式の一般解は

$$\psi_\mathrm{I} = A\mathrm{e}^{-i\frac{Et-ikx}{\hbar}} + B\mathrm{e}^{-i\frac{Et+ikx}{\hbar}}, \quad (3.68)$$

$$\psi_\mathrm{II} = C\mathrm{e}^{i\frac{px-Et}{\hbar}} + D\mathrm{e}^{i\frac{-px-Et}{\hbar}}, \quad (3.69)$$

$$\psi_\mathrm{III} = E\mathrm{e}^{-i\frac{Et-ikx}{\hbar}} + F\mathrm{e}^{-i\frac{Et+ikx}{\hbar}} \quad (3.70)$$

と表される. ここで $k = \sqrt{2m(U_0 - E)}$, $p = \sqrt{2mE}$ である.

$x \to -\infty$ で $\psi_\mathrm{I} \to 0$, $x \to +\infty$ で $\psi_\mathrm{III} \to 0$ となる条件を課すと

形の場合には, $j = |\phi|^2 k\hbar/m$ と表されるためである.

$$A = F = 0 \tag{3.71}$$

となる．また，$x = 0, a$ で波動関数およびその x に関する微分が連続になるという条件から

$$B = C + D, \quad B = i\frac{p}{k}(C - D),$$

$$Ce^{i\frac{pa}{\hbar}} + De^{-i\frac{pa}{\hbar}} = Ee^{-\frac{ka}{\hbar}}, \quad -i\frac{p}{k}\left(Ce^{i\frac{pa}{\hbar}} - De^{-i\frac{pa}{\hbar}}\right) = Ee^{-\frac{ka}{\hbar}} \tag{3.72}$$

が得られる．これらの条件から B と E を消去すると，

$$\left(1 - i\frac{p}{k}\right)C + \left(1 + i\frac{p}{k}\right)D = 0, \quad \left(1 + i\frac{p}{k}\right)e^{i\frac{pa}{\hbar}}C + \left(1 - i\frac{p}{k}\right)e^{-i\frac{pa}{\hbar}}D = 0 \tag{3.73}$$

となるが，この連立方程式が解を持つためには，

$$\left(1 - i\frac{p}{k}\right)^2 e^{-i\frac{pa}{\hbar}} - \left(1 + i\frac{p}{k}\right)^2 e^{i\frac{pa}{\hbar}} = 0 \tag{3.74}$$

が満たされなければならない．オイラーの公式 $e^{i\theta} = \cos\theta + i\sin\theta$ を使うと，$k = \sqrt{2m(U_0 - E)}$, $p = \sqrt{2mE}$ より

$$\tan\frac{a\sqrt{2mE}}{\hbar} = -\frac{2\sqrt{\frac{E}{U_0 - E}}}{1 - \frac{E}{U_0 - E}} \tag{3.75}$$

と表され，これよりエネルギー E がこの条件を満たす特別な値しか取れないことが分かる．

2. 粒子が有限のエネルギーを持っていると仮定すると，$U_0 \to +\infty$ で $k \to +\infty$ となることから，$x < 0$ および $x > a$ での粒子の波動関数 $\psi_\mathrm{I}, \psi_\mathrm{III}$ の値はゼロとなる．従って解の接続条件を考えると，$0 < x < a$ のシュレディンガー方程式の解 ψ_II は $x = 0, x = a$ でゼロでなければならない．こうした要請により，

$$C + D = 0, \quad Ce^{i\frac{pa}{\hbar}} + De^{-i\frac{pa}{\hbar}} = 0 \tag{3.76}$$

が得られる．これらの関係式が解を持つためには $\sin\frac{pa}{\hbar} = 0$，すなわち $p = \frac{\pi\hbar n}{a}$, $n = 1, 2, 3, \cdots$ となる必要があり，運動量が離散的な値しか取りえないことが分かる．さらに，エネルギーは $E = \frac{p^2}{2m}$ であるので，

$$\psi_\mathrm{II} = \psi_n \equiv 2iC\sin\frac{n\pi x}{a}e^{-i\frac{E_n t}{\hbar}}, \quad E_n \equiv \frac{\pi^2\hbar^2 n^2}{2ma^2}, \quad n = 1, 2, 3, \cdots \tag{3.77}$$

のように量子化される．$\int dx |\psi_\mathrm{II}(x,t)|^2 = 1$ となるように規格化すると，波動関数の規格化因子 C は（定数位相の不定性を除いて）$C = \sqrt{\frac{1}{2a}}$ と定まる．∎

この例題の結果から，井戸型ポテンシャルが無限に深い井戸となる極限 $U_0 \to \infty$ において，粒子が持つエネルギーの値が離散的になることが導かれた．この結果は，$x \to \pm\infty$ で波動関数が $\psi(x,t) \to 0$ となることに起因したが，これは粒子の運動が空間の有限な領域内に制限されることを表している．このような粒子の量子的状態を**束縛状態**と呼び，特に最低のエネルギーを持つ状態を**基底状態**，それより高い離散的エネルギーを持つ状態を**励起状態**という[13]．

3-3-3 調和振動子

調和振動子のハミルトニアン演算子は[14]

$$\hat{H} = \frac{\hat{p}^2}{2m} + \frac{1}{2}m\omega^2 \hat{x}^2 = -\frac{\hbar^2}{2m}\frac{\partial^2}{\partial x^2} + \frac{1}{2}m\omega^2 x^2 \tag{3.78}$$

と表される．$x = \sqrt{\frac{\hbar}{m\omega}}\xi$ と変数変換すると，以下のように定義される**昇降演算子** $\hat{a}^\dagger$，$\hat{a}$：

$$\hat{a} \equiv \frac{1}{\sqrt{2}}\left(\frac{\partial}{\partial \xi} + \xi\right), \quad \hat{a}^\dagger \equiv \frac{1}{\sqrt{2}}\left(-\frac{\partial}{\partial \xi} + \xi\right) \tag{3.79}$$

を使って，ハミルトニアン演算子は次のように書き換えられる：

$$\hat{H} = \hbar\omega\left(\hat{a}^\dagger \hat{a} + \frac{1}{2}\right) \tag{3.80}$$

ここで導入した，昇降演算子は交換関係：

$$[\hat{a}, \hat{a}^\dagger] = 1 \tag{3.81}$$

に従うので，真空状態 $|0\rangle$ および励起状態 $|n\rangle$ を

$$|0\rangle : \hat{a}|0\rangle = 0, \quad |n\rangle \equiv \frac{1}{\sqrt{n!}}(\hat{a}^\dagger)^n |0\rangle \tag{3.82}$$

と定義すると，$\langle n| = \frac{1}{\sqrt{n!}}\langle 0|\hat{a}^n$ なので $\langle m|n\rangle = \delta_{mn}$ という直交関係を満たす．ここで δ_{mn} はクロネッカーのデルタと呼ばれ

$$\delta_{mn} = \begin{cases} 1 & (n = m) \\ 0 & (n \neq m) \end{cases} \tag{3.83}$$

---

[13] 量子化されたエネルギー準位を持つ系の巨視的振る舞いについては「統計力学」の章で取り扱う．
[14] 調和振動子の古典力学的取り扱いに関しては，「解析力学」の章を参照．

と定義される.

この波動関数 $\psi_n(x) \equiv \langle x|n\rangle$ の具体形を求めよう.まず基底状態は,$0 = \hat{a}\psi_0(x) = \frac{1}{\sqrt{2}}\left(\frac{\partial}{\partial \xi} + \xi\right)\psi_0(x)$ に従うので,$\psi_0(x) = Ne^{-\frac{1}{2}\xi^2}$ となる.この規格化定数 N は $\int_{-\infty}^{\infty} dx \psi^*(x)\psi(x) = 1$ および $\int_{-\infty}^{\infty} d\xi e^{-\xi^2} = \sqrt{\pi}$ であることから(定数位相の不定性を除いて)$N = \left(\frac{mw}{\pi\hbar}\right)^{1/4}$ と定まる.さらに励起状態 $(n \geq 1)$ は順次 $\hat{a}^\dagger$ を作用させて,以下のように決定される:

$$\psi_1(x) = a^\dagger \psi_0(x) = \frac{1}{\sqrt{2}}\left(-\frac{\partial}{\partial \xi} + \xi\right)\left(\frac{mw}{\pi\hbar}\right)^{1/4} e^{-\frac{1}{2}\xi^2} = \left(\frac{mw}{\pi\hbar}\right)^{1/4} \sqrt{2}\xi e^{-\frac{1}{2}\xi^2},$$

$$\psi_2(x) = \frac{1}{2!}a^\dagger \psi_1(x) = \left(\frac{mw}{\pi\hbar}\right)^{1/4} \frac{1}{2\sqrt{2!}}\left(4\xi^2 - 2\right)e^{-\frac{1}{2}\xi^2},$$

$$\vdots$$

$$\psi_n(x) = \left(\frac{mw}{\pi\hbar}\right)^{1/4} \frac{H_n(\xi)}{\sqrt{n!}} \frac{e^{-\frac{1}{2}\xi^2}}{\sqrt{2^n}} \tag{3.84}$$

ここで,$H_n(\xi)$ は以下のように定められる n 次の多項式である $(n = 0, 1, 2, ...)$:

$$H_n(\xi) = e^{\xi^2}(-1)^n \left(\frac{\partial}{\partial \xi}\right)^n e^{-\xi^2} \tag{3.85}$$

$H_n(\xi)$ は以下の直交関係を満たす,**エルミート多項式**として知られた直交多項式である:

$$\int_{-\infty}^{\infty} d\xi \, H_m(\xi) H_n(\xi) e^{-\xi^2} = \delta_{mn} 2^n \sqrt{\pi} m! \tag{3.86}$$

例題 1次元の調和振動子のエネルギー固有値を求めよ.

解説

昇降演算子を用いて表された調和振動子のハミルトニアン (3.80) を,(3.82) で導入した状態 $|n\rangle$ に作用させると,交換関係 (3.81) を用いて逐次的に,

$$\begin{aligned}
\hat{H}|n\rangle &= \hbar\omega\left(\hat{a}^\dagger\hat{a} + \frac{1}{2}\right)\frac{1}{\sqrt{n!}}(\hat{a}^\dagger)^n |0\rangle \\
&= \frac{\hbar\omega}{\sqrt{n!}}\hat{a}^\dagger\left(\hat{a}^\dagger\hat{a} + \frac{3}{2}\right)(\hat{a}^\dagger)^{n-1}|0\rangle = \cdots = \frac{\hbar\omega}{\sqrt{n!}}(\hat{a}^\dagger)^n\left(\hat{a}^\dagger\hat{a} + n + \frac{1}{2}\right)|0\rangle \\
&= \hbar\omega\left(n + \frac{1}{2}\right)|n\rangle \equiv E_n|n\rangle
\end{aligned} \tag{3.87}$$

と計算される.よって,状態 $|n\rangle$ のエネルギー固有値 E_n は,

$$E_n = \hbar\omega\left(n + \frac{1}{2}\right) \tag{3.88}$$

となることが分かった．このエネルギー E_n の $n=0$ での値 $\frac{1}{2}\hbar\omega$ は，不確定性関係に起因する量子力学的なゆらぎ（零点振動）のために生じ，**零点エネルギー**と呼ぶ．　■

3-4 　球対称ポテンシャル中の粒子の運動

3-4-1　一般の中心力ポテンシャル

3次元空間中の微視的粒子の運動を記述するシュレディンガー方程式は（3.30）で与えられた．特に，粒子に働く力が中心力の場合は保存力となり，その位置エネルギーは中心からの距離 r だけの関数となり，シュレディンガー方程式は次のように表される：

$$i\hbar\frac{\partial \psi(\boldsymbol{r},t)}{\partial t} = -\frac{\hbar^2}{2m}\triangle\psi(\boldsymbol{r},t) + V(r)\psi(\boldsymbol{r},t) \tag{3.89}$$

特にエネルギー固有状態を表す波動関数は $i\hbar\frac{\partial \psi(\boldsymbol{r},t)}{\partial t} = E\psi(\boldsymbol{r},t)$ となる：

$$E\psi(\boldsymbol{r},t) = -\frac{\hbar^2}{2m}\triangle\psi(\boldsymbol{r},t) + V(r)\psi(\boldsymbol{r},t) \tag{3.90}$$

中心力場を記述するには極座標（球面座標）(r,θ,ϕ) を導入するのが便利である：

$$x = r\sin\theta\cos\phi, \quad y = r\sin\theta\sin\phi, \quad z = r\cos\theta \tag{3.91}$$

極座標でのラプラシアン $\triangle$ は次のような形をしている：

$$\triangle\psi = \frac{1}{r^2}\frac{\partial}{\partial r}\left(r^2\frac{\partial \psi}{\partial r}\right) - \frac{1}{r^2}\hat{\boldsymbol{L}}^2\psi, \quad -\hat{\boldsymbol{L}}^2\psi \equiv \frac{1}{\sin\theta}\frac{\partial}{\partial \theta}\left(\sin\theta\frac{\partial \psi}{\partial \theta}\right) + \frac{1}{\sin^2\theta}\frac{\partial^2 \psi}{\partial \phi^2} \tag{3.92}$$

ここで，以下の成分を持つ**軌道角運動量演算子** $\hat{\boldsymbol{L}} \equiv (\hat{L}_x, \hat{L}_y, \hat{L}_z)$ を導入する[15]：

$$\hat{L}_x = \hat{y}\hat{p}_z - \hat{z}\hat{p}_y, \quad \hat{L}_y = \hat{z}\hat{p}_x - \hat{x}\hat{p}_z, \quad \hat{L}_z = \hat{x}\hat{p}_y - \hat{y}\hat{p}_x \tag{3.93}$$

また，$\hat{\boldsymbol{L}}^2$ を角運動量の2乗に対応する演算子 $\hat{\boldsymbol{L}}^2 = \hat{L}_x^2 + \hat{L}_y^2 + \hat{L}_z^2$ として導入する．

古典力学では xy-平面内を運動する粒子の運動エネルギー T と角運動量 l は

---

[15] 角運動量演算子の性質に関しては，次節で議論する．

で与えられるので,

$$T = \frac{m}{2}\left(\dot{r}^2 + \frac{l^2}{m^2 r^2}\right) \tag{3.95}$$

と $\hat{T} \equiv \frac{\hat{\bm{p}}\cdot\hat{\bm{p}}}{2m} = -\frac{\hbar^2}{2m}\triangle$ を比べると, $-\frac{\hbar^2}{r^2}\frac{\partial}{\partial r}\left(r^2\frac{\partial}{\partial r}\right) \leftrightarrow m^2\dot{r}^2$, $\hbar^2\hat{\bm{L}}^2 \leftrightarrow l^2$ という対応が見出せる.

$\hat{\bm{L}}^2$ の固有関数 $Y_{lm}(\theta,\phi)$ は, **球面調和関数**と呼ばれる直交関数を用いて表され, その固有値は $l(l+1)$ $(l=0,1,2,\cdots, \ m=-l,-l+1,\cdots,l)$ という値を取る[16]. 特に空間反転 $\bm{r} \to -\bm{r}$ の下で極座標は $r \to r, \theta \to \pi - \theta, \phi \to \phi + \pi$ となるが, 球面調和関数は $Y_{lm}(\theta,\phi) \to Y_{lm}(\pi-\theta,\phi+\pi) = (-1)^l Y_{lm}(\theta,\phi)$ と変換する. この Y_{lm} の変換性より, l が偶数の場合には空間反転の下で波動関数が対称(不変), l が奇数の場合は反対称(逆符号)であることが分かる.

こうした性質を持つ球面調和関数を用いて, 波動関数を $\psi(t,r,\theta,\phi) = f_l(r)Y_{lm}(\theta,\phi)e^{-i\frac{Et}{\hbar}}$ と変数分離すると, 動径部分 $f_l(r)$ は

$$Ef_l(r) = -\frac{\hbar^2}{2m}\left(\frac{1}{r^2}\frac{d}{dr}\left(r^2\frac{df_l(r)}{dr}\right) - \frac{1}{r^2}l(l+1)f_l(r)\right) + V(r)f_l(r) \tag{3.96}$$

という微分方程式に従う.

例題
1. 交換関係 $[\hat{L}_x, \hat{L}_y]$ および $[\hat{L}_x, \hat{\bm{L}}^2]$ を計算せよ.
2. 中心力ポテンシャルを持つハミルトニアン $\hat{H}$ と角運動量演算子 $\hat{\bm{L}} = (\hat{L}_x, \hat{L}_y, \hat{L}_z)$ との交換関係を計算せよ.

解説
1. $\hat{L}_x = \hat{y}\hat{p}_z - \hat{z}\hat{p}_y, \ \hat{L}_y = \hat{z}\hat{p}_x - \hat{x}\hat{p}_z, \ \hat{L}_z = \hat{x}\hat{p}_y - \hat{y}\hat{p}_x$ なので,

$$[\hat{L}_x, \hat{L}_y] = \hat{y}[\hat{p}_z, \hat{z}]\hat{p}_x + \hat{x}[\hat{z}, \hat{p}_z]\hat{p}_y = i\hbar\left(\hat{x}\hat{p}_y - \hat{y}\hat{p}_x\right) = i\hbar\hat{L}_z \tag{3.97}$$

となり, 同様に, $[\hat{L}_y, \hat{L}_z]$, $[\hat{L}_z, \hat{L}_x]$ を計算すると,

$$[\hat{L}_y, \hat{L}_z] = i\hbar\hat{L}_x \ , \quad [\hat{L}_z, \hat{L}_x] = i\hbar\hat{L}_y \tag{3.98}$$

---
[16] 球面調和関数に関しては「数理物理学」の章を参照.

となる．これらの交換関係を使うと，

$$\begin{aligned}[\hat{L}_x, \hat{\boldsymbol{L}}^2] &= [\hat{L}_x, \hat{L}_y]\hat{L}_y + \hat{L}_y[\hat{L}_x, \hat{L}_y] + [\hat{L}_x, \hat{L}_z]\hat{L}_z + \hat{L}_z[\hat{L}_x, \hat{L}_z] \\ &= i\hbar\left(\hat{L}_z\hat{L}_y + \hat{L}_y\hat{L}_z - \hat{L}_y\hat{L}_z - \hat{L}_z\hat{L}_y\right) = 0\end{aligned} \quad (3.99)$$

を得る．同様に $[\hat{L}_y, \hat{\boldsymbol{L}}^2] = 0$, $[\hat{L}_z, \hat{\boldsymbol{L}}^2] = 0$ も示される．

この計算から角運動量に対して，$(\hat{\boldsymbol{L}}^2, \hat{L}_z)$ の同時固有状態 $|l, m\rangle$：

$$\hat{\boldsymbol{L}}^2|l, m\rangle = \hbar^2 \lambda_l |l, m\rangle, \quad \hat{L}_z|l, m\rangle = \hbar m|l, m\rangle \quad (3.100)$$

の存在が明らかになった[17]．

2. まず初めに，次の交換関係を計算する：

$$[\hat{p}_x, V(r)] = -i\hbar \frac{\partial r}{\partial x} V'(r) = -\frac{i\hbar x}{r} V'(r) \quad (3.101)$$

同様の計算から

$$[\hat{p}_y, V(r)] = -\frac{i\hbar y}{r} V'(r), \quad [\hat{p}_z, V(r)] = -\frac{i\hbar z}{r} V'(r) \quad (3.102)$$

も得られる．これらの交換関係を使って，

$$\begin{aligned}[\hat{L}_x, \hat{H}] &= \left[\hat{y}\hat{p}_z - \hat{z}\hat{p}_y, \frac{\hat{\boldsymbol{p}} \cdot \hat{\boldsymbol{p}}}{2m} + V(r)\right] \\ &= \left[\hat{y}, \frac{\hat{p}_y^2}{2m}\right]\hat{p}_z - \left[\hat{z}, \frac{\hat{p}_z^2}{2m}\right]\hat{p}_y + \hat{y}[\hat{p}_z, V(r)] - \hat{z}[\hat{p}_y, V(r)] \\ &= i\hbar \frac{\hat{p}_y \hat{p}_z}{2m} - i\hbar \frac{\hat{p}_z \hat{p}_y}{2m} - \frac{i\hbar yz}{r} V'(r) + \frac{i\hbar zy}{r} V'(r) = 0\end{aligned} \quad (3.103)$$

となることが示される．

3-4-2 水素原子

水素原子中の電子の位置エネルギー $V(r)$ は $V(r) = -\frac{e^2}{r}$ で与えられる[18]．波動関数の動径部分を $f_l(r) = \frac{y_l(r)}{r}$ と書き換えて方程式（3.96）に代入し，電子の質量を m_e とすると，

$$y_l'' + \left[\frac{2m_e E}{\hbar^2} + \frac{2m_e e^2}{\hbar^2} \frac{1}{r} - \frac{l(l+1)}{r^2}\right] y_l = 0 \quad (3.104)$$

---

[17] 次節の議論から，$\hat{\boldsymbol{L}}^2$ の固有値は $\lambda_l = l(l+1)$ と定まる．
[18] ここでは $4\pi\varepsilon_0 = 1$ とする単位系を用いる．

という微分方程式が得られる．ここで $x \equiv 2(-2m_e E)^{\frac{1}{2}} r/\hbar$, $\nu \equiv \frac{e^2}{\hbar c}\sqrt{\frac{m_e c^2}{-2E}}$ とおくと，**主量子数** ν を用いて

$$\left[\frac{d^2}{dx^2} - \frac{l(l+1)}{x^2} + \frac{\nu}{x} - \frac{1}{4}\right] y_l = 0 \tag{3.105}$$

と表され，さらに $y_l(x) = x^{l+1} e^{-\frac{x}{2}} v_l(x)$ と置き換えると，

$$\left[x\frac{d^2}{dx^2} + (2l+2-x)\frac{d}{dx} - (l+1-\nu)\right] v_l = 0 \tag{3.106}$$

という微分方程式を得る．(3.106) は，$-(l+1-\nu)$ が 0 以上の整数の場合は，多項式解を持つので $m = 2l+1$, $n = -(l+1-\nu)$ とすると，最終的に波動関数の動径部分を記述するシュレディンガー方程式は

$$\left[x\frac{d^2}{dx^2} + (m+1-x)\frac{d}{dx} + n\right] v = 0 \tag{3.107}$$

となる．この方程式は**ラゲールの陪微分方程式**といい，その解は**ラゲールの陪多項式**と呼ばれる．ここでラゲールの陪多項式 $L_n^{(m)}(x)$ は，

$$L_n^{(m)}(x) \equiv \frac{e^x x^{-m}}{n!} \frac{d^n}{dx^n}\left(e^{-x} x^{n+m}\right) \tag{3.108}$$

と定められる，x の多項式である[19]．

例題 波動関数の動径部分を記述する微分方程式 (3.106) が $n = -(l+1-\nu) = 0$ となるとき，関数 $y_l(r)$ およびその固有状態のエネルギー固有値を求めよ．

解説
$\nu = l+1$ のとき，$\nu \equiv \frac{e^2}{\hbar c}\sqrt{\frac{m_e c^2}{-2E}}$ よりエネルギー固有値は

---

[19] $L_n^{(m)}(x)$ を**ソニンの多項式**ということもある．また (3.106) において $m = 2l+1$, $k = l+\nu$ として，ラゲールの陪微分方程式を

$$\left[x\frac{d^2}{dx^2} + (m+1-x)\frac{d}{dx} + (k-m)\right] v = 0 \tag{3.109}$$

と表記し，その多項式解 $v = L_m^k(x)$:

$$L_m^k(x) \equiv \frac{d^k}{dx^k}\left(e^x \frac{d^m}{dx^m}(x^m e^{-x})\right) \tag{3.110}$$

をラゲールの陪多項式と呼ぶこともある．

$$E = -\frac{m_e e^4}{2(l+1)^2 \hbar^2} \tag{3.111}$$

となる．

また $n=0$ の場合，(3.106) の解は $v_l(x) = L_0^{(m)}(x) = 1$ となるので，$y_l(x) = Cx^{l+1}e^{-\frac{x}{2}}v_l(x)$ に $x \equiv 2(-2m_e E)^{\frac{1}{2}}r/\hbar$ を代入すると，波動関数の動径部分に現れる関数 $y_l(r)$ は，

$$y_l(r) = C(2\alpha)^{l+1}r^{l+1}e^{-\alpha r}, \quad \alpha \equiv \frac{m_e e^2}{(l+1)\hbar^2} \tag{3.112}$$

と表される．ここで規格化定数 C は，波動関数の動径部分に対する規格化条件 $1 = \int_0^\infty dr\, r^2 |f_l(r)|$ を課せば（定数の位相因子を除いて）$C = (2\alpha)^{1/2}/\sqrt{(2l+2)!}$ と定まる．

なお，エネルギー固有値 (3.111) は $\nu = l+1$ が自然数であることから，ボーア・ゾンマーフェルトの量子化条件から得られた結果 (3.17) と同じエネルギー準位が，3次元シュレディンガー方程式の解から得られることが確かめられる．

3-5 角運動量

3-5-1 量子力学における角運動量の表現

電子やクォークなどの素粒子，さらにそれらの複合粒子として構成される原子やハドロンなどの微視的粒子を，量子力学の枠組みで記述するために必要不可欠な量子数として角運動量がある．前節では，3次元シュレディンガー方程式の記述において軌道角運動量演算子 $\hat{L}$ を導入したが，この他に粒子が持つ内部自由度として測定される**スピン**もまた，角運動量演算子の表現として記述される．ここではまず，角運動量演算子の表現に関する一般的性質から考えてみよう．

一般に角運動量演算子 $\hat{J}$ は，軌道角運動量 $\hat{L}$ に対して導かれた交換関係 (3.97)，(3.98) を満たす：

$$[\hat{J}_j, \hat{J}_k] = i\hbar \epsilon^{jkl} \hat{J}_l \tag{3.113}$$

ここで ϵ^{jkl}（$j,k,l = 1,2,3$ または x,y,z）という記号（**完全反対称テンソル**）は次のように定義される[20]：

---

[20] この交換関係は $\hbar = 1$ とおくと，行列式が 1 の 2 次ユニタリ行列のなす群である**特殊ユニタリ群**$SU(2)$ に対する**リー代数**の生成元が満たす条件となる．

$$\epsilon^{123} = 1, \quad \epsilon^{jkl} = -\epsilon^{kjl} = -\epsilon^{jlk} \tag{3.114}$$

(3.99) で見たように交換関係 (3.114) より $\hat{\boldsymbol{J}}^2 = \hat{J}_x^2 + \hat{J}_y^2 + \hat{J}_z^2$ は角運動量演算子 $\hat{J}_x$, $\hat{J}_y$, $\hat{J}_z$ と交換し, (2 次の) **カシミア演算子**と呼ばれる. そこで, $\hat{\boldsymbol{J}}^2$ と $\hat{J}_z$ の同時固有状態 $|j, m\rangle$ の性質について考える:

$$\hat{\boldsymbol{J}}^2 |j, m\rangle = \hbar^2 \lambda_j |j, m\rangle, \quad \hat{J}_z |j, m\rangle = \hbar m |j, m\rangle \tag{3.115}$$

$\hat{\boldsymbol{J}}^2$ の固有値 λ_j を決定するために, $\hat{J}_\pm \equiv \hat{J}_x \pm i\hat{J}_y$ を導入する. これらの演算子は, エルミート共役の下で

$$\hat{J}_\pm^\dagger = \hat{J}_\mp \tag{3.116}$$

となり, さらに交換関係:

$$[\hat{J}_z, \hat{J}_\pm] = \pm \hbar \hat{J}_\pm, \quad [\hat{J}_+, \hat{J}_-] = 2\hbar \hat{J}_z \tag{3.117}$$

を満たす. (3.117) より, 状態 $\hat{J}_\pm |j, m\rangle$ は $\hat{\boldsymbol{J}}^2$, $\hat{J}_z$ の同時固有状態であり,

$$\hat{\boldsymbol{J}}^2 \hat{J}_\pm |j, m\rangle = \hbar^2 \lambda_j \hat{J}_\pm |j, m\rangle, \quad \hat{J}_z \hat{J}_\pm |j, m\rangle = \hbar (m \pm 1) \hat{J}_\pm |j, m\rangle \tag{3.118}$$

となるので, $\hat{J}_\pm$ は $\hat{\boldsymbol{J}}^2$ の固有値を変えずに $\hat{J}_z$ の固有値を ± 1 だけ変える昇降演算子として作用する:

$$\hat{J}_\pm |j, m\rangle \propto |j, m \pm 1\rangle \tag{3.119}$$

ここで (3.116) の関係を用いると,

$$0 \leq |\hat{J}_\pm |j, m\rangle|^2 = \langle j, m| \hat{J}_\mp \hat{J}_\pm |j, m\rangle = \langle j, m| \hat{\boldsymbol{J}}^2 - \hat{J}_z^2 \mp \hbar \hat{J}_z |j, m\rangle = \bigl(\lambda_j - m(m \pm 1)\bigr)\hbar^2 \tag{3.120}$$

となり, λ_j を固定したときに, m には上限値 $m_{\max}$ および下限値 $m_{\min}$ が存在することが分かる. この上下限値を超えた状態は存在しないので, $\hat{J}_+ |j, m_{\max}\rangle = 0$, $\hat{J}_- |j, m_{\min}\rangle = 0$ が要請され,

$$m_{\max} = -m_{\min} \tag{3.121}$$

という関係が得られる. 以下, $j \equiv m_{\max}$ とおくことにする. (3.117) より $|j, j\rangle$ に $\hat{J}_-$ を $2j$ 回作用させると $|j, -j\rangle$ (に比例した状態) が得られるので, m の取り得る値は,

$$m = -j, -j+1, \cdots, j \tag{3.122}$$

となり，j を固定したとき，$2j+1$ 個の状態が存在する．また同時に，j は整数または半整数に限られることも分かる．

$\hat{J}_+|j,j\rangle = 0$ を，$m = j$ の場合の (3.120) に適用すると，$\lambda_j = j(j+1)$ と決定され，

$$\hat{\boldsymbol{J}}^2|j,m\rangle = j(j+1)\hbar^2|j,m\rangle \tag{3.123}$$

と表される．(3.120) に上で求めた λ_j を代入すると，$\hat{J}_\pm|j,m\rangle = c_{jm}^{(\pm)}|j,m\pm 1\rangle$ で定められる係数 $c_{jm}^{(\pm)}$ は

$$\begin{aligned}\hat{J}_-|j,m\rangle &= \hbar\sqrt{(j+m)(j-m+1)}|j,m-1\rangle, \\ \hat{J}_+|j,m\rangle &= \hbar\sqrt{(j-m)(j+m+1)}|j,m+1\rangle\end{aligned} \tag{3.124}$$

となる[21]．

角運動量演算子 $\hat{\boldsymbol{J}}$ は行列要素 $(\hat{J})_{m,m'} = \langle j,m|\hat{J}|j,m'\rangle$ を持った $(2j+1)$ 次行列として表現できる．

- $2j+1 = 2$

$$\hat{J}_z = \hbar\begin{pmatrix}\frac{1}{2} & 0 \\ 0 & -\frac{1}{2}\end{pmatrix}, \quad \hat{J}_+ = \hbar\begin{pmatrix}0 & 1 \\ 0 & 0\end{pmatrix}, \quad \hat{J}_- = \hbar\begin{pmatrix}0 & 0 \\ 1 & 0\end{pmatrix} \tag{3.125}$$

- $2j+1 = 3$

$$\hat{J}_z = \hbar\begin{pmatrix}1 & 0 & 0 \\ 0 & 0 & 0 \\ 0 & 0 & -1\end{pmatrix}, \quad \hat{J}_+ = \hbar\begin{pmatrix}0 & \sqrt{2} & 0 \\ 0 & 0 & \sqrt{2} \\ 0 & 0 & 0\end{pmatrix}, \quad \hat{J}_- = \hbar\begin{pmatrix}0 & 0 & 0 \\ \sqrt{2} & 0 & 0 \\ 0 & \sqrt{2} & 0\end{pmatrix} \tag{3.126}$$

これらは交換関係 (3.117) を満たし，一般にリー代数 $\mathfrak{su}(2)$ の $2j+1$ 次元表現と呼ばれる．

3-5-2 スピン角運動量

角運動量 $\hat{\boldsymbol{J}}$ の例として，中心力ポテンシャルを持つ 3 次元シュレディンガー方程式の解析において現れた，軌道角運動量 $\hat{\boldsymbol{L}} = \hat{\boldsymbol{r}} \times \hat{\boldsymbol{p}}$ がまず挙げられる．$\hat{\boldsymbol{L}}^2$ と $\hat{L}_z$ の

---

[21] 位相の選び方は文献によって多少異なる．

同時固有状態は，$|l,m\rangle$ と表され，l を**方位量子数**，m を**磁気量子数**と呼ぶ．一般に，方位量子数は整数値を取り，水素原子のエネルギー準位などにその依存性が現れる．

一方，軌道角運動量とは別に，微視的粒子の内部自由度に起因したスピン角運動量 $\hat{\boldsymbol{S}}$ もまた角運動量の一例として挙げられる[22]．スピン角運動量演算子 $\hat{\boldsymbol{S}}^2$ と $\hat{S}_z$ の同時固有状態 $|s,s_z\rangle$ に対し，s は整数または半整数値を取り，その $\hbar$ 倍が固有値となる．その固有状態は外部磁場との結合やスピン-軌道相互作用などを通じて測定される．例えば，電子はスピンを持ち，その固有値は $\frac{1}{2}\hbar$ であるので，$s_z = \pm 1/2$ という値を取り得る．

スピンと磁場の相互作用は，電磁気学では磁場 $\boldsymbol{B}$ と磁気モーメント $\boldsymbol{m}$ の間の相互作用に対応するので，相互作用エネルギー $\Delta E = -\boldsymbol{m}\cdot\boldsymbol{B}$ を生じる．例えば，電子のスピンが生み出す磁気モーメントは，$\boldsymbol{m}_S = -\frac{g\mu_B \boldsymbol{S}}{\hbar}$ と表され，$\mu_B = \frac{e\hbar}{2m}$ はボーア磁子，g は **g 因子**と呼ばれる[23]．これらを組み合わせると電子のスピンと磁場の相互作用ハミルトニアン：

$$\Delta \hat{H} = g\frac{e}{2m}\boldsymbol{B}\cdot\hat{\boldsymbol{S}} \tag{3.127}$$

が得られる．このハミルトニアンを具体的に調べるため，スピン演算子 $\hat{\boldsymbol{S}}$ の行列表現として，固有状態 $|\frac{1}{2},\pm\frac{1}{2}\rangle$ を用いた行列要素を計算すると，

$$\hat{S}_x = \frac{\hbar}{2}\begin{pmatrix}0 & 1\\ 1 & 0\end{pmatrix},\quad \hat{S}_y = \frac{\hbar}{2}\begin{pmatrix}0 & -i\\ i & 0\end{pmatrix},\quad \hat{S}_x = \frac{\hbar}{2}\begin{pmatrix}1 & 0\\ 0 & -1\end{pmatrix} \tag{3.128}$$

と表される．なお，これらの行列は**パウリ行列** $\sigma_i\,(i=1,2,3)$ を用いて，$\hat{S}_x = \frac{\hbar}{2}\sigma_1$，$\hat{S}_y = \frac{\hbar}{2}\sigma_2$，$\hat{S}_z = \frac{\hbar}{2}\sigma_3$ と表現される．

そこで (3.127) に外部磁場 $\boldsymbol{B}=(B_x,B_y,B_z)$ を当てはめて，$\Delta\hat{H}$ の固有値 $\Delta E_\pm$ を求めると，

$$\Delta E_\pm = \frac{ge\hbar}{4m}\sqrt{B_x^2 + B_y^2 + B_z^2} \tag{3.129}$$

という結果が得られる．これは，電子の持つスピンによって，測定されるエネルギー準位が分裂することを表している．つまり，こうしたエネルギースペクトルの分裂現象から，離散的固有値を持ったスピン自由度の存在が明らかとなったのである．

---

[22] 古典的には，有限の大きさの電荷の自転運動によって生じる磁気モーメント $\boldsymbol{m}$ として（直観的に）捉えられる．しかしながら，正確な取り扱いには相対論的量子力学や場の理論の枠組みが必要となる．

[23] g 因子の値は，相対論的量子力学では $g=2$ となるが，量子電磁力学による補正を取り入れるとこの値からずれる．このずれを**異常磁気モーメント**という．

3-5-3 角運動量の合成

原子核のまわりを周回運動する電子は，角運動量として軌道角運動量とスピン角運動量の2つを併せ持つ．また，ヘリウムなどの2つ以上の電子の周回運動を考えると，それぞれの電子が角運動量を持っている．こうした複数の角運動量を有する原子が放射する光のエネルギースペクトルなどの性質を調べるために，ここでは2つの角運動量の合成とその固有状態を求める問題を考える．

例として，2つのスピンの合成を考える．2つのスピン演算子 $\hat{\bm{S}}^{(1)}$ と $\hat{\bm{S}}^{(2)}$ に対し，それぞれの固有状態を $|s^{(1)}, s_z^{(1)}\rangle_1$，$|s^{(2)}, s_z^{(2)}\rangle_2$ とする．ここでは特に，$s^{(1)} = s^{(2)} = \frac{1}{2}$ の場合を考えると，2つのスピン演算子の作用する状態は，状態の直積として

$$\left|\frac{1}{2}, \frac{1}{2}\right\rangle_1 \left|\frac{1}{2}, \frac{1}{2}\right\rangle_2, \quad \left|\frac{1}{2}, -\frac{1}{2}\right\rangle_1 \left|\frac{1}{2}, \frac{1}{2}\right\rangle_2,$$
$$\left|\frac{1}{2}, \frac{1}{2}\right\rangle_1 \left|\frac{1}{2}, -\frac{1}{2}\right\rangle_2, \quad \left|\frac{1}{2}, -\frac{1}{2}\right\rangle_1 \left|\frac{1}{2}, -\frac{1}{2}\right\rangle_2 \quad (3.130)$$

の4つの状態が作られる．これらの状態に対し，$\hat{\bm{S}}^{(1)}$ は $\left|\frac{1}{2}, \pm\frac{1}{2}\right\rangle_1$ の状態にのみ作用し，$\left|\frac{1}{2}, \pm\frac{1}{2}\right\rangle_2$ の状態には作用せずそのまま保つ．$\hat{\bm{S}}^{(2)}$ の作用も，1と2のラベルを入れ替えて同様に定めることにする．

合成スピン演算子 $\hat{\bm{S}}$ を

$$\hat{\bm{S}} \equiv \hat{\bm{S}}^{(1)} + \hat{\bm{S}}^{(2)} \quad (3.131)$$

と定義して[24]，$\hat{\bm{S}}^2$ と $\hat{S}_z$ を (3.130) に作用させると，4つのうち2つの状態はこれらの演算子の固有状態にならないことが分かる．そこで，$\hat{\bm{S}}^2$ と $\hat{S}_z$ の同時固有状態 $|s, s_z\rangle$ を状態 (3.130) の線形結合として表すことにしよう．

まず，(3.130) の中でこれらの演算子の同時固有状態となるのは，$|1, \pm 1\rangle \equiv \left|\frac{1}{2}, \pm\frac{1}{2}\right\rangle_1 \left|\frac{1}{2}, \pm\frac{1}{2}\right\rangle_2$ の2つであり，それらの固有値は $(\hat{\bm{S}}^{(a)})^2 = \hat{S}_-^{(a)} \hat{S}_+^{(a)} + (\hat{S}_z^{(a)})^2 + \hbar \hat{S}_z^{(a)}$ $(a = 1, 2,\ \hat{S}_\pm \equiv \hat{S}_x \pm i\hat{S}_y)$ および $2\hat{\bm{S}}^{(1)} \cdot \hat{\bm{S}}^{(2)} = \hat{S}_+^{(1)} \hat{S}_-^{(2)} + \hat{S}_-^{(1)} \hat{S}_+^{(2)} + 2\hat{S}_z^{(1)} \hat{S}_z^{(2)}$ などを用いて，

$$\hat{\bm{S}}^2 |1, \pm 1\rangle = 2\hbar^2 |1, \pm 1\rangle, \quad \hat{S}_z |1, \pm 1\rangle = \pm \hbar |1, \pm 1\rangle \quad (3.133)$$

となる．これらは共に $s = 1$ の状態なので，固有値 $s_z = s_z^{(1)} + s_z^{(2)}$ が最大の状態で

---

[24] テンソル積の記号を用いて，より具体的に

$$\hat{\bm{S}} \equiv \hat{\bm{S}}_1 \otimes \mathbb{I}_2 + \mathbb{I}_1 \otimes \hat{\bm{S}}_2 \quad (3.132)$$

とも表される．ただし，$\mathbb{I}_a$ $(a = 1, 2)$ は，各ラベル a の状態に作用する恒等演算子を表している．

ある $|1,1\rangle\!\rangle$ に $\hat{S}_-$ を順次作用させ, $\hat{\boldsymbol{S}}^2$ の同時固有状態を求めると,

$$\hat{S}_-|1,1\rangle\!\rangle = \hbar\left(\left|\frac{1}{2},\frac{1}{2}\right\rangle_1\left|\frac{1}{2},-\frac{1}{2}\right\rangle_2 + \left|\frac{1}{2},-\frac{1}{2}\right\rangle_1\left|\frac{1}{2},\frac{1}{2}\right\rangle_2\right) \equiv \sqrt{2}\hbar|1,0\rangle\!\rangle,$$

$$\hat{S}_-|1,0\rangle\!\rangle = \sqrt{2}\hbar\left|\frac{1}{2},-\frac{1}{2}\right\rangle_1\left|\frac{1}{2},-\frac{1}{2}\right\rangle_2 \equiv \sqrt{2}\hbar|1,-1\rangle\!\rangle, \quad \hat{S}_-|1,-1\rangle\!\rangle = 0 \quad (3.134)$$

となり, $s=1$ の 3 つの固有状態 $|1,\pm1\rangle\!\rangle$, $|1,0\rangle\!\rangle$ が得られた.

ここで, 2 つのスピン固有状態の直積 (3.130) からは, 4 つの状態が作られるので, これら 3 つの状態ベクトル全てと直交する線形独立な状態が存在する:

$$|0,0\rangle\!\rangle \equiv \frac{1}{\sqrt{2}}\left(\left|\frac{1}{2},\frac{1}{2}\right\rangle_1\left|\frac{1}{2},-\frac{1}{2}\right\rangle_2 - \left|\frac{1}{2},-\frac{1}{2}\right\rangle_1\left|\frac{1}{2},\frac{1}{2}\right\rangle_2\right) \quad (3.135)$$

ただし, この状態の位相は適当に定め, 規格化した. 実際, この状態の $\hat{\boldsymbol{S}}^2$ と $\hat{S}_z$ の固有値を (3.133) と同様に計算すると,

$$\hat{\boldsymbol{S}}^2|0,0\rangle\!\rangle = 0, \quad \hat{S}_z|0,0\rangle\!\rangle = 0 \quad (3.136)$$

が得られ, 固有値 $s=0$, $s_z=0$ を持つ状態であることが確かめられる.

以上の手続きによって, 4 つの直積状態 (3.130) の線形結合として合成角運動量の固有状態:

$$|1,1\rangle\!\rangle = \left|\frac{1}{2},\frac{1}{2}\right\rangle_1\left|\frac{1}{2},\frac{1}{2}\right\rangle_2, \quad (3.137)$$

$$|1,0\rangle\!\rangle = \frac{1}{\sqrt{2}}\left(\left|\frac{1}{2},\frac{1}{2}\right\rangle_1\left|\frac{1}{2},-\frac{1}{2}\right\rangle_2 + \left|\frac{1}{2},-\frac{1}{2}\right\rangle_1\left|\frac{1}{2},\frac{1}{2}\right\rangle_2\right), \quad (3.138)$$

$$|1,-1\rangle\!\rangle = \left|\frac{1}{2},-\frac{1}{2}\right\rangle_1\left|\frac{1}{2},-\frac{1}{2}\right\rangle_2, \quad (3.139)$$

$$|0,0\rangle\!\rangle = \frac{1}{\sqrt{2}}\left(\left|\frac{1}{2},\frac{1}{2}\right\rangle_1\left|\frac{1}{2},-\frac{1}{2}\right\rangle_2 - \left|\frac{1}{2},-\frac{1}{2}\right\rangle_1\left|\frac{1}{2},\frac{1}{2}\right\rangle_2\right) \quad (3.140)$$

が得られた. 全スピン固有状態 (3.137), (3.138), (3.139) の合成スピンの値は $s=1$ であり, 一方, (3.140) の合成スピンの値は $s=0$ である. なお, こうした表現の直積の分解は $\mathfrak{su}(2)$ リー代数の表現に対する**既約分解**と呼ぶ.

一般に, 角運動量 $j=j_1$ の状態 $|j_1,m_1\rangle$ と $j=j_2$ の状態 $|j_2,m_2\rangle$ の直積状態から, 合成角運動量の固有状態 $|j,m\rangle\!\rangle$ を構成するアルゴリズムもまた上と同様である. 既約分解の結果, j の取り得る値は

$$j = j_1+j_2,\ j_1+j_2-1,\ \cdots,\ |j_1-j_2| \quad (3.141)$$

であり，合成角運動量の固有状態は**クレプシュ・ゴルダン係数** $C^{j,m}_{m_1,m_2} \equiv \langle\langle j,m|j_1,m_1\rangle|j_2,m_2\rangle$ を用いて

$$|j,m\rangle\rangle = \sum_{m_1+m_2=m} C^{j,m}_{m_1,m_2} |j_1 m_1\rangle |j_2 m_2\rangle \tag{3.142}$$

と表される．こうして作られた状態 $|j,m\rangle\rangle$ の総数は，

$$\sum_{j_1-j_2}^{j_1+j_2} (2j+1) = (2j_1+1)(2j_2+1) \tag{3.143}$$

となり，$j = j_1$ の状態の数 $2j_1+1$ と j_2 の状態の数 $2j_2+1$ の積（つまり直積状態の総数）に一致することが確かめられる．

3-5-4　ボース粒子とフェルミ粒子

古典力学では個々の粒子を区別できるが，量子力学に現れる電子や陽子などの微視的粒子は同種粒子ならば互いに区別できないので，2つの同種粒子を入れ替えた前後の状態も区別できない．

2つの同種粒子がそれぞれ状態1と状態2にある系の状態を $|1,2\rangle$ で表し，これらの粒子を入れ替えた状態を $|2,1\rangle$ と表したとき，これら2つは同じ物理的な状態として取り扱わなければならない．ここで，定数の位相だけしか違わない波動関数は区別できないので，2粒子状態 $|1,2\rangle$ と $|2,1\rangle$ は，位相 ζ を導入して，

$$|2,1\rangle = \zeta |1,2\rangle \tag{3.144}$$

と関係付けられる．入れ替えを2度実行すると元の状態に戻ることから，この位相は $\zeta^2 = 1$，すなわち，$\zeta = \pm 1$ となることが要請される．$\zeta = 1$（対称）となるような粒子は**ボース粒子**，$\zeta = -1$（反対称）となるような粒子は**フェルミ粒子**という．特にフェルミ粒子の場合，状態1と状態2で全ての量子数が同じ状態であるとすると，

$$|1,1\rangle = -|1,1\rangle \tag{3.145}$$

となり，$|1,1\rangle = 0$ と帰結される．このことは2つの同種のフェルミ粒子が，同一の量子力学的状態を占められないことを意味しており，**パウリの排他律**という．一方，ボース粒子に対しては，こうした排他律は存在しないので，複数粒子が同一の量子力学的状態を占めることが許される．例を挙げると，電子，陽子，中性子などはフェルミ粒子であり，一方，光子やパイ中間子，ヒッグス粒子などはボース粒子である．

複数の電子を含む原子の波動関数を記述するには，各電子の状態の入れ替えの下での波動関数の反対称性を考慮して組み合わせる必要がある．N 個の電子を含み，定常状態にある原子を考えると，この原子（に含まれる電子）の波動関数 $\varphi_{(s^{(1)},s_z^{(1)}),\cdots,(s^{(N)},s_z^{(N)})}(\bm{r}_1,\cdots,\bm{r}_N)$ は空間部分 $\phi(\bm{r}_1,\cdots,\bm{r}_N)$ とスピン部分 $\chi_{(s^{(1)},s_z^{(1)}),\cdots,(s^{(N)},s_z^{(N)})}$ とに分けられる：

$$\varphi_{(s^{(1)},s_z^{(1)}),\cdots,(s^{(N)},s_z^{(N)})}(\bm{r}_1,\cdots,\bm{r}_N) = \phi(\bm{r}_1,\cdots,\bm{r}_N)\chi_{(s^{(1)},s_z^{(1)}),\cdots,(s^{(N)},s_z^{(N)})} \quad (3.146)$$

波動関数 $\varphi_{(s^{(1)},s_z^{(1)}),\cdots,(s^{(N)},s_z^{(N)})}(\bm{r}_1,\cdots,\bm{r}_N)$ は，i 番目の電子と j 番目の電子の入れ替えの下で反対称であることが要請されるので，もし空間部分の波動関数が位置の入れ替え $\bm{r}_i \leftrightarrow \bm{r}_j$ の下で対称/反対称であるならば，スピン部分は入れ替え $(s^{(i)},s_z^{(i)}) \leftrightarrow (s^{(j)},s_z^{(j)})$ の下で反対称/対称となることが要請される．もし，波動関数の各部分が合成角運動量や合成スピンの固有状態として表されている場合には，この点を考慮して波動関数を組み合わせなければならない．また，こうした要請から，許される量子数に制限が課され，周期律表に現れる原子の性質を見事に説明できるのである．

例題 ヘリウム原子の基底状態にある電子の全スピン s の値を求めよ．

解説

ヘリウム原子は，原子核のまわりを 2 つの電子が運動している系として記述される．ヘリウム原子が基底状態にあるとき，2 つの電子の全波動関数 $\varphi^{(0)}_{(s^{(1)},s_z^{(1)}),(s^{(2)},s_z^{(2)})}(\bm{r}_1,\bm{r}_2)$ のうち，空間部分 $\phi^{(0)}(\bm{r}_1,\bm{r}_2)$ は各電子の基底状態 $\phi^{(0)}(\bm{r})$ の積として $\phi^{(0)}(\bm{r}_1,\bm{r}_2) = \phi^{(0)}(\bm{r}_1)\phi^{(0)}(\bm{r}_2)$ と表される．この $\phi^{(0)}(\bm{r}_1,\bm{r}_2)$ は位置の入れ替え $\bm{r}_1 \leftrightarrow \bm{r}_2$ の下で対称なので，波動関数全体が 2 つの電子の入れ替えの下で反対称になるには，スピン部分の波動関数が入れ替えの下で反対称であることが要請される．

スピン $s=1/2$ を有する電子の 2 つの状態に対し，合成スピンの固有状態は，(3.137)〜(3.140) で既に得られている．これらの状態を見ると，合成スピンが $s=1$ の状態は全てスピンの入れ替えの下で対称であり，$s=0$ の状態はスピンの入れ替えの下で反対称である．以上の考察により，ヘリウム原子の基底状態の電子は全スピン $s=0$ を持つことが分かる．

3-6　定常状態の摂動論

　系が複雑なハミルトニアンを持つ場合，シュレディンガー方程式の厳密解を求めるのが困難となる．こうした状況で波動関数の性質を調べる場合，ハミルトニアンを厳密に解ける部分とそれからのずれの部分に分解すると，近似的に解析できる．そのような近似法は，適用範囲に応じていくつかの処方が知られているが，その中でも系統的に近似の精度が上げられる方法として**摂動論**がある．摂動論には，主に定常状態を扱う**時間に依存しない摂動論**と，時間に依存する位置エネルギー $V(\boldsymbol{r},t)$ を持つ系に適用される，**時間に依存する摂動論**の 2 つがあるが，ここでは前者の定常状態を扱う場合を考えることにしよう．

3-6-1　時間に依存しない摂動論

　摂動論で扱えるハミルトニアンは次のような場合である：

$$\hat{H} = \hat{H}_0 + \epsilon \hat{V} \tag{3.147}$$

ここで ϵ は微小な数とする．ハミルトニアン演算子 $\hat{H}_0$ に対しては，シュレディンガー方程式の固有状態とそのエネルギー固有値が $\hat{H}_0|n\rangle_0 = E_n^{(0)}|n\rangle_0$, ${}_0\langle n|m\rangle_0 = \delta_{nm}$ のように，厳密に解けるものとする．摂動論が適用できるための前提条件は，$\hat{H}$ の固有状態 $|n\rangle$ およびそのエネルギー固有値 E_n が ϵ に関してテイラー展開できるということである：

$$|n\rangle = |n\rangle_0 + \sum_{k=1}^{\infty} \epsilon^k |n\rangle_k, \quad E_n = E_n^{(0)} + \sum_{k=1}^{\infty} \epsilon^k E_n^{(k)} \tag{3.148}$$

この展開形をシュレディンガー方程式 $\hat{H}|n\rangle = E_n|n\rangle$ に代入すると，

$$\hat{H}_0|n\rangle_0 + \sum_{k=1}^{\infty} \epsilon^k \left(\hat{H}_0|n\rangle_k + \hat{V}|n\rangle_{k-1} \right) = E_n^{(0)}|n\rangle_0 + \sum_{k=1}^{\infty} \epsilon^k \sum_{l=0}^{k} E_n^{(l)}|n\rangle_{k-l} \tag{3.149}$$

が得られる．両辺の ϵ^k の係数を比べると，

$$\hat{H}_0|n\rangle_k + \hat{V}|n\rangle_{k-1} = \sum_{l=0}^{k} E_n^{(l)}|n\rangle_{k-l} \tag{3.150}$$

という関係が導かれる．ここでもう 1 つ重要な前提として，$\hat{H}_0$ の固有状態の集合 $\{|n\rangle_0\}$ が完全系をなすとする．そうすると任意の状態は $\{|n\rangle_0\}$ で展開できるので

$$|n\rangle_k = \sum_{m=0}^{\infty} C_{nm}^{(k)} |m\rangle_0 \tag{3.151}$$

と表される．そこで規格化条件 $\langle n|m\rangle = \delta_{nm}$ に (3.148) を代入し，$n \neq m$ の場合に ϵ^k の係数を比較すると，

$$\sum_{l=0}^{k} {}_l\langle n|m\rangle_{k-l} = 0 \tag{3.152}$$

という関係が得られ，$C_{nm}^{(k)}$ $(n \neq m)$ が決定される[25]．以上の関係から，エネルギー固有値の補正[26] $E_n^{(k)}$ およびエネルギー固有状態の展開係数 $C_{nm}^{(k)}$ を k の低次から逐次的に決定できる．こうした枠組みが，摂動論である[27]．

3-6-2　1 次の摂動

最初に $k=1$ の場合を考える．(3.150) より，

$$\sum_{m=0}^{\infty} C_{nm}^{(1)} \left(E_m^{(0)} - E_n^{(0)} \right) |m\rangle_0 + \hat{V}|n\rangle_0 = E_n^{(1)}|n\rangle_0 \tag{3.153}$$

となるので，${}_0\langle n|$ を左からかけると，

$$E_n^{(1)} = {}_0\langle n|\hat{V}|n\rangle_0 \tag{3.154}$$

となり，エネルギー固有値の 1 次の補正が求められる．

次にエネルギー固有状態の補正について考える．(3.153) の両辺に，${}_0\langle m|$ $(m \neq n)$ を左からかけると，

$$C_{nm}^{(1)} \left(E_m^{(0)} - E_n^{(0)} \right) + {}_0\langle m|\hat{V}|n\rangle_0 = 0 \tag{3.155}$$

という関係式が得られる．ここで，$|n\rangle_0$ が $\hat{H}_0$ に関して**縮退**がない，すなわち，どのような $m \neq n$ に対しても $E_m \neq E_n$ であることを仮定する．すると，(3.155) から状態に対する補正が

---

[25] 係数 $C_{nn}^{(k)}$ は，正規化条件 $\langle n|n\rangle = 1$ から逐次的に決定される．
[26] $\hat{H} = \hat{H}_0$ の理論からのずれを補正ということがある．
[27] 摂動論の枠組みは物理量が収束する範囲内においてのみ適用できる．

$$|n\rangle_1 = \sum_{m=0, m\neq n}^{\infty} \frac{{}_0\langle m|\hat{V}|n\rangle_0}{E_n^{(0)} - E_m^{(0)}}|m\rangle_0 + C_{nn}^{(1)}|n\rangle_0 \tag{3.156}$$

と決定される．なお，係数 $C_{nn}^{(1)}$ は正規化条件を ϵ^1 オーダーまで考慮することで決定されるが，正規化は必要なオーダーまで計算した後に最終的に決定できるので，以下では煩雑さを避けるために，$C_{nn}^{(1)} = 0$ として正規化されていない状態ベクトル $|n\rangle$ を計算する．

一方，縮退がある場合，すなわち，$\hat{H}_0$ の固有値 $E_n^{(0)}$ を持つ状態が複数個存在する場合には，より詳細な展開が必要となる．$\hat{H}_0$ の固有値が $E_n^{(0)}$ となる線形独立な固有状態が N_n 個ある場合，正規直交基底 $\{|n,\alpha\rangle_0\}_{\alpha=1,\cdots N_n}$：

$$\hat{H}_0|n,\alpha\rangle_0 = E_n^{(0)}|n,\alpha\rangle_0, \quad \langle n,\alpha|m,\beta\rangle_0 = \delta_{nm}\delta_{\alpha\beta} \tag{3.157}$$

を用いて，$\hat{H}$ の固有状態 $|n,\alpha\rangle$ を展開する：

$$\hat{H}|n,\alpha\rangle = E_{n,\alpha}|n,\alpha\rangle, \tag{3.158}$$

$$|n,\alpha\rangle = \sum_{\gamma=1}^{N_n} a_{n,\alpha\gamma}|n,\gamma\rangle_0 + \sum_{k=1}^{\infty} \epsilon^k |n,\alpha\rangle_k, \quad E_{n,\alpha} = \sum_{k=0}^{\infty} \epsilon^k E_{n,\alpha}^{(k)} \tag{3.159}$$

(3.158) に左から ${}_0\langle n,\beta|$ をかけて，${}_0\langle n,\beta|\hat{H}|n,\alpha\rangle = {}_0\langle n,\beta|n,\alpha\rangle E_{n,\alpha}$ の両辺を (3.157) および (3.159) を用いて展開し，ϵ に関する 1 次の係数を取り出すと，

$$\sum_{\gamma=1}^{N_n} {}_0\langle n,\beta|\hat{V}|n,\gamma\rangle_0 a_{n,\alpha\gamma} = E_{n,\alpha}^{(1)} a_{n,\alpha\beta} \tag{3.160}$$

という関係式が得られる．α を固定して，$a_{n,\alpha\gamma}$ を N_n 次元 (縦) ベクトル $\boldsymbol{a}_{n,\alpha} = (a_{n,\alpha\gamma})$ の成分と見なすと，(3.160) は行列 $V = ({}_0\langle|\hat{V}|\rangle_0)$ に対する固有方程式：

$$V\boldsymbol{a}_{n,\alpha} = E_{n,\alpha}^{(1)} \boldsymbol{a}_{n,\alpha} \tag{3.161}$$

として表される．すなわち，縮退がある場合にはこの行列 V の固有値および固有ベクトル $\boldsymbol{a}_{n,\alpha}$ を用いて，1 次の摂動での補正エネルギー $E_{n,\alpha}^{(1)}$ および固有状態 $|n,\alpha\rangle$ の係数 $a_{n,\alpha\beta}$ を表すことができる．

3-6-3 2 次の摂動

さらに $k=2$ の場合について考えよう．(3.150) の ϵ の展開に関する 2 次の部分を取り出すと，以下の関係式が得られる：

$$\left(\hat{H}_0 - E_n^{(0)}\right)|n\rangle_2 = E_n^{(1)}|n\rangle_1 - \hat{V}|n\rangle_1 + E_n^{(2)}|n\rangle_0 \tag{3.162}$$

縮退がない場合は (3.151), (3.154), (3.156) を適用して, $\hat{H}_0$ の固有状態からなる正規直交基底 $\{|n\rangle_0\}$ を用いると,

$$\sum_{m=0}^{\infty} C_{nm}^{(2)} \left(E_m^{(0)} - E_n^{(0)}\right)|m\rangle_0 = \sum_{m=0,\,m\neq n}^{\infty} \frac{{}_0\langle m|\hat{V}|n\rangle_0}{E_n^{(0)} - E_m^{(0)}} \left({}_0\langle n|\hat{V}|n\rangle_0 - \hat{V}\right)|m\rangle_0 + E_n^{(2)}|n\rangle_0 \tag{3.163}$$

のように表される. これに左から ${}_0\langle n|$ をかけると, 2 次の摂動におけるエネルギー補正が得られる:

$$E_n^{(2)} = \sum_{m=0,\,m\neq n}^{\infty} \frac{\left|{}_0\langle n|\hat{V}|m\rangle_0\right|^2}{E_n^{(0)} - E_m^{(0)}} \tag{3.164}$$

一方, 左から ${}_0\langle m|$ $(m \neq n)$ をかけると

$$C_{nm}^{(2)} = -\frac{{}_0\langle n|\hat{V}|n\rangle_0\,{}_0\langle m|\hat{V}|n\rangle_0}{\left(E_n^{(0)} - E_m^{(0)}\right)^2} + \sum_{l=0,\,l\neq n}^{\infty} \frac{{}_0\langle m|\hat{V}|l\rangle_0\,{}_0\langle l|\hat{V}|n\rangle_0}{\left(E_n^{(0)} - E_m^{(0)}\right)\left(E_n^{(0)} - E_l^{(0)}\right)} \tag{3.165}$$

が得られる. さらに $C_{nn}^{(1)} = 0$ の場合, 正規化条件 $\langle n|n\rangle = 1$ を ϵ に関して展開し, 2 次の部分から得られる条件を解くと, $C_{nn}^{(2)}$ が決定される:

$$C_{nn}^{(2)} = -\frac{1}{2}\sum_{m=0,\,m\neq n}^{\infty} \frac{\left|{}_0\langle m|\hat{V}|n\rangle_0\right|^2}{\left(E_n^{(0)} - E_m^{(0)}\right)^2} \tag{3.166}$$

以上により, 縮退がない場合の 2 次の摂動補正が求められた. 同様の手続きで, (3.150) の ϵ の高次の項からエネルギーや固有状態の補正項を決定することができる. こうした逐次計算は, 摂動の各オーダーで物理量が発散しない限り適用可能なアルゴリズムとなっている.

練習問題

【問題 3.1】
1. 自由に運動する電子の質量を m, 運動量の大きさを p としたとき, 電子の波長 λ, 波数 k, 振動数 ν および角振動数 ω を m, p, h, $\hbar$ を使って表せ. ただし, この電子が持つ運動エネルギーは特殊相対性理論の効果が無視できる程小さいものとする.

2. 質量 m,運動量の大きさ p,波数 k を持つ自由電子の群速度を求めよ．
3. 質量 m,波数 k の自由電子の持つ運動エネルギーが十分大きいとき,特殊相対性理論による取り扱いを考慮して,群速度を求めよ．なお,相対論的エネルギーの定義は（5.59）式を参照せよ．

【問題 3.2】質量 m,バネ定数 k の 1 次元調和振動子に対し,質点が周期運動：$x = x_0 \sin\omega t$ $(\omega \equiv \sqrt{k/m})$ を行うとき,ボーア・ゾンマーフェルトの量子化条件を用いて,エネルギー E を求めよ．

【問題 3.3】ヘリウム原子の励起状態として,電子の合成軌道角運動量が $l = 1$ の状態を考える．この場合,波動関数の空間部分が対称な状態 $\varphi_s^{(1)}$ と反対称な状態 $\varphi_a^{(1)}$ の 2 通りが取り得る．$\varphi_a^{(1)}$ に対し,電子の合成スピン s の値を求めよ．

【問題 3.4】質量 m,電荷 e の粒子が半径 a の円周上に沿ってのみ動くことが可能であるとする．円周上に原点を取り,そこから円周上の点までの距離を s として,以下の問いに答えよ．

1. 粒子に外から力が働いていないとき,シュレディンガー方程式の固有関数およびそのエネルギー固有値を求めよ．
2. 粒子が平面内の円周上を運動しているとき,図3.13 のように,その平面と平行な向きに大きさが一定の弱い電場 $\boldsymbol{E}$ をかける．摂動論を用いて,この粒子が持つエネルギー固有値のずれを $\boldsymbol{E}^2$ のオーダーまで求めよ．

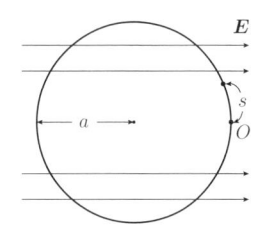

図 3.13　一様電場中の粒子の運動（シュタルク効果）

第4章

統計力学

古典力学や量子力学は物体の運動の基本法則を定めており,原理的には運動方程式やシュレディンガー方程式を解くことによって我々を取り巻く様々な物質の性質を説明できるはずである.しかしながら実際には,多粒子からなる物理系に対してはこれらの方程式を解くのは一般に容易ではない.特に,アンダーソンの名言「more is different」に示唆されているように,多粒子系の物理現象は粒子数の多さに起因して,様々な興味深い振る舞いをする.こうした巨視的な物理現象を記述するために用いられる体系が**熱力学**と**統計力学**である.熱力学はその基本法則を基に,物理系の熱的・巨視的性質を記述する枠組みを与える.一方で,多粒子系は古典力学や量子力学を基に分子/原子/素粒子レベルで微視的に記述することも可能であり,統計力学によって物理系の微視的記述と巨視的記述とが関係付けられる.

4-1 熱力学の復習

4-1-1 熱力学の基本法則

熱力学の基本法則は以下の原理からなる:

- 第零法則(熱平衡状態の推移律):
  接触した(巨視的な)系 A と系 B が熱のやり取りを通じて**熱平衡**にあり,系 B と系 C も同様に熱平衡にあるならば,系 A と系 C は熱平衡にある.
- 第一法則(エネルギー保存則):
  熱平衡にある系の内部エネルギーを E とする.この系に新たに δQ だけの**熱量**が入ってきて,δW だけの仕事を加えられ,さらに δZ だけのエネルギーを持った物質が系に流れ込んだとき,この系のエネルギーの増加分 dE は

$$dE = \delta Q + \delta W + \delta Z \tag{4.1}$$

で与えられる[1].

- 第二法則（エントロピー増大則）：
  断熱系では不可逆過程による状態変化が起こると，エントロピーは増大する．
- 第三法則（絶対零度極限）：
  絶対零度ではエントロピーはゼロになる．

これら熱力学の基本法則の主張をもう少し詳細に見てゆこう．

A 熱力学第零法則

まず初めに，系が**平衡状態**にあるとは，外の系との間にエネルギーや物質の正味のやり取りがなく，巨視的状態が自発的に変化しない状態となることを意味している．熱力学ではこうした状態は系を（無限に）長い時間放置した後に実現すると考え，特に熱平衡状態は（絶対）温度 T によって特徴付けられる．例えば，固定された透熱壁を通して2つの系が接触している場合には，熱平衡状態に達すると系の温度は等しくなる．また，熱力学第零法則の主張は3つの熱的に接触した系がそれぞれの間で熱平衡状態にあるならば，全ての系の温度は等しくなるという，温度測定に関する経験的事実を反映している．

B 熱力学第一法則

熱平衡にある系に対して，平衡状態を保ったまま熱量 δQ や仕事 δW などを外部から加えることで，状態を変化させる状況を考えてみよう（こうした理想的過程を**準静的過程**と呼ぶ）．例えば，シリンダーに入った理想気体の系に対し，外部から微小な熱量 δQ を加え，単位面積当たりピストンにかかる圧力 P に抗して気体の体積 V を微小量 dV だけ圧縮したとすると，シリンダー内の理想気体の内部エネルギーの変化は熱量と仕事 $\delta W = -PdV$ の和として

$$dE = \delta Q - PdV \tag{4.2}$$

と表される．

準静的過程の下，体積と圧力を変化させ，平衡状態 S_1 から別の平衡状態 S_2 へ準静的に変化させたとき，内部エネル

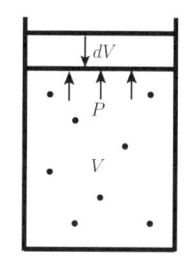

図 4.1 シリンダー内の理想気体

---

[1] ここで，δ は**不完全微分**を表し，完全微分 d とは区別した取り扱いをする．完全微分の線積分を実行すると，その値は経路の取り方によらず，端点の寄与だけで定まるのに対し，不完全微分の積分値は経路の取り方によって異なる値となる．

ギーの変化 $dE = E_2 - E_1$ は熱力学第一法則から，

$$dE = \int_{S_1}^{S_2} dE = \int_{S_1}^{S_2} (\delta Q + \delta W) \tag{4.3}$$

と表され，圧力と体積の変化のさせ方（過程）によらず内部エネルギーが定まる．このように，平衡状態にある系に対して一意的に定まる巨視的な物理量を**状態量**と呼び，熱力学第一法則の主張は準静的過程の下，内部エネルギー E は状態量として定められることを意味している．また一般に，熱量 Q や仕事 W の変化量は過程によって異なり，状態量にならない．こうした理由から (4.1) の右辺は不完全微分によって表される．

なお，状態量には 2 つの区別があり，系の物質の量に比例する状態量は**示量性状態量**（変数の場合は**示量変数**），物質の量に依存しない状態量は**示強性状態量**（変数の場合は**示強変数**）と呼ばれる．例えば，内部エネルギーや粒子数などは示量性状態量であり，温度や圧力などは示強性状態量として分類される．

温度や圧力を変化させ，外部の系との仕事や熱量のやり取りを通じて状態を変化させた後，元の状態に戻る過程を**循環過程**と呼ぶ．熱力学第一法則によると，循環過程 C によって状態を変化させても，内部エネルギーは変化しない：

$$\oint_C dE = 0 \tag{4.4}$$

さらに粒子数の変化 δZ など，より一般的な準静的過程を考慮すると，内部エネルギーの変化には $dE = \delta Q + \delta W + \delta Z$ のようにさらなる寄与が付け加わるが，それでも内部エネルギーは状態量として平衡状態にある系に対して一意的に定められる．

C　熱力学第二法則

- エントロピーの導入

熱力学第二法則の主張に現れた**エントロピー** S を理解するため，理想気体の**カルノーサイクル**を考えよう．カルノーサイクルは，準静的な操作の下での**等温過程**（温度 T を一定に保った状態変化）と**断熱過程**（熱量 Q を一定に保った状態変化）を組み合わせた循環過程である．図 4.2 の各熱平衡状態 S_i $(i = 1, \cdots, 4)$ は，体積 V_i，圧力 P_i，温度 T_i $(T_1 = T_2 = T_h, T_3 = T_4 = T_c)$ を持つとする．状態変化：$S_1 \to S_2$ と $S_3 \to S_4$ では等温過程 $(dE = 0)$，状態変化：$S_2 \to S_3$ と $S_4 \to S_1$ では断熱過程 $(\delta Q = 0)$

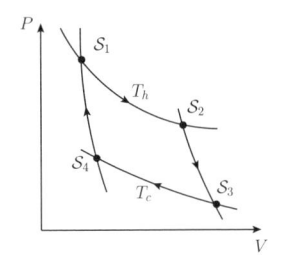

図 4.2　P-V 図

で行われる.

各平衡状態 $\mathcal{S}_i$ では，理想気体の状態方程式：

$$PV = nRT \tag{4.5}$$

が満たされる．ただし，n は気体の**モル数**を表し，気体の粒子数 N を**アボガドロ数** $N_A = 6.02 \times 10^{23}$ mol^{-1} によって規格化した量として定められる：

$$n = N/N_A \tag{4.6}$$

また，$R = 8.31$ J mol^{-1} K^{-1} は**気体定数**と呼ばれる定数である．これと同時に，理想気体がベルヌイの法則：

$$PV = \frac{2}{3}E \tag{4.7}$$

が満たすことも仮定する．この仮定より体積一定 $dV = 0$ の条件下での内部エネルギーの変化は

$$dE|_V = \frac{3}{2}nRdT|_V = C_V dT|_V \tag{4.8}$$

と表される．ここで，C_V は**定積熱容量**と呼ばれ，以下のように定義される：

$$C_V \equiv \frac{\delta Q}{\delta T} = \left.\frac{\partial E}{\partial T}\right|_V \tag{4.9}$$

特に (4.7) を満たす理想気体に対しては

$$C_V = \frac{3}{2}nR \tag{4.10}$$

となる．

これらの関係を用いると，等温過程 $\delta Q = -\delta W$ では，

$$\frac{V_{i+1}}{V_i} = \frac{P_i}{P_{i+1}}, \tag{4.11}$$

$$\delta Q_{i,i+1} \equiv Q_{i+1} - Q_i = -W_{i+1} + W_i$$

$$= \int_{\mathcal{S}_i}^{\mathcal{S}_{i+1}} dV\, P(T,V) = nRT_i \int_{V_i}^{V_{i+1}} \frac{dV}{V} = nRT_i \ln\frac{V_{i+1}}{V_i} \tag{4.12}$$

となり，一方，断熱過程 $dE = \delta W = -PdV$ では，

$$\frac{V_{i+1}}{V_i} = \left(\frac{T_i}{T_{i+1}}\right)^{3/2}, \tag{4.13}$$

$$\delta W_{i,i+1} \equiv W_{i+1} - W_i = C_V(T_{i+1} - T_i) \tag{4.14}$$

に従う.

(4.11), (4.13) より, カルノーサイクルによる状態変化の下で体積変化は $V_3/V_4 = V_2/V_1$ という関係に従い, その結果 (4.12) から

$$\frac{\delta Q_{12}}{T_h} + \frac{\delta Q_{34}}{T_c} = 0 \tag{4.15}$$

という関係が導かれる. さらに複数の (微小な) カルノーサイクルを組み合わせると, 一般のカルノーサイクル C_carnot の下で

$$\oint_{C_\text{carnot}} \frac{\delta Q}{T} = 0 \tag{4.16}$$

が理想気体に対して満たされることが分かる.

以上により (4.16) の関係から, 理想気体に対するカルノーサイクルを具体例として, 示量性状態量 $\delta Q/T$ の存在が確認できた. カルノーサイクル内の経路は, その道筋を逆に辿って元の状態に戻したとき, 何の痕跡も残さずに戻れる過程である. こうした過程を一般に**可逆過程**と呼ぶ. 一般の可逆過程によって系に熱量 δQ_rev が加えられたとき,

$$dS = \frac{\delta Q_\text{rev}}{T} \tag{4.17}$$

と定義される示量変数として, エントロピー S が経路の取り方によらずに定まる. 可逆過程を通じて系が状態 $\mathcal{S}_A$ から状態 $\mathcal{S}_B$ に変化する時, エントロピーの差は

$$S(B) - S(A) = \int_{\mathcal{S}_A}^{\mathcal{S}_B} \frac{\delta Q_\text{rev}}{T} \tag{4.18}$$

となり, 特に可逆循環過程 C_rev に対しては

$$\oint_{C_\text{rev}} \frac{\delta Q_\text{rev}}{T} = 0 \tag{4.19}$$

が満たされる.

- **熱力学第二法則の主張**

熱力学第二法則は, 不可逆過程の下でのエントロピーの変化に関する性質として解釈される. 2つの熱平衡状態にある系を考え, その温度を T_1, T_2 ($T_1 < T_2$) とする. 2つの系の間でごくわずかな熱のやり取りをさせると, 温度 T_2 の系から温度 T_1 の系に微小な熱量 δQ_irrev だけ移動する. この状態変化の下で, 温度 T_1 の系では, $\delta Q_\text{irrev}/T_1$ だけエントロピーが増加し, 温度 T_2 の系では $\delta Q_\text{irrev}/T_2$ だけエントロピーが減少する. この過程の下で, 全エントロピーの変化は

$$dS = \frac{\delta Q_{\text{irrev}}}{T_1} - \frac{\delta Q_{\text{irrev}}}{T_2} = \frac{\delta Q_{\text{irrev}}(T_2 - T_1)}{T_1 T_2} > 0 \tag{4.20}$$

となり，エントロピーは自発的に増加する．これを**エントロピー増大の法則**と呼ぶ．特に外部と熱のやり取りがない断熱系では，エントロピーが最大 $dS = 0$ になると自発的変化が止まり，系の平衡状態が実現する．

エントロピー増大の法則を言い換えると，何の痕跡も残さずに自然に低温の物体から高温の物体に流れることはないと主張している．この性質は**クラウジウスの原理**と呼ばれ，熱力学第二法則の主張は一般の循環過程 C に対して**クラウジウスの不等式**：

$$\oint_C \frac{\delta Q_{\text{irrev}}}{T} \leq 0 \tag{4.21}$$

が満たされることを意味している．なお，等号は C が可逆過程 C_{rev} の場合に対して成立する．

クラウジウスの不等式（4.21）の循環過程 C を，状態 $\mathcal{S}_A$ から 状態 $\mathcal{S}_B$ へ不可逆過程によって移った後，可逆過程で状態 $\mathcal{S}_B$ から状態 $\mathcal{S}_A$ に戻るように選ぶと，(4.18)を使って

$$\oint_C \frac{\delta Q_{\text{irrev}}}{T} = \int_{\mathcal{S}_A}^{\mathcal{S}_B} \frac{\delta Q_{\text{irrev}}}{T} + \int_{\mathcal{S}_B}^{\mathcal{S}_A} \frac{\delta Q_{\text{rev}}}{T} = \int_{\mathcal{S}_A}^{\mathcal{S}_B} \frac{\delta Q_{\text{irrev}}}{T} + S(A) - S(B) \leq 0 \tag{4.22}$$

という関係が得られる．熱量のやり取りが微小なら，この不等式から

$$S(B) - S(A) = dS \geq \frac{\delta Q_{\text{irrev}}}{T} \tag{4.23}$$

が導かれ，エントロピー増大則（4.20）は不可逆過程が断熱的 $\delta Q_{\text{irrev}} = 0$ なときに得られることが分かる．

D 熱力学第三法則

(4.18) のように，可逆過程ではエントロピーの差は過程の選び方によらずに定まるが，絶対零度 $T = 0$ での値を基準値として以下のように定めるのが，熱力学第三法則である：

$$\lim_{T \to 0} S = 0 \tag{4.24}$$

次節以降の統計力学の枠組みでは，この法則の主張はエネルギーが最も低い状態（基底状態）はただ 1 つしかないという仮説として解釈される．

4-1-2 熱力学的ポテンシャル

理想気体のように仕事 W が圧力 P による体積変化として与えられる場合 $\delta W = -PdV$ となり，内部エネルギーの微小変化は

$$dE = TdS - PdV \tag{4.25}$$

と表される．これは S と V を独立変数に選べることを示唆している．各変数を固定し，偏微分を考えると

$$\left.\frac{\partial E}{\partial S}\right|_V = T, \quad \left.\frac{\partial E}{\partial V}\right|_S = -P \tag{4.26}$$

という関係が得られ，各独立変数に対して共役変数が定められる．さらに内部エネルギーの 2 階微分から**マクスウェルの関係式**：

$$\left.\frac{\partial T}{\partial V}\right|_S = -\left.\frac{\partial P}{\partial S}\right|_V \tag{4.27}$$

を得る．一方 (4.25) を

$$dS = \frac{1}{T}dE + \frac{P}{T}dV \tag{4.28}$$

と書き換えると，(E, V) を独立変数として，

$$\left.\frac{\partial S}{\partial E}\right|_V = \frac{1}{T}, \quad \left.\frac{\partial S}{\partial V}\right|_E = \frac{P}{T} \tag{4.29}$$

という関係も得られる．

では，エントロピー S の代わりに温度 T を独立変数として系を記述する際には，どういった示強性状態量を導入すれば良いのであろうか？解析力学でハミルトニアン H から正準変数 (q^i, p_i) が定められたことに対応して，上の議論から内部エネルギー E に対して独立変数 (S, V) と共役変数 $(T, -P)$ が見出される．そこで，独立変数 S と共役変数 T の役割を入れ替えるには，変数 S と T に関するルジャンドル変換を行えば良く，内部エネルギー E に $-TS$ という項を付け加えた熱力学的ポテンシャル：

$$F = E - TS \tag{4.30}$$

を考えると，その微小変化は (4.25) より

$$dF = -SdT - PdV \tag{4.31}$$

となり，独立変数が (T, V) となる望ましい示強性状態量が定められる．(4.31) より，こうして導入された熱力学的ポテンシャル F は**ヘルムホルツの自由エネルギー**と呼ばれ，

$$\left.\frac{\partial F}{\partial T}\right|_V = -S, \quad \left.\frac{\partial F}{\partial V}\right|_T = -P, \quad \left.\frac{\partial S}{\partial V}\right|_T = \left.\frac{\partial P}{\partial T}\right|_V \tag{4.32}$$

という関係を満たす．

同様に，(S, P) が独立変数として扱える熱力学的ポテンシャルとして，**エンタルピー** H：

$$H = E + PV, \quad dH = TdS + VdP \tag{4.33}$$

が変数 P-V 間のルジャンドル変換によって得られる．さらに (T, P) が独立変数として扱える熱力学的ポテンシャルとして，**ギブスの自由エネルギー**（または**自由エンタルピー**）G が以下のように定義される：

$$G = E - TS + PV, \quad dG = -SdT + VdP \tag{4.34}$$

これらの熱力学ポテンシャルを用いて，特定の条件下での自発的状態変化に対する平衡条件が記述できる．例えば (4.1) と (4.23) を合わせると，

$$\delta Q_{\text{irrev}} = dE + PdV \leq TdS \tag{4.35}$$

という不等式が得られる．等温 $dT = 0$ かつ定積 $dV = 0$ な過程では

$$d(E - TS) = dF \leq 0 \tag{4.36}$$

という関係に書き換えられ，平衡状態はヘルムホルツの自由エネルギーが最小 $dF = 0$ となるときに実現する．同様に，等温 $dT = 0$ かつ等圧 $dP = 0$ な過程では，熱力学第二法則は $dG \leq 0$ と書き換えられ，ギブスの自由エネルギーが最小 $dG = 0$ となるときに平衡状態が実現する．

4-1-3 系の粒子数変化と化学ポテンシャル

熱力学第一法則では，内部エネルギーの熱量と仕事による変化の他に，準静的な物質の流入過程も考慮し，(4.1) には δZ という項が付け加えられている．この物質の流入過程を単純化して，系に粒子1つを付け加えるのに要するエネルギーを μ とし，dN 個の粒子が系に流入したとすると，δZ は

$$\delta Z = \mu dN \tag{4.37}$$

と表される．こうして導入された変数 μ を**化学ポテンシャル**と呼ぶ．

(4.37) のような形で系の粒子数変化を考慮すると，内部エネルギーの微小変化 (4.1) は

$$dE = TdS + \delta W + \mu dN \tag{4.38}$$

と表される．この表式では粒子数 N は独立変数として取り扱われ，S-T 変数間のルジャンドル変換から得られるヘルムホルツの自由エネルギーは (4.31) に

$$dF = -SdT + \delta W + \mu dN \tag{4.39}$$

と補正項を付け加えるだけで良い．エンタルピーやギブスの自由エネルギーも同様に以下のようになる：

$$dH = TdS + VdP + \mu dN, \quad dG = -SdT + VdP + \mu dN \tag{4.40}$$

K 種類の粒子の流入を考えた場合には，K 種類の化学ポテンシャル μ_a ($a = 1, \cdots, K$) を導入して (4.38) は

$$dE = TdS + \delta W + \sum_{a=1}^{K} \mu_a dN_a \tag{4.41}$$

と拡張される．この関係から

$$\left.\frac{\partial E}{\partial N_a}\right|_{S,A,N_{b \neq a}} = \mu_a \tag{4.42}$$

が得られるので，粒子数 N_a が化学ポテンシャル μ_a の共役変数となることが分かる．また，(4.41) から

$$\left.\frac{\partial S}{\partial N_a}\right|_{E,A,N_{b \neq a}} = -\frac{\mu_a}{T} \tag{4.43}$$

という関係なども成立する．

以上のような粒子数の変化も考慮に入れた系の巨視的な記述は，統計力学の枠組みでは**グランドカノニカル集団**によって再現される．以降では，熱力学の枠組みが統計力学を用いて微視的描像を基に導かれる様子を見てゆこう．

4-2 ミクロカノニカル集団

4-2-1 統計集団

統計力学では，ある与えられた**統計集団**（アンサンブル）$\mathcal{A}$ に対する平均値として物理量が決定される．統計集団とは，巨視的には同等なあらゆる微視的状態を集めた仮想的な系の集団を意味している．

古典系に対する物理量 $\mathcal{O}(q,p)$ のアンサンブル平均 $\langle \mathcal{O} \rangle$ は，統計集団に属する $2f$ 次元の位相空間上の微視的状態 $(q,p) \in \mathcal{A}$ の出現確率 $P(q,p)$ を用いて，

$$\langle \mathcal{O} \rangle = \frac{1}{(2\pi\hbar)^f} \int_{\mathcal{A}} \prod_{i=1}^{f} dq^i dp_i \, \mathcal{O}(q,p) P(q,p) , \quad 1 = \int_{\mathcal{A}} \prod_i dq^i dp_i \, P(q,p) \quad (4.44)$$

として定められる[2]．この積分に現れた正準変数に対する位相空間の体積要素は，解析力学で導いたリュウヴィルの定理から，時間や正準変数の取り方に依存しないことが示されている．

一方，エネルギー準位 E_n が離散化されている量子系に対しては，物理量を与えるエルミート演算子 $\hat{\mathcal{O}}$ の期待値のアンサンブル平均 $\langle \mathcal{O} \rangle$ は，統計集団に属する微視的量子状態 $|n\rangle \in \mathcal{A}$ の出現確率 P_n を用いて，

$$\langle \mathcal{O} \rangle = \sum_{n \in \mathcal{A}} P_n \langle n|\hat{\mathcal{O}}|n \rangle , \quad 1 = \sum_{n \in \mathcal{A}} P_n \quad (4.45)$$

と表される．

4-2-2 等重率の原理とミクロカノニカル集団

最も基本的な統計集団である**ミクロカノニカル集団**は，系の外部とエネルギーや粒子のやり取りがない**孤立系**を対象とする．孤立系では，系の体積 V や粒子数 N は一定であり，巨視的エネルギー E が系に応じて定められた精度 ΔE で測定される．こうした孤立系に対し，位相空間上のハミルトニアン $H(q,p)$ が $E \leq H(q,p) \leq E+\Delta E$ に値を持つ微視的状態の集合として，ミクロカノニカル集団 $\mathcal{A}^{\text{micro}}_{E, E+\Delta E}$ が定められる．

---

[2] 規格化因子 $(2\pi\hbar)$ は不確定性原理から要請される位相空間内の最も小さな微小体積に相応する．古典力学によって記述される系に対して，プランク定数 $\hbar$ を用いて状態密度を規格化するのは奇妙に感じられるかもしれない．しかしながら，$\hbar \to 0$ 極限において量子系が古典系に帰着すべきという要請を踏襲して，$1/(2\pi\hbar)^f$ という規格化因子が古典力学に従う系に対しても通常用いられる．

ミクロカノニカル集団における微視的状態の出現確率に関しては，**等重率の原理**を仮定する：

> **等重率の原理**
> 周囲とのあらゆる相互作用がない孤立系に対し，位相空間内の与えられたエネルギーを持つ状態は全て同じ確率で実現される．

古典系に対し，ミクロカノニカル分布の位相空間上の状態 $(q,p) \in \mathcal{A}^{\mathrm{micro}}_{E,E+\Delta E}$ の出現確率 $P(q,p)$ は以下のように定められる：

$$P(q,p) = \begin{cases} \frac{1}{\widetilde{W}(E)} & E \leq H(q,p) \leq E+\Delta E \\ 0 & \text{その他} \end{cases} \tag{4.46}$$

この定義では，位相空間内の点 (q,p) におけるハミルトニアン $H(q,p)$ の値が，与えられたエネルギー E と $E+\Delta E$ の間にある場合には $1/\widetilde{W}(E)$ という一定値となり，その他ではゼロになる．

ミクロカノニカル集団に対する**熱力学的重率** $\widetilde{W}(E)$ は等重率の原理より，ハミルトニアンが E と $E+\Delta E$ の間にある微視的状態の数として定められる．古典力学系に対しては，$\mathcal{A}^{\mathrm{micro}}_{E,E+\Delta E}$ に属する位相空間の領域の体積として以下のように導入する：

$$\widetilde{W}(E) = \frac{1}{(2\pi\hbar)^f} \int_{E \leq H(q,p) \leq E+\Delta E} \prod_{i=1}^{f} dq^i dp_i \tag{4.47}$$

この出現確率を用いて，ミクロカノニカル集団のアンサンブル平均 $\langle \mathcal{O} \rangle$ が計算できる．

ここで，状態数の規格化について述べておこう．量子系では微視的状態数を数える際に，同じ状態の同種粒子を区別できないと考える．一方，古典系では微視的同種粒子を区別するか否かは，系に依存して決定されるが，古典理想気体のような系では，ひとまず全て区別できるとして状態数を求めた上で，最後に**ギブスの修正因子** $G_N = N!$ で割るものとする[3]．なお，互いに区別できる古典力学的同種粒子は**ボルツマン粒子**と呼ばれる．

系に K 種類の同種粒子がそれぞれ N_a 個 $(a=1,\cdots,K)$ ある場合，ギブスの修正因子 G_N は，

---

[3] ギブスの修正因子は，ギブスのパラドクスと呼ばれる混合気体のエントロピーに関する議論から導入された．なお，固体内の粒子のように，微視的同種粒子が区別できる古典系を取り扱う場合には，$G_N = 1$ とする．

$$G_N = \prod_{a=1}^{K} N_a!, \quad N = \sum_{a=1}^{K} N_a \tag{4.48}$$

となり,修正因子を導入したミクロカノニカル集団の熱力学的重率は,

$$W(E) = \frac{1}{(2\pi\hbar)^f G_N} \int_{E \leq H(q,p) \leq E+\Delta E} \prod_{i=1}^{f} dq^i dp_i \tag{4.49}$$

と定義される[4].

熱力学的重率と関連して,**状態数** $\Omega(E)$ を導入する.状態数は,$H(q,p)$ が E 以下にある位相空間内の微視的状態の数として定義され,古典系に対しては,

$$\Omega(E) = \frac{1}{(2\pi\hbar)^f G_N} \int_{H(q,p) \leq E} \prod_{i=1}^{f} dq^i dp_i \tag{4.50}$$

と定められる.また,状態数の微分係数

$$D(E) \equiv \frac{d\Omega(E)}{dE} \tag{4.51}$$

を**状態密度**と呼び,ΔE が十分に小さい場合,熱力学的重率と状態密度は

$$D(E)\Delta E = W(E) \tag{4.52}$$

という関係に従う.

4-2-3　量子統計系に対するミクロカノニカル集団

微視的状態が量子力学に従う孤立系に対し,ミクロカノニカル集団はエネルギー固有値 E_n が巨視的エネルギー E と $E + \Delta E$ の間にある量子力学状態 $|n\rangle$ の集合として定められる.

量子力学では,不確定性原理 $\Delta q \cdot \Delta p \sim \hbar$ より,位相空間が1自由度当たり $h = 2\pi\hbar$ の面積を持つ領域を最小単位に持つ微視的単位領域に分割され,各微視的単位領域に1つの状態が存在すると解釈される[5].そこで,古典力学系で現れた位相空間上の積分と量子力学状態の和は以下のように対応する:

---

[4] 出現確率 $P(q,p)$ やアンサンブル平均 $\langle\mathcal{O}\rangle$ の計算においては,確率として規格化されているので,この修正因子を気にせず,(4.47) および (4.44) を用いて計算できる.しかしながら後で見るようにボルツマンの関係式 (4.57) や熱力学極限を論じる上では,この修正因子の有無は大きな違いとなって現れる.

[5] ボーア・ゾンマーフェルトの量子化条件による半古典的描像では,周期運動の位相空間内の軌道が囲む面積は $\oint p dq = nh$ と離散化され,面積が h だけ増す毎に量子状態が1個増えると考えられる.

$$\frac{1}{(2\pi\hbar)^f}\int\prod_{i=1}^{f}dq^i dp_i \quad \leftrightarrow \quad \sum_n \tag{4.53}$$

微視的状態が量子力学によって記述される孤立系のミクロカノニカル集団では，エネルギー E_n を持つ微視的量子状態 $|n\rangle$ の出現確率 P_n は，等重率の原理から

$$P_n = \begin{cases} \frac{1}{W(E)} & E \leq E_n \leq E + \Delta E \\ 0 & \text{その他} \end{cases} \tag{4.54}$$

のように n によらず一定となり，熱力学的重率 $W(E)$ は，

$$W(E) = \sum_{E \leq E_n \leq E + \Delta E} 1 \tag{4.55}$$

と定められる．さらに，状態数 $\Omega(E)$ は，

$$\Omega(E) = \sum_{E_n \leq E} 1 \tag{4.56}$$

と定義される．これらを用いて，量子力学に従う系のミクロカノニカル集団が記述される．

4-2-4 統計力学的エントロピーとボルツマンの関係式

統計力学と熱力学との関係を与える基礎的原理として，ボルツマンの関係式を導入する．

ボルツマンの関係式

統計力学的エントロピー $S(E)$ は，**状態数** $W(E)$ と**ボルツマン定数** k を用いて

$$S(E) = k \ln W(E) \tag{4.57}$$

と定められる．粒子数 N や系の体積 V が十分大きくなる熱力学極限において，熱力学的エントロピー (4.17) に一致する．

この関係式に現れたボルツマン定数 k は，理想気体の気体定数 R とアボガドロ数 N_A を用いて，

$$k = R/N_A \tag{4.58}$$

と表され，$k = 1.38 \times 10^{-23}\,\mathrm{J\,K^{-1}}$ という値を持つ．

例：理想気体の熱力学

ボルツマンの関係式（4.57）を使って，理想気体の熱力学的性質が微視的記述から再現される．この様子を見てみよう．体積 V の容器の中に閉じ込められた N 個の単原子分子からなる理想気体を考えよう．各分子の位置を表す3次元座標 x_I, y_I, z_I $(I = 1, 2, \cdots, N)$ の集合として一般化座標を q^i $(i = 1, 2, \cdots, 3N)$ と表し，これに対応する共役運動量を p_i とすると，これらの分子の間の相互作用や重力を無視すれば，エネルギー E は運動エネルギーだけで与えられる．分子の質量を m として

$$E = \sum_{i=1}^{3N} \frac{p_i^2}{2m} \tag{4.59}$$

と表されるので，エネルギーが E 以下の状態数 $\Omega(E)$ は（4.50）を用いて

$$\Omega(E) = \frac{1}{(2\pi\hbar)^{3N} N!} \int \prod_{i=1}^{3N} dq^i \int_{\sum_{i=1}^{3N} p_i^2 \leq 2mE} \prod_{i=1}^{3N} dp_i \tag{4.60}$$

と書ける．ここで一般化座標 q^i に関する積分を実行すると，

$$\int \prod_{i=1}^{3N} dq^i = \prod_{I=1}^{N} \int dx_I dy_I dz_I = V^N \tag{4.61}$$

となる．一方，p_i に関する積分は（4.59）を満たす $(3N-1)$ 次元超球の体積と見なせるので，

$$\frac{1}{(2\pi\hbar)^{3N} N!} \int_{\sum_{i=1}^{3N} p_i^2 \leq 2mE} \prod_{i=1}^{3N} dp_i = \widetilde{C}_N (2mE)^{\frac{3}{2}N}, \quad \widetilde{C}_N = \frac{1}{(2\pi\hbar)^{3N} N!} \frac{2\pi^{(3N-1)/2}}{\Gamma((3N-1)/2)} \tag{4.62}$$

と書ける．ここで $\Gamma(x)$ はガンマ関数である．これらの結果を合わせて，状態数は $\Omega(E) = \widetilde{C}_N (2mE)^{3N/2} V^N$ となる．さらに，ΔE が E に比べて十分に小さいならば，（4.52）を用いて熱力学的重率 $W(E)$ が以下のように求まる：

$$W(E) = \frac{3}{2} N (2m)^{\frac{3}{2}N} \widetilde{C}_N E^{\frac{3}{2}N-1} V^N \Delta E \tag{4.63}$$

この結果をボルツマンの関係式（4.57）に代入し，V/N および E/N を有限に保ったまま分子数 N を大きく取る極限（**熱力学極限**）を考えよう．ガンマ関数 $\Gamma(x)$ の引数 x が大きい値を取るとき，以下のような漸近的振る舞いをする：

$$\ln \Gamma(x+1) \simeq x(\ln x - 1) \tag{4.64}$$

そこで，熱力学極限で統計力学的エントロピーは

$$S \simeq kN\left(\ln\frac{V}{N} + \frac{3}{2}\ln\frac{E}{N} + 定数\right) \tag{4.65}$$

と近似される．なお，E, V, N などの熱力学的な量以外の変数を持った部分をまとめて「定数」と表し，ミクロカノニカル集団の定義で導入したエネルギー幅 ΔE は E に比べて十分小さいとして無視した．熱力学極限における統計力学的エントロピーを，熱力学的エントロピーと一致するものとして，熱力学的関係式を調べてみよう．

熱力学的関係式 (4.29) を用いると，熱力学的温度 T は

$$\frac{1}{T} = \frac{\partial S}{\partial E} = \frac{3Nk}{2E} \quad \Rightarrow \quad T = \frac{2E}{3Nk} \tag{4.66}$$

と関係付けられる．この関係は，1個の分子が持つ平均のエネルギーが

$$\frac{E}{N} = \frac{3}{2}kT \tag{4.67}$$

となることを表している．また，(4.29) と (4.65) を用いて，

$$\frac{p}{T} = \frac{Nk}{V} \tag{4.68}$$

という関係が導かれる．ここで，気体定数 R とボルツマン定数 k の関係 (4.58) とモル数の定義 (4.6) を使うと，ここで得られた関係式 (4.68) は理想気体の状態方程式 (4.5) に他ならないことが分かる．また，(4.67) はベルヌイの法則 (4.7) を与えていることも確かめられる．以上により，ミクロカノニカル集団による理想気体の微視的記述から，熱力学による巨視的記述に基づいた理想気体の基本法則が導かれることが明らかとなった．

4-2-5　ミクロカノニカル集団の応用例

例題　ミクロカノニカル集団として N 個の独立な粒子の系を考え，各々の粒子は $-\epsilon_0, \epsilon_0$ の2つのエネルギー状態しかとれないものとする．$N \gg 1$ のとき，エネルギーおよび（定積）熱容量 C_V を N, ϵ_0, kT を使って表せ．ただし近似のためスターリングの公式 $N! \simeq \sqrt{2\pi}N^{N+\frac{1}{2}}\mathrm{e}^{-N}$ を用いよ．

解説
系の全エネルギーを $E = M\epsilon_0$ ($M = -N, -N+1, \cdots, N$) として熱力学的重率 $W_M \equiv W(E)$ を考える．エネルギーが ϵ_0 の状態の数を N_+，$-\epsilon_0$ の状態の数を N_-

とすれば $N_+ + N_- = N$, $N_+ - N_- = M$ であるので,

$$N_+ = \frac{N+M}{2}, \quad N_- = \frac{N-M}{2} \tag{4.69}$$

と表される．W_M は N 個の空き箱に，N_+ 個の区別できない玉を入れる場合の数と見なせるので，

$$W_M = {}_N\mathrm{C}_{N_+} = \frac{N!}{N_+!(N-N_+)!} = \frac{N!}{\left(\frac{N+M}{2}\right)!\left(\frac{N-M}{2}\right)!} \tag{4.70}$$

となる．ここで，スターリングの公式 $N! \simeq \sqrt{2\pi}N^{N+\frac{1}{2}}\mathrm{e}^{-N}$ を使うと，$N \gg 1$ のとき熱力学的重率は

$$W_M \simeq \frac{N^{N+\frac{1}{2}}}{\sqrt{2\pi}}\left(\frac{N+M}{2}\right)^{-\frac{N+M+1}{2}}\left(\frac{N-M}{2}\right)^{-\frac{N-M+1}{2}} \tag{4.71}$$

と近似される．従って，統計力学的エントロピーはボルツマンの関係式 (4.57) より

$$\begin{aligned}S &\simeq k\left\{N\ln N - \left(\frac{N+M}{2}\right)\ln\left(\frac{N+M}{2}\right) - \left(\frac{N-M}{2}\right)\ln\left(\frac{N-M}{2}\right)\right\} \\ &= k\left\{N\ln N - \left(\frac{N+\frac{E}{\epsilon_0}}{2}\right)\ln\left(\frac{N+\frac{E}{\epsilon_0}}{2}\right) - \left(\frac{N-\frac{E}{\epsilon_0}}{2}\right)\ln\left(\frac{N-\frac{E}{\epsilon_0}}{2}\right)\right\}\end{aligned} \tag{4.72}$$

と表され，その微分は

$$\frac{\partial S}{\partial E} = -\frac{k}{2\epsilon_0}\ln\left(\frac{N+\frac{E}{\epsilon_0}}{N-\frac{E}{\epsilon_0}}\right) \tag{4.73}$$

となるので，熱力学的関係式 $\frac{1}{T} = \frac{\partial S}{\partial E}$ を用いて熱力学的温度 T を導入すると次の表式が得られる:

$$T = -\frac{2\epsilon_0}{k\ln\left(\frac{N+\frac{E}{\epsilon_0}}{N-\frac{E}{\epsilon_0}}\right)} \tag{4.74}$$

これより，エネルギー E は

$$E = -N\epsilon_0\tanh\frac{\epsilon_0}{kT} \tag{4.75}$$

と求まる．さらに，外から圧力などによる仕事が加えられないとすると，熱力学の第一法則より $dE = \delta Q$ となるので，(定積) 熱容量 C_V は

$$C_V = \frac{\partial E}{\partial T} = \frac{N\epsilon_0^2}{kT^2\cosh^2\frac{\epsilon_0}{kT}} \tag{4.76}$$

と求まる.

4-3 カノニカル集団

4-3-1 カノニカル集団の集団平均

ミクロカノニカル集団では,エネルギー E,粒子数 N,体積 V が一定である孤立系の微視的状態を取り扱った.この統計集団では温度 T は熱力学極限において,ボルツマンの関係式 (4.57) と熱力学関係式 (4.29) を基に導入された.

しかしながら,現実の物理系が孤立系として記述できる状況は稀であり,実際には外界とのやり取りを考慮する必要がある.そこで,別の統計集団として**カノニカル集団**を導入しよう.カノニカル集団 $\mathcal{A}_\beta^{\mathrm{can}}$ は,温度 T の**熱浴系**との間にエネルギーのやり取りがある閉じた(物質のやり取りはしない)系の全ての微視的状態の仮想的集合として定義される.

カノニカル集団では量子系に対して,エネルギー E_n を持つ微視的量子状態 $|n\rangle$ が実現する確率 P_n が,

$$P_n = \frac{1}{Z(\beta)} \mathrm{e}^{-\beta E_n}, \quad Z(\beta) = \sum_{n \in \mathcal{A}_\beta^{\mathrm{can}}} \mathrm{e}^{-\beta E_n} \tag{4.77}$$

と定義される.ここで,$\beta \equiv 1/kT$ を表し,$Z(\beta)$ を**分配関数**と呼ぶ.

一方,古典系に対する位相空間の点 (q,p) に対する微視的状態の出現確率 $P(q,p)$ および分配関数 $Z(\beta)$ は (4.53) の対応を基に

$$P(q,p) = \frac{1}{(2\pi\hbar)^f G_N} \frac{\mathrm{e}^{-\beta H(q,p)}}{Z(\beta)}, \quad Z(\beta) = \frac{1}{(2\pi\hbar)^f G_N} \int_{\mathcal{A}_\beta^{\mathrm{can}}} \prod_{i=1}^f dq^i dp_i\, \mathrm{e}^{-\beta H(q,p)} \tag{4.78}$$

と定義される.なお,分配関数は状態密度 $D(E)$ を用いて一般的に,

$$Z(\beta) = \int dE\, D(E) \mathrm{e}^{-\beta E} \tag{4.79}$$

と表される.

カノニカル集団では,エントロピー S はアンサンブル平均 (4.44), (4.45) として得られる:

$$S = \langle -k \ln P \rangle = \begin{cases} -k \sum_n P_n \ln P_n & \text{量子系} \\ -\frac{k}{(2\pi\hbar)^f Z(\beta)} \int_{\mathcal{A}_\beta^{\mathrm{can}}} \prod_{i=1}^f dq^i dp_i\, \mathrm{e}^{-\beta H(q,p)} \ln P(q,p) & \text{古典系} \end{cases} \tag{4.80}$$

一方,ヘルムホルツの自由エネルギー $F(\beta)$ は,分配関数 $Z(\beta)$ を用いて,

$$F(\beta) = -\frac{1}{\beta} \ln Z(\beta) \tag{4.81}$$

と表される.これらの関係を利用して,他の熱力学的諸量もカノニカル集団を基に系の微視的情報から決定できる.

カノニカル集団では,熱浴の系とエネルギーのやり取りがある閉じた系に対し,熱浴の温度に依存した出現確率を用いて微視的状態を記述する.カノニカル集団の導出法は,情報エントロピーとラグランジュ未定乗数法を用いた方法などいくつかの方法が存在するが,以下では孤立系を2つに分割して熱浴系を実現し,カノニカル集団の性質をミクロカノニカル集団の枠組みを基に導出する.

4-3-2 熱浴系の実現

カノニカル集団を記述するため,対象とする閉じた系と接触して熱平衡状態にある熱浴系を導入する.そのために1つの孤立系を対象とする系と熱浴系の2つに分割する.

全エネルギー E を持った孤立系を,図 4.3 のように系 1 と系 2 に分割し,系 1 を熱浴,系 2 を熱浴に接する閉じた系と見なして,これらの系の間の熱平衡条件を考えてみよう.系 1 がエネルギー E_1 ($E - E_2 \le E_1 \le E - E_2 + \Delta E$),系 2 がエネルギー E_2 ($\epsilon \le E_2 \le \epsilon + \Delta \epsilon$) を持つ系として実現する確率 $P_2(\epsilon)\Delta\epsilon$ は,等重率の原理より

$$P_2(\epsilon)\Delta\epsilon = \frac{W_1(E-\epsilon)W_2(\epsilon)}{W(E)} \tag{4.82}$$

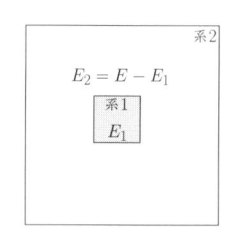

図 4.3 熱浴系との接触

と与えられる.ただし,$W_i(E_i) = D_i(E_i)\Delta E_i$ ($\Delta E_1 \equiv \Delta E$, $\Delta E_2 \equiv \Delta \epsilon$) は系 $i = 1, 2$ の熱力学的重率および状態密度を表し,$W(E) = D(E)\Delta E$ は全系の熱力学的重率および状態密度を表している.$\int d\epsilon\, P(\epsilon) = 1$ とボルツマンの関係式 $S_i(E_i) = k \ln W(E_i)$ から

$$W(E) = \frac{1}{\Delta\epsilon}\int d\epsilon\, W_1(E-\epsilon)W_2(\epsilon) = \frac{1}{\Delta\epsilon}\int d\epsilon\, e^{\frac{1}{k}(S_1(E-\epsilon)+S_2(\epsilon))} \tag{4.83}$$

が得られる.

ここで,熱力学極限を考えると,$P(\epsilon)$ が ϵ に関して,ガウス型の鋭いピークを持つならば (4.83) の積分はそのピークの値 $\bar{\epsilon}$ で近似できる:

$$W(E) \simeq e^{\frac{1}{k}(S_1(E-\bar{\epsilon})+S_2(\bar{\epsilon}))}\frac{\delta\epsilon}{\Delta\epsilon} \qquad (4.84)$$

ここで，$\delta\epsilon$ はピークの幅を表し，$\bar{\epsilon}$ は鞍点の条件

$$0 = \frac{\partial}{\partial \epsilon}\left(S_1(E-\epsilon)+S_2(\epsilon)\right)\bigg|_{\epsilon=\bar{\epsilon}} \qquad (4.85)$$

によって決定される．温度 T_i を熱力学的関係式 (4.29) で定義すれば，(4.85) は熱平衡の条件 $T_1 = T_2$ に他ならない．こうして，ミクロカノニカル集団から熱浴系との熱平衡条件が，熱力学極限において最も確からしい状態として実現できることが確かめられた．

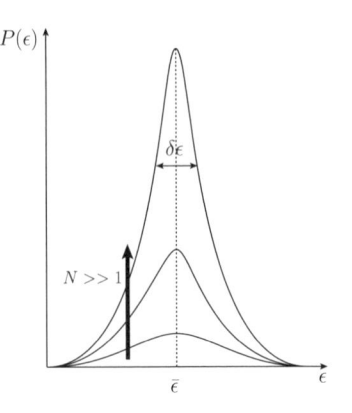

図 4.4 熱力学極限におけるガウス型のピーク

次項ではこの設定を基に，カノニカル集団の微視的状態の実現確率やヘルムホルツの自由エネルギーなどの関係を，ミクロカノニカル集団から導出しよう．

4-3-3 カノニカル集団の導出

系 1 が系 2 に比べて非常に大きく $E \gg \epsilon$ となるならば，熱力学的関係式 (4.29) を用いて，

$$S_1(E-\epsilon) \simeq S_1(E) - \epsilon\frac{\partial S_1(E)}{\partial E} = S_1(E) - \frac{\epsilon}{T} \qquad (4.86)$$

と展開できる．この展開を用いると，全系の熱力学的重率 $W(E)$ およびエネルギー $E_2 = \epsilon$ を持った系 2 が出現する確率 $P_2(\epsilon)$ はそれぞれ (4.82)，(4.83) を用いて次のように表せる：

$$W(E) \simeq e^{\frac{S_1(E)}{k}}Z(\beta), \quad D_2(\epsilon) \equiv \frac{1}{\Delta\epsilon}e^{\frac{1}{k}S_2(\epsilon)}, \qquad (4.87)$$

$$Z(\beta) \equiv \frac{1}{\Delta\epsilon}\int d\epsilon\, e^{-\beta\epsilon+\frac{1}{k}S_2(\epsilon)} = \int d\epsilon\, D_2(\epsilon)e^{-\beta\epsilon}, \qquad (4.88)$$

$$P_2(\epsilon) \simeq e^{\frac{S_1(E)}{k}}\frac{e^{-\beta\epsilon+\frac{1}{k}S_2(\epsilon)}}{W(E)\Delta\epsilon} = \frac{D_2(\epsilon)e^{-\beta\epsilon}}{Z(\beta)} \qquad (4.89)$$

(4.88) で得られた分配関数 $Z(\beta)$ は (4.79) で表された分配関数に他ならない．

一方，系 2 のみに着目すると，孤立系の分割によって実現するエネルギー ϵ を持った系 2 の微視的状態は，そのうちのある 1 つの状態によって特徴付けられる．すな

わち，系 2 の 1 つの微視的状態が出現する確率 $P(\epsilon)$ は[6]，

$$P(\epsilon) = \frac{1}{Z(\beta)} e^{-\beta \epsilon} \tag{4.91}$$

となり，(4.77) で定義されたカノニカル集団のある微視的状態の出現確率が得られる．

さらに，ヘルムホルツの自由エネルギー (4.30) を

$$F(\beta) = -kT \ln Z(\beta) \tag{4.92}$$

と定め，熱力学的関係式を考えてみよう．(4.84) のように，(4.88) 式の被積分関数が ϵ の関数として $\epsilon = \bar{\epsilon}$ でガウス型の鋭いピークを持つとき，積分は被積分関数の $\epsilon = \bar{\epsilon}$ での値で近似され，(4.92) は $S \equiv S_2(\bar{\epsilon})$ として

$$F = \bar{\epsilon} - ST \tag{4.93}$$

と表される．一方，エネルギーのアンサンブル平均 $\langle \epsilon \rangle$ は[7]

$$\langle \epsilon \rangle = \frac{1}{Z(\beta)} \frac{1}{\Delta \epsilon} \int d\epsilon\, \epsilon\, e^{-\beta \epsilon + \frac{1}{k} S(\epsilon)} = -\frac{\partial (\ln Z(\beta))}{\partial \beta} = \frac{\partial (\beta F(\beta))}{\partial \beta} = F - T \frac{\partial F}{\partial T} \tag{4.95}$$

と表されるので，$\bar{\epsilon} = \langle \epsilon \rangle$ と同定すると，(4.32) で得られた熱力学的関係式：

$$S = -\frac{\partial F}{\partial T} \tag{4.96}$$

が再現される．

他の熱力学的諸量を求めるには，分配関数を生成関数として計算するのが効率的である．例えば，エネルギーおよびその n 乗のアンサンブル平均は，

$$\langle E \rangle = -\frac{1}{Z(\beta)} \frac{\partial Z(\beta)}{\partial \beta}, \quad \langle E^n \rangle = (-1)^n \frac{1}{Z(\beta)} \frac{\partial^n Z(\beta)}{\partial \beta^n} \tag{4.97}$$

と表される．一般に物理量 A の n 乗のアンサンブル平均 $\langle A^n \rangle$ を**モーメント**と呼び，モーメントを組み合わせて様々な物理量が効率的に計算できる．例えば，平衡状態

---

[6] エネルギー ϵ を持った系 2 の微視的状態を 1 つ固定して，系 1 と系 2 を合わせた孤立系の微視的状態数 $W(E; \epsilon)$ を数えると，

$$W(E; \epsilon) = W_1(E - \epsilon) \times 1 \tag{4.90}$$

となる．この状態数の熱力学極限から (4.82) が得られる．

[7] カノニカル集団では物理量 $\mathcal{O}(\epsilon)$ のアンサンブル平均 $\langle \mathcal{O} \rangle$ は

$$\langle \mathcal{O} \rangle = \frac{1}{Z(\beta)} \int d\epsilon\, \mathcal{O}(\epsilon) D(\epsilon) e^{-\beta \epsilon} \tag{4.94}$$

と計算される．

のエネルギーのゆらぎ $(\delta E)^2$ は,

$$(\delta E)^2 = \langle (E - \langle E \rangle)^2 \rangle = \langle E^2 \rangle - \langle E \rangle^2$$
$$= \frac{1}{Z}\frac{\partial^2 Z}{\partial \beta^2} - \left(\frac{1}{Z}\frac{\partial Z}{\partial \beta}\right)^2 = \frac{\partial^2 \ln Z}{\partial \beta^2} = -\frac{\partial^2 (\beta F)}{\partial \beta^2} = kT^2 C_V \tag{4.98}$$

のように,定積熱容量に比例する.ただし最後の等式では,$T = \frac{1}{k\beta}$ に関する微分に書き換え,$C_V = \partial E/\partial T$ などの熱力学的関係式を利用した.同様の計算によって,以下の関係も導かれる:

$$\langle (E - \langle E \rangle)^3 \rangle = k^2 \left\{ T^4 \left(\frac{\partial C_V}{\partial T}\right)_V + 2T^3 C_V \right\} \tag{4.99}$$

4-3-4　カノニカル集団の応用例

例1：量子力学的調和振動子

　温度 $T = 1/(k\beta)$ の熱浴に接した熱平衡系にある,角振動数 ω を持つ調和振動子が生み出す量子力学的エネルギー固有状態の分布をカノニカル集団に従って考える.まず,エネルギー固有値 $E_n = \hbar\omega\left(n + \frac{1}{2}\right)$ を持った固有状態 $|n\rangle$ が出現する確率 P_n は,

$$P_n = C \mathrm{e}^{-\beta\hbar\omega\left(n + \frac{1}{2}\right)} \tag{4.100}$$

で与えられ,規格化定数 C は全確率が1となるという条件:

$$1 = \sum_{n=0}^{\infty} P_n = C \sum_{n=0}^{\infty} \mathrm{e}^{-\beta\hbar\omega\left(n + \frac{1}{2}\right)} = \frac{C \mathrm{e}^{-\frac{\beta\hbar\omega}{2}}}{1 - \mathrm{e}^{-\beta\hbar\omega}} \tag{4.101}$$

から $C = 2\sinh\frac{\beta\hbar\omega}{2}$ と決定される.よって,状態 $|n\rangle$ の出現確率は,

$$P_n = \left(1 - \mathrm{e}^{-\beta\hbar\omega}\right) \mathrm{e}^{-\beta\hbar\omega n} \tag{4.102}$$

と求まる.この確率 P_n を (4.80) に適用すると,エントロピー S のアンサンブル平均が得られる:

$$S = -k \sum_{n=0}^{\infty} P_n \ln P_n = -k \ln(1 - \mathrm{e}^{-\beta\hbar\omega}) + \frac{1}{T}\frac{\hbar\omega}{\mathrm{e}^{\beta\hbar\omega} - 1} \tag{4.103}$$

これらの関係を基に,量子力学的調和振動子系の熱力学的諸量が求められる.

例2：古典理想気体

体積 V の容器の中に，N 個の単原子分子（$N \gg 1$）からなる理想気体の分子が閉じ込められている系を考える．分子の質量を m として各分子の運動を古典力学に従って考えると，分配関数 $Z(\beta)$ は位相空間上の積分として

$$\begin{aligned}
Z(\beta) &= \frac{1}{(2\pi\hbar)^{3N} G_N} \int \prod_{i=1}^{N} dx_i dy_i dz_i dp^{x_i} dp^{y_i} dp^{z_i} e^{-\frac{\beta}{2m} \sum_{i=1}^{N} \left(p^{x_i 2} + p^{y_i 2} + p^{z_i 2}\right)} \\
&= \frac{1}{(2\pi\hbar)^{3N} G_N} \left(\int dx dy dz \int dp^x dp^y dp^z e^{-\frac{\beta}{2m} \left(p^{x 2} + p^{y 2} + p^{z 2}\right)} \right)^N \\
&= \frac{1}{(2\pi\hbar)^{3N} G_N} V^N \left(\frac{2\pi m}{\beta} \right)^{\frac{3}{2} N}
\end{aligned} \tag{4.104}$$

と求まる．ただしこの積分評価では，ガウス積分の公式 $\int_{-\infty}^{\infty} dt e^{-at^2} = \sqrt{\frac{\pi}{a}}$ を用いた．この分配関数を (4.81) に当てはめると，単原子分子からなる理想気体のヘルムホルツの自由エネルギーは

$$F = -\frac{N}{\beta} \left[\ln V + \frac{3}{2} \ln \left(\frac{2\pi m}{\beta} \right) + \ln \left(\frac{\mathrm{e}}{N(2\pi\hbar)^3} \right) \right] \tag{4.105}$$

となる．ここで (4.105) の導出では $\ln N! \simeq N \ln(N/e)$ による近似を用いた．さらに，エネルギーのアンサンブル平均（$E \equiv \left\langle \frac{\beta}{2m}(p^{x2} + p^{y2} + p^{z2}) \right\rangle$）を求めると

$$E = \frac{\partial (\beta F(\beta))}{\partial \beta} = \frac{3N}{2\beta} = \frac{3}{2} NkT \tag{4.106}$$

となり．この結果はミクロカノニカル集団で得られた関係式 (4.67) をアンサンブル平均として再現している．また，定積熱容量 C_V は

$$C_V = \frac{\partial E}{\partial T} = \frac{3}{2} Nk \tag{4.107}$$

となり，(4.6) と (4.58) を使うと熱力学による結果 (4.10) と一致する．

例3：一様重力場中の気体の圧力

一様な重力場中にある温度 T の気体の圧力 P をカノニカル集団に基づいて考えてみよう．この気体が微視的に N 個の分子からなり分子の質量を m とすると，高さ z にある気体分子の位置エネルギーは $V(z) = mgz$ で与えられる．気体分子の運動エネルギーと合わせて，この気体のハミルトニアンは，

$$H = \sum_{i=1}^{N} \left(\frac{\boldsymbol{p}_i^2}{2m} + mgz_i \right) \tag{4.108}$$

となる．

カノニカル集団によると，1個の気体分子が高さ z の地点近傍の体積 ΔV の微小領域に発見される確率は，

$$P_{\Delta V}(z) \propto e^{-\beta mgz} \Delta V \tag{4.109}$$

と表される．これより，高さ z 付近の分子数密度 $n(z)$ は

$$n(z) = n(0)e^{-\beta mgz} \tag{4.110}$$

となる．ここで，気体の状態方程式 $P(z) = n(z)kT$ を用いると，高さ z での気体の圧力が，

$$P(z) = P(0)e^{-\beta mgz} \tag{4.111}$$

となり，高さとともに減少することが分かる．

4-3-5 ビリアル定理

ビリアル定理は物理量の長時間平均に関する関係式である．ここで物理量 $\mathcal{O}$ の長時間平均 $\overline{\mathcal{O}}$ は以下のように定義される：

$$\overline{\mathcal{O}} \equiv \lim_{t_0 \to \infty} \frac{1}{t_0} \int_0^{t_0} dt\, \mathcal{O}(t) \tag{4.112}$$

例えば，正準方程式 $\dot{p}_i = -\partial H(q,p)/\partial q_i$ の両辺に q^i をかけ，長時間平均をとると，

$$\begin{aligned}
\overline{q^i \dot{p}_i} &= -\overline{\left(q^i \frac{\partial H}{\partial q^i}\right)} = \lim_{t_0 \to \infty} \frac{1}{t_0} \int_0^{t_0} dt\, \left(\frac{d}{dt}(q^i p_i) - p_i \dot{q}^i\right) \\
&= \lim_{t_0 \to \infty} \frac{q^i(t_0)p_i(t_0) - q^i(0)p_i(0)}{t_0} - \overline{\left(p_i \frac{\partial H}{\partial p_i}\right)}
\end{aligned} \tag{4.113}$$

となるが，定常運動のように，$q^i(t)$ および $p_i(t)$ が $0 \leq t \leq \infty$ で有限である場合には，$\lim_{t_0 \to \infty} \frac{q^i(t_0)p_i(t_0) - q^i(0)p_i(0)}{t_0} = 0$ となるので，

$$\overline{p_i \frac{\partial H}{\partial p_i}} = \overline{q^i \frac{\partial H}{\partial q^i}} \tag{4.114}$$

という関係が得られる．ハミルトニアン $H(q,p)$ が $H(q,p) = K(q,p) + U(q)$ と表され，特に運動エネルギー項 $K(q,p)$ が $K = \sum_i a_i(q) p_i^2$ のように p_i の2次式で与えられる場合には，(4.114) に代入して i について和をとると

という関係が得られる．ここで，右辺で定められた量

$$V_0 \equiv \sum_i q^i \frac{\partial H}{\partial q^i} \tag{4.116}$$

をビリアルと呼ぶ．一般に $T \equiv \sum_i p_i \frac{\partial H}{\partial p_i}$ を用いて，

$$\overline{T} = \overline{V_0} \tag{4.117}$$

と表される関係がビリアル定理の主張である．

統計力学の観点からビリアル定理を考えてみよう．統計力学的ビリアル定理では，長時間平均の代わりにアンサンブル平均 $\langle \mathcal{O} \rangle$ を取ることにする．カノニカル集団に対して，$\sum_i \left(p_i \frac{\partial H}{\partial p_i} - q^i \frac{\partial H}{\partial q^i} \right)$ のアンサンブル平均を求めると，

$$\begin{aligned}
& \left\langle \sum_i \left(p_i \frac{\partial H}{\partial p_i} - q^i \frac{\partial H}{\partial q^i} \right) \right\rangle \\
&= \frac{1}{Z(\beta)} \int \prod_i dq^i dp_i \sum_i \left(p_i \frac{\partial H}{\partial p_i} - q^i \frac{\partial H}{\partial q^i} \right) \mathrm{e}^{-\beta H(q,p)} \\
&= -\frac{1}{\beta Z(\beta)} \int \prod_i dq^i dp_i \sum_j \left\{ \frac{\partial}{\partial p_j} \left(p_j \mathrm{e}^{-\beta H(q,p)} \right) - \frac{\partial}{\partial q^j} \left(q^j \mathrm{e}^{-\beta H(q,p)} \right) \right\} \\
&= -\frac{1}{\beta Z(\beta)} \sum_j \int \prod_{i \neq j} dq^i dp_i \left\{ \left[p_j \mathrm{e}^{-\beta H(q,p)} \right]_{p_j=-\infty}^{p_j=+\infty} - \left[q^j \mathrm{e}^{-\beta H(q,p)} \right]_{q^j=-\infty}^{q^j=+\infty} \right\} \\
&= 0
\end{aligned} \tag{4.118}$$

となる．ただし最後の等式では，位相空間の境界：$p_j = \pm\infty$ および $q^j = \pm\infty$ におけるハミルトニアンの値が発散する $H(q,p) \to \infty$ ということを仮定した．これより統計力学的ビリアル定理の主張が導かれる：

$$\langle T \rangle = \langle V_0 \rangle \tag{4.119}$$

例：理想気体のビリアル定理

熱浴に接した体積 V の容器に，N 個の単原子分子からなる理想気体が閉じ込められている系を考える．この系は，$3N$ 個の座標 $\{q^i\} = \{\boldsymbol{r}_a = (x_a, y_a, z_a)\}$ $(a = 1, \cdots, N)$ と運動量 $\{p_i\} = \{\boldsymbol{p}_a = (p_x^a, p_y^a, p_z^a)\}$ で記述される．そこでまず，$\langle T \rangle$ を計算すると，

$$\langle T \rangle = \sum_{i=1}^{3N} \left\langle p_i \frac{\partial H}{\partial p_i} \right\rangle = \frac{1}{Z(\beta)} \sum_{i=1}^{3N} \int \prod_j dq^j dp_j \left\{ p_i \frac{\partial H}{\partial p_i} e^{-\beta H(q,p)} \right\}$$

$$= \frac{1}{\beta Z(\beta)} \sum_{i=1}^{3N} \int \prod_{j \neq i} dq^j dp_j \left\{ \left[-p_i e^{-\beta H(q,p)} \right]_{p_i=-\infty}^{p_i=+\infty} + \int dp_i\, e^{-\beta H(q,p)} \right\} = 3NkT \quad (4.120)$$

となる．一方，ビリアルのアンサンブル平均は，

$$\langle V_0 \rangle = \left\langle \sum_{i=1}^{3N} q_i \frac{\partial H}{\partial q_i} \right\rangle = \left\langle \sum_{a=1}^{N} \boldsymbol{r}_a \cdot \nabla_a H \right\rangle = -\left\langle \sum_{a=1}^{N} \boldsymbol{r}_a \cdot \boldsymbol{F}_a \right\rangle \quad (4.121)$$

と表される．ここで，a 番目の分子に作用する力 $\boldsymbol{F}_a$ は，巨視的に容器の壁に及ぼす圧力 $P\boldsymbol{n}$ の反作用（$\boldsymbol{n}$ は容器の法線ベクトル）によって与えられるので，

$$\langle V_0 \rangle = -\left\langle \sum_{a=1}^{N} \boldsymbol{r}_a \cdot \boldsymbol{F}_a \right\rangle = -\int_S dS\, \boldsymbol{r} \cdot (-P\boldsymbol{n}) = P \int_V dV\, \nabla \cdot \boldsymbol{r} = 3PV \quad (4.122)$$

と表される．ここで，表面積分を体積積分に書き換える際にガウスの定理 (2.26) を用いた．(4.120) と (4.122) をビリアル定理 (4.119) に適用すると，理想気体の状態方程式：

$$PV = NkT \quad (4.123)$$

が得られる．

4-4　グランドカノニカル集団

4-4-1　粒子数が変化する系

カノニカル集団では，系と熱浴との間にエネルギーのやり取りがある場合を考えた．さらに相平衡や化学反応などの，系の粒子数が変化する現象を記述するには，より一般的な統計集団を導入する必要がある．そこで（熱力学でも考えたように）接触した系との間にエネルギーを持った粒子のやり取りがある系の統計集団を考えよう．温度 T の熱-粒子浴との間に，エネルギーおよび粒子のやり取りがある，体積一定の平衡系の全ての微視的状態の仮想的集合として，**グランドカノニカル集団**$A^{\text{grand}}_{\beta,\{\mu_a\}}$ を導入する．グランドカノニカル集団は，1 個の粒子のやり取りに要するエネルギーである化学ポテンシャル μ_a および温度 $T = 1/(k\beta)$ に応じて定められる．

離散的なエネルギー準位を持った K 種類の粒子からなる量子系を考えよう．グラ

ンドカノニカル集団では，系が全エネルギー E_n を持ち，N_a 個の粒子 $(a=1,\cdots,K)$ からなる微視的量子力学状態 $|n,\{N_a\}\rangle$ が実現する確率 $P_{n,\{N_a\}}$ は，

$$P_{n,\{N_a\}} = \frac{1}{\Xi(\beta,\{\mu_a\})} e^{-\beta\left(E_n - \sum_{a=1}^K \mu_a N_a\right)}, \tag{4.124}$$

$$\Xi(\beta,\{\mu_a\}) = \sum_{N_1=0}^\infty \sum_{N_2=0}^\infty \cdots \sum_{N_K=0}^\infty \sum_n e^{-\beta\left(E_n - \sum_{a=1}^K \mu_a N_a\right)} \tag{4.125}$$

と定められ，$\Xi(\beta,\{\mu_a\})$ を**大分配関数**と呼ぶ．

古典系に対しても位相空間上の点 (q,p) の状態が実現する確率 $P(q,p;\{N_a\})$ は同様に（4.53）の対応から以下のように定められる：

$$P(q,p;\{N_a\}) = \frac{1}{(2\pi\hbar)^f G_{\{N_a\}}} \frac{e^{-\beta(H(q,p) - \sum_{a=1}^K \mu_a N_a)}}{\Xi(\beta,\{\mu_a\})}, \tag{4.126}$$

$$\Xi(\beta,\{\mu_a\}) = \sum_{N_1=0}^\infty \sum_{N_2=0}^\infty \cdots \sum_{N_K=0}^\infty \frac{1}{(2\pi\hbar)^f G_{\{N_a\}}}$$

$$\times \int_{\mathcal{A}_{\beta,\{\mu_a\}}^{\text{grand}}} \prod_{i=1}^f dq^i dp_i\, e^{-\beta\left(H(q,p) - \sum_{a=1}^K \mu_a N_a\right)} \tag{4.127}$$

ただし，ギブスの修正因子は各種類の粒子に対する修正因子の積 $G_{\{N_a\}} \equiv \prod_{a=1}^K G_{N_a}$ として与えられる．

大分配関数 $\Xi(\beta,\{\mu_a\})$ はカノニカル集団の分配関数 $Z_{N_a}(\beta)$ を用いて，

$$\Xi(\beta,\{\mu_a\}) = \sum_{N_1=0}^\infty \sum_{N_2=0}^\infty \cdots \sum_{N_K=0}^\infty \prod_{a=1}^K e^{\beta\mu_a N_a} Z_{N_a}(\beta) \tag{4.128}$$

と表される．ここで $\lambda_a \equiv e^{\mu_a}$ を**散逸能**と呼ぶ．

N_a $(a=1,\cdots,K)$ 個の粒子からなるカノニカル集団の分配関数から得られるヘルムホルツの自由エネルギー $F(\beta,\{N_a\})$ に，ルジャンドル変換を施して $-\sum_{a=1}^K \mu_a N_a$ を加えると，化学ポテンシャル μ_a を変数とする熱力学ポテンシャル $J(T,\{\mu_a\})$ が定義される：

$$J(T,\{\mu_a\}) = F - \sum_{a=1}^N \mu_a N_a \tag{4.129}$$

これは**グランドポテンシャル**と呼ばれ，大分配関数 $\Xi(\beta,\{\mu_a\})$ とは

$$J(T,\{\mu_a\}) = -kT \ln \Xi(\beta,\{\mu_a\}) \tag{4.130}$$

と関係付けられる．

4-4-2 ミクロカノニカル集団からの導出

カノニカル集団と同様に,グランドカノニカル集団の統計的性質もまた,ミクロカノニカル集団を基に導出できる.グランドカノニカル分布では,熱-粒子浴との間にエネルギーおよび粒子数のやり取りがあることを考慮してその性質を導いてみよう.

系の全エネルギー E,粒子数 N_a $(a=1,\cdots,K)$ の孤立系を系1と系2に分割して,系1を熱-粒子浴と見なし,系2を対象の系とする.系1がエネルギー E_1 $(E-E_2 \leq E_1 \leq E-E_2+\Delta E)$ を持ち粒子数が $N_a^{(1)} = N_a - n_a$ となるように分割すると,系2はエネルギー E_2 $(\epsilon \leq E_2 \leq \epsilon + \Delta\epsilon)$ を持ち粒子数が $N_a^{(2)} = n_a$ となる.孤立系の分割からこうした状態が実現する確率 $P_2(\epsilon, \{n_a\})\Delta\epsilon$ は,等重率の原理に従って

$$P_2(\epsilon, \{n_a\})\Delta\epsilon = \frac{W_1(E-\epsilon, \{N_a - n_a\})W_2(\epsilon, \{n_a\})}{W(E, \{N_a\})} \tag{4.131}$$

となる.ここで熱力学的重率 $W(E, \{N_a\})$ は,全確率が $1 = \sum_{n_1}\cdots\sum_{n_K}\int d\epsilon\, P(\epsilon, n_a)$ となる条件とボルツマンの関係式 (4.57) を使って以下のように表される:

$$\begin{aligned} W(E, \{N_a\}) &= \sum_{n_1=0}^{N_1}\cdots\sum_{n_K=0}^{N_K}\frac{1}{\Delta\epsilon}\int d\epsilon\, W_1(E-\epsilon, \{N_a - n_a\})W_2(\epsilon, \{n_a\}) \\ &= \sum_{n_1=0}^{N_1}\cdots\sum_{n_K=0}^{N_K}\frac{1}{\Delta\epsilon}\int d\epsilon\, e^{\frac{1}{k}\left(S_1(E-\epsilon, \{N_a-n_a\}) + S_2(\epsilon, \{n_a\})\right)} \end{aligned} \tag{4.132}$$

ϵ/N_a および n_a/N_a を有限に保ったまま N_a を大きくする熱力学極限において,$P(\epsilon, n_a)$ がガウス型の鋭いピークを持つとすると,鞍点近似により (4.132) はそのピーク値 $\epsilon = \bar{\epsilon}, n_a = \bar{n}_a$ で近似される.この鞍点条件は

$$\begin{aligned} 0 &= \left.\frac{\partial}{\partial \epsilon}\left(S_1(E-\epsilon, N_a - n_a) + S_2(\epsilon, n_a)\right)\right|_{\epsilon=\bar{\epsilon}, n_a=\bar{n}_a}, \\ 0 &= \left.\frac{\partial}{\partial n_a}\left(S_1(E-\epsilon, N_a - n_a) + S_2(\epsilon, n_a)\right)\right|_{\epsilon=\bar{\epsilon}, n_a=\bar{n}_a} \end{aligned} \tag{4.133}$$

によって与えられ,熱力学的関係式 (4.29) および (4.43) と比較するとこれらの条件は,熱と粒子のやり取りがある2つの系の間の平衡条件である,温度が等しくなる条件 $T_1 = T_2$ と,2つの系の化学ポテンシャルが等しくなる条件 $\mu_a^{(1)} = \mu_a^{(2)}$ $(a=1,\cdots,K)$ に他ならないことが分かる.

系1を熱-粒子浴として再現するため,系1が系2に比べて非常に大きく $E \gg \epsilon$,$N_a \gg n_a$ であるとする.$S_1(E-\epsilon, \{N_a - n_a\})$ を展開して,熱力学的関係式 (4.29) と (4.43) を用いると,

$$S_1(E-\epsilon, \{N_a - n_a\}) \simeq S_1(E, \{N_a\}) - \epsilon \frac{\partial S_1(E, \{n_a\})}{\partial E} - \sum_{a=1}^{K} n_a \frac{\partial S_1(E, \{n_a\})}{\partial n_a}$$

$$= S_1(E, \{N_a\}) - \frac{\epsilon}{T} + \sum_{a=1}^{K} \frac{n_a \mu_a}{T} \tag{4.134}$$

を得る．この展開を (4.132), (4.131) に適用すると，

$$W(E, \{N_a\}) \simeq e^{\frac{S_1(E,\{N_a\})}{k}} \Xi(\beta, \{\mu_a\}) , \quad D_2(\epsilon, \{n_a\}) \equiv \frac{1}{\Delta\epsilon} e^{\frac{1}{k}S_2(\epsilon,\{n_a\})} , \tag{4.135}$$

$$P_2(\epsilon, \{n_a\}) = e^{\frac{S_1(E,\{N_a\})}{k}} \frac{e^{-\beta(\epsilon - \sum_{a=1}^{K} n_a \mu_a) + \frac{1}{k} S_2(\epsilon,\{n_a\})}}{W(E, \{N_a\})\Delta\epsilon}$$

$$= \frac{D_2(\epsilon, \{n_a\}) e^{-\beta(\epsilon - \sum_{a=1}^{K} n_a \mu_a)}}{\Xi(\beta, \{\mu_a\})} , \tag{4.136}$$

$$\Xi(\beta, \{\mu_a\}) \equiv \sum_{n_1} \cdots \sum_{n_K} \frac{1}{\Delta\epsilon} \int d\epsilon \prod_{a=1}^{K} dn_a e^{-\beta(\epsilon - \sum_{a=1}^{K} n_a \mu_a) + \frac{1}{k} S_2(\epsilon, \{n_a\})}$$

$$= \sum_{n_1} \cdots \sum_{n_K} \prod_{a=1}^{K} e^{\beta n_a \mu_a} Z_{N_a}(\beta) \tag{4.137}$$

と表され，(4.124)〜(4.125) で定められたグランドカノニカル集団の微視的状態の出現確率 $P(\epsilon, \{n_a\})$ および大分配関数 $\Xi(\beta, \{\mu_a\})$ が導かれた[8]．

4-4-3 同種粒子

古典力学では個々の粒子の状態を区別できるとして，微視的状態を数えられる．例えばパチンコ玉はみな同じようだが，よく見ると傷や汚れなどがあったりして区別ができる．一方，量子力学に現れる微視的粒子は，同じ種類の粒子ならば互いに区別することはできない．また，量子力学的同種粒子はそれらの入れ替えによって生じる波動関数の符号に応じて，ボーズ粒子とフェルミ粒子に分類される．

---

[8] カノニカル集団の導出と同様に，エネルギー ϵ，粒子数 n_a ($a = 1, \cdots, K$) を持った系 2 の微視的状態を 1 つ固定して，系 1 と系 2 を合わせた孤立系の微視的状態数 $W(E, \{N_a\}; \epsilon, \{n_a\})$ を数えると，

$$W(E, \{N_a\}; \epsilon, \{n_a\}) = W_1(E - \epsilon, \{N_a - n_a\}) \times 1 \tag{4.138}$$

となる．この状態数の熱力学極限からグランドカノニカル集団での微視的状態の出現確率 $P(\epsilon, \{n_a\})$：

$$P(\epsilon, \{n_a\}) = \frac{1}{\Xi(\beta, \{\mu_a\})} e^{-\beta\left(\epsilon - \sum_{a=1}^{K} n_a \mu_a\right)} \tag{4.139}$$

が得られる．

ボーズ粒子は同種粒子同士を区別せず，同じ量子数を持つ量子状態を同時に何個も取ることが許されている．フェルミ粒子も同種粒子同士を区別しないが，パウリの排他律に従って，ある量子数を持つ量子状態を同時に2個以上占めることは禁止される．一方，古典力学にも適用可能な振る舞いをする粒子をボルツマン粒子と呼ぶ．この粒子は，一旦同種粒子同士を区別した上で状態の数を数えるが，最後にギブスの修正因子で割るものと約束し，同じ値の力学変数を持った状態は，ボーズ粒子同様にいくつでも占めることが許される．こうした状態の数え方に基づいて定まる統計（分布）をそれぞれ**ボーズ統計**，**フェルミ統計**，**ボルツマン統計**と呼ぶ．

例：調和振動子のエネルギーと縮退度

調和振動子型の位置エネルギー $V(x) = \frac{1}{2}m\omega^2 x^2$ を持った質量 m の粒子を考える．量子力学では1粒子状態のエネルギーは $E = \hbar\omega\left(n + \frac{1}{2}\right)$ $(n = 0, 1, 2, \cdots)$ で与えられる．こうしたエネルギー準位を持つ2個の粒子が相互作用していないとき，これらの粒子をボルツマン統計，ボーズ統計，フェルミ統計に従って取り扱った場合，それぞれの基底状態，第一励起状態，第二励起状態の全エネルギー $E = \hbar\omega(n_1 + n_2 + 1)$ とそれらの縮退度の違いを考える．ここで，縮退度とは同じエネルギーを持つ状態の数である．

まず基底状態を考える．基底状態は，2つの粒子のエネルギーの和が最低となる状態であり，1粒子状態の組み合わせによって得られる．基底状態のエネルギー E_0 は，ボルツマン統計とボーズ統計では共に2つの粒子は $n_1 = n_2 = 0$ の状態を占められるので，$E_0 = \hbar\omega$ となる．また，これらの状態の縮退度は共に1である．一方，フェルミ統計では，排他律によって2つの粒子が共に $n_1 = n_2 = 0$ の状態となることが禁止されるので，その次にエネルギーが低い $n_1 = 0$ と $n_2 = 1$ の状態の組み合わせが基底状態となる．この状態が持つエネルギーは，$E_0 = 2\hbar\omega$ であり，縮退度は1である．

次に第一励起状態を考えよう．ここで第一励起状態とは，基底状態の次に低いエネルギーを持った状態である．ボルツマン統計とボーズ統計では，第一励起状態は2つの粒子がそれぞれ $n_1 = 0$ と $n_2 = 1$ となる状態であり，第一励起エネルギー E_1

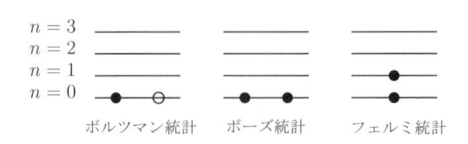

図 4.5 基底状態の縮退度

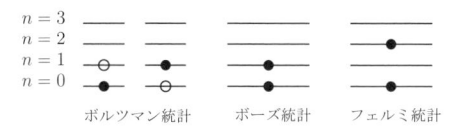

図 4.6　第一励起状態の縮退度

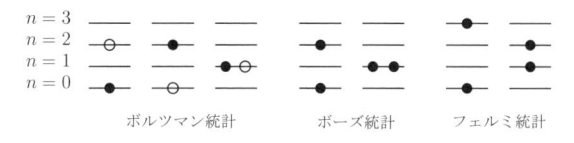

図 4.7　第二励起状態の縮退度

は $E_1 = 2\hbar\omega$ である．縮退度は2つの粒子を区別できるボルツマン統計では2，区別できないボーズ統計では1となる．一方，フェルミ統計では基底状態の次にエネルギーが高い組み合わせは，$n_1 = 0$, $n_2 = 2$ であり，第一励起エネルギーは $E_1 = 3\hbar\omega$ となる．また，この状態の縮退度は1である．

第二励起状態は第一励起状態の次にエネルギーが低い状態として同様に考えられる．その結果，第二励起エネルギー E_2 は，ボルツマン統計とボーズ統計では $E_2 = 3\hbar\omega$，フェルミ統計では $E_2 = 4\hbar\omega$ であり，縮退度はボルツマン統計で3，ボーズ統計とフェルミ統計で2となる．

粒子の統計性の違いは，粒子のやり取りが許されるグランドカノニカル集団では大きな違いとなって現れる．ボーズ粒子の場合，エネルギー ϵ を持った1粒子状態を占める粒子数 n は $n = 0$ から $n = \infty$ まであらゆる値が許される．n 個の粒子がこの状態を占めている場合には系の全エネルギーが $E = n\epsilon$ となるので，大分配関数 $\Xi_B(\beta, \mu)$ は

$$\Xi_B(\beta, \mu) = \sum_{n=0}^{\infty} e^{-\beta n(\epsilon - \mu)} = \frac{1}{1 - e^{-\beta(\epsilon - \mu)}} \tag{4.140}$$

となる．この $\Xi_B(\beta, \mu)$ を基に，エネルギー ϵ を持った1粒子状態を占有する粒子数のアンサンブル平均値 $\langle n \rangle$ を求めると，

$$\langle n \rangle = \frac{\sum_{n=0}^{\infty} n e^{-\beta n(\epsilon - \mu)}}{\Xi_B(\beta, \mu)} = \frac{1}{\beta} \frac{\partial (\ln \Xi_B(\beta, \mu))}{\partial \mu} = \frac{1}{e^{\beta(\epsilon - \mu)} - 1} \equiv f_B(\epsilon) \tag{4.141}$$

となり，特にこの占有粒子数の平均値を**ボーズ分布関数**と呼ぶ．

一方フェルミ粒子の場合は，2個以上の粒子が同一の1粒子状態を占めることは許されないので，粒子数 n は $n = 0$ または $n = 1$ のみが可能である．そこで，フェ

ルミ統計に従う大分配関数 $\Xi_F(\beta,\mu)$ は

$$\Xi_F(\beta,\mu) = \sum_{n=0}^{1} e^{-\beta n(\epsilon-\mu)} = 1 + e^{-\beta(\epsilon-\mu)} \tag{4.142}$$

となる．これより，占有粒子数のアンサンブル平均値 $\langle n \rangle$ は

$$\langle n \rangle = \frac{1}{\beta} \frac{\partial (\ln \Xi_F(\beta,\mu))}{\partial \mu} = \frac{1}{e^{\beta(\epsilon-\mu)}+1} \equiv f_F(\epsilon) \tag{4.143}$$

となり，この平均値を**フェルミ分布関数**と呼ぶ．特に絶対零度ではフェルミ分布関数はステップ関数になり，低エネルギー準位から粒子が詰まっていく状態での最上位エネルギーを**フェルミ準位**（E_f）と呼ぶ．フェルミ分布関数から電子の存在確率は電子のエネルギー準位が高いほど低くなることが分かるが，一般的にはフェルミ準位とはフェルミ粒子の化学ポテンシャルの値を指し，熱的平衡状態において電子の存在確率が 50%になるエネルギー準位を意味する．

最後に，ボルツマン粒子の場合はボーズ粒子と同様，同一の 1 粒子状態を何個でも占められる．ギブスの修正因子 $G_n = n!$ を考慮に入れると，大分配関数 $\Xi_{MB}(\beta,\mu)$ および占有粒子数の平均値 $\langle n \rangle$ は，

$$\Xi_{MB}(\beta,\mu) = \sum_{n=0}^{\infty} \frac{1}{n!} e^{-\beta n(\epsilon-\mu)} = \exp\left[e^{-\beta(\epsilon-\mu)}\right], \tag{4.144}$$

$$\langle n \rangle = \frac{1}{\beta} \frac{\partial (\ln \Xi_{MB}(\beta,\mu))}{\partial \mu} = e^{-\beta(\epsilon-\mu)} \equiv f_{MB}(\epsilon) \tag{4.145}$$

となり，この平均値を**ボルツマン分布関数**と呼ぶ．

特に，**希薄条件**と呼ばれる $e^{-\beta(\epsilon-\mu)} \ll 1$ となる状況では，ボーズ分布関数もフェルミ分布関数も共にボルツマン分布関数に帰着する．これは，希薄条件ではどの統計でも 1 粒子状態を占有する平均粒子数が非常に少なくなり，その結果 3 つの統計性の違いが現れなくなったと解釈される．

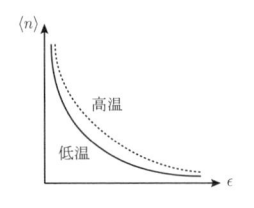

図 4.8 ボーズ分布関数

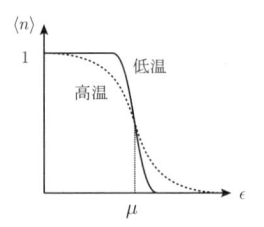

図 4.9 フェルミ分布関数

練習問題

【問題 4.1】 ミクロカノニカル集団に基づいて単振動をする振動子（調和振動子）の集まりについて考える．量子力学では，角振動数 ω を持った調和振動子のエネルギー準位は

$$\epsilon = \frac{1}{2}\hbar\omega, \; \frac{3}{2}\hbar\omega, \; \cdots, \; \left(n + \frac{1}{2}\right)\hbar\omega, \; \cdots \tag{4.146}$$

で与えられる．全体で N 個の独立な振動子からなる系が，全エネルギー

$$E = \left(\frac{N}{2} + M\right)\hbar\omega \quad (M \text{ は非負の整数}) \tag{4.147}$$

を持つとき，系のエネルギー平均値，および（定積）熱容量を $N, \hbar, \omega, kT$ を使って表せ．ただし k はボルツマン定数である．また，スターリングの公式 $N! \simeq \sqrt{2\pi}N^{N+\frac{1}{2}}e^{-N}$ を使ってもよい．

【問題 4.2】 温度 $T = 1/(k\beta)$ の熱平衡系にある 1 次元調和振動子について考える．位置エネルギー $V(x) = \frac{1}{2}m\omega^2 x^2$ を持った質量 m の粒子の全エネルギーは，粒子の運動量を p として，

$$E = \frac{p^2}{2m} + \frac{1}{2}m\omega^2 x^2 \tag{4.148}$$

と表される．
1. 古典力学に基づいて，この粒子の平均のエネルギーおよび系の熱容量を求めよ．
2. 量子力学に基づいて，この粒子の平均のエネルギーおよび系の熱容量を求めよ．

【問題 4.3】 金属の壁で囲まれた体積 V の空洞内に閉じ込められた光子気体を考える．1 つの光子が持つエネルギー ϵ と運動量の大きさ p は，光速 c を用いて $\epsilon = \hbar\omega$，$p = \epsilon/c$ と表されるので，古典的に考えた全状態数 $\Omega(\epsilon = \infty)$ は位相空間上の積分として

$$\Omega = 2\int \frac{d^3q\,d^3p}{(2\pi\hbar)^3} = \frac{8\pi V}{(2\pi\hbar)^3}\int_0^\infty p^2 dp = 8\pi \frac{V}{(2\pi c)^3}\int_0^\infty \omega^2 d\omega \tag{4.149}$$

となる．ここで最初の因子 2 は，光の偏りの自由度 2 を考慮して導入した．この状態数から状態密度を求めると，角振動数が ω と $\omega + d\omega$ の間にある光子の数は

$$g(\omega)d\omega = \frac{8\pi V\omega^2}{(2\pi c)^3}d\omega \tag{4.150}$$

となる．この金属壁が温度 T の熱浴と接し，熱平衡状態にあるとする．全光子数に

は制限がなく，金属壁を通じて光子の吸収・放出が起こるので，熱平衡にある光子の統計分布は，化学ポテンシャルがゼロのボーズ統計に従う：

$$f_B(\beta, \mu = 0) = \frac{1}{e^{\beta\hbar\omega} - 1} \tag{4.151}$$

波長が λ と $\lambda + d\lambda$ の間にある光の輻射エネルギーを高温および低温近似を用いて表せ．

【問題 4.4】 N 個の単原子からなる固体結晶の結晶振動は，各原子の平衡点付近の微小振動として記述され，$3N$ 個の基準振動[9]の集まりとして表せる．

デバイは基準振動の角振動数 ω が低い領域に着目し，この基準振動を等方性連続弾性体の弾性振動[10]で近似した模型（**デバイ模型**）を提案した．デバイ模型は，この弾性振動の振動数が低い領域で有効な近似を仮定しているので，ω の値には**デバイ振動数** ω_D による上限値が設けられる．この仮定の下，ω と $\omega + d\omega$ の間にある基準振動の数 $g(\omega)d\omega$ は

$$g(\omega) = \begin{cases} \frac{9N}{\omega_D^3}\omega^2 & (\omega < \omega_D) \\ 0 & (\omega > \omega_D) \end{cases}, \quad \int_0^\infty d\omega\, g(\omega) = 3N \tag{4.152}$$

のように分布する．

角振動数 ω の基準振動から生じる量子状態は，調和振動子の量子励起状態 $|n\rangle$ であるが，別の解釈として，n 個の量子力学的粒子の集まりと見なすことも可能である．この粒子は 1 個当たりエネルギー $\epsilon = \hbar\omega$ を持ち，エネルギーを要さず系に出入りできる．また，状態の占有数には制限はなく，ボーズ統計に従う．こうした解釈によって導入された，格子振動を記述するボーズ粒子を**音子（フォノン）**と呼ぶ．

このデバイ模型を，状態密度が $g(\omega)$，化学ポテンシャルが $\mu = 0$，1 つの 1 粒子状態がエネルギー $\epsilon = \hbar\omega$ を持つ量子系のグランドカノニカル集団と見なして，高温および低温での定積熱容量 C_V を求めよ．ただし，積分の評価において

$$\int_0^\infty dx\, \frac{x^4}{\sinh^2 \frac{x}{2}} = \frac{16\pi^4}{15} \tag{4.153}$$

という公式を使っても良い．

---

[9] 連成振動系のように，直線上に N 個の質点を配置し，それらをバネ定数 k のバネでつないだ系に対し，質点の運動方程式は N 個の独立な調和振動子の合成として書き換えられる．こうして得られる調和振動子を**基準振動**と呼ぶ．3 次元連成振動などでは，基準振動の数は $3N$ 個となる．

[10] こうした振動の具体例として，固定端条件に従う音波などが挙げられる．

第 5 章

特殊相対性理論

　電磁気学では光は電磁波として記述される．真空中の電磁波の伝搬速度は光速と等しくなるが，その値は慣性系の選び方によらず誘電率と透磁率によって決定される．この現象は，ニュートン力学のガリレイ変換の性質とは矛盾しており，古典力学と電磁気学の法則を整合的に取り扱うためには，新たな原理が必要となる．アインシュタインによる**特殊相対性理論**ではこの矛盾を解消するために，特殊相対性原理と光速度不変の原理を新たな原理として導入し，光速に近い速度で運動する物体の物理現象を記述する枠組みを与えた．特殊相対性理論は，高エネルギー領域での物理現象などを記述する上で必要不可欠な枠組みであり，量子力学と並んで現代物理学の基礎原理を定めた理論である．

5-1　ローレンツ変換

5-1-1　マイケルソン・モーリーの実験

　ニュートン力学ではガリレイ変換で結びつく 2 つの慣性系は互いに等価である．ガリレイ変換の下，ある慣性系で速度 v で運動している質点は，相対的に速度 V_0 で等速運動している別の慣性系では速度 $v - V_0$ の質点として観測される．これは一見当たり前のことのようであるが，マクスウェル方程式から導かれる電磁波の波動方程式から光の速さ c を求めると (2.156)，真空の誘電率と透磁率の組み合わせ $c^2 = 1/(\varepsilon_0 \mu_0)$ によって定まり，慣性系の選び方によらず一定となる．

　19 世紀まではこの矛盾を解消するため，音速が音を伝える媒質である空気に対する速さとして観測されたのと同様に，何か光を伝える特別な媒質である**エーテル**が空間に満たされているという仮説が考えられていた．この仮説が正しいなら，エーテルが静止しているように見える，ある特別な慣性系が存在すると予想される．そこでマイケルソンとモーリーは，地表に置かれた観測器が地球の公転軌道周辺を満たしているエーテルに対して相対的に動いている様子を観測するための実験を行った．

マイケルソン・モーリーの実験装置は図 5.1 のようなものである．光源から出た光は半透明のマジックミラー M により，反射光と透過光に分けられる．反射光は鏡 M_2 で反射され，一部が M を透過して干渉計に入る．一方，透過光は鏡 M_1 で反射され，さらに M でも反射されて干渉計に入る．これら 2 つの経路を通った光は互いに干渉し，行路差によって干渉縞が生み出される．

ここで装置全体が，光源から M_1 の向きにエーテルに対して速さ v で運動していたとする．すると，光が M と M_1 の間を往復するのに必要な時間 T_1 は，ガリレイ変換を仮定すると

$$T_1 = \frac{l_1}{c-v} + \frac{l_1}{c+v} = \frac{2l_1 c}{c^2 - v^2} \tag{5.1}$$

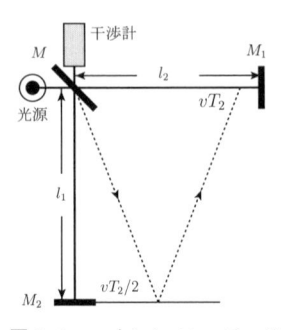

図 5.1 マイケルソン・モーリーの干渉実験

であり，この光の行路の長さ L_1 は，

$$L_1 = cT_1 = \frac{2l_1}{1-\beta^2} \;,\quad \beta \equiv \frac{v}{c} \tag{5.2}$$

となる．一方，光が M と M_2 の間を往復するのに要する時間 T_2 は，図 5.1 の破線で表された経路を辿るので，

$$T_2 = \frac{2\sqrt{l_2^2 + \left(\frac{vT_2}{2}\right)^2}}{c} = \frac{2l_2}{c\sqrt{1-\beta^2}} \tag{5.3}$$

となり，こちらの光の行路の長さ L_2 は，

$$L_2 = cT_2 = \frac{2l_2}{\sqrt{1-\beta^2}} \tag{5.4}$$

となる．よってこの 2 つの光の行路差 $\Delta \equiv L_1 - L_2$:

$$\Delta = c(T_1 - T_2) = 2\left(\frac{l_1}{1-\beta^2} - \frac{l_2}{\sqrt{1-\beta^2}}\right) \tag{5.5}$$

が得られた．

ここで，装置を M を中心に時計回りに 90° 回転させたとすると，2 つの光の行路差 Δ' は l_1 と l_2 を入れ替えて，

$$\Delta' = 2\left(\frac{l_1}{\sqrt{1-\beta^2}} - \frac{l_2}{1-\beta^2}\right) \tag{5.6}$$

となる．これら 2 つの場合の光の行路差の違い $\delta \equiv \Delta' - \Delta$ は $\beta \ll 1$ であれば，

$$\delta \simeq (l_1 + l_2)\beta^2 \tag{5.7}$$

と近似されるので，干渉計を覗きながら装置を回転させれば，干渉縞の移動が観測されるはずである．

v を地球の公転速度（$\simeq 3 \times 10$ km/s $\simeq 3 \times 10^4$ m/s）に選び，装置の大きさを $l_1 = l_2 = 10$ m とすれば，δ は

$$\delta = 20 \times \left(\frac{3 \times 10^4}{3 \times 10^8}\right)^2 = 2 \times 10^{-7} \tag{5.8}$$

となる．そこで例えば，ナトリウムの D 線（波長 6×10^{-5} cm $= 6 \times 10^{-7}$ m）を光源として用いれば，$|\delta/\lambda| \sim 1/3$ となり，行路差の差 δ はおよそ 1/3 波長分に相当するはずであるが，実際の観測では $|\delta/\lambda| < 0.02$ と誤差程度しか干渉縞の移動が観測されなかった．この実験結果は，装置をどのように配置してもエーテルに対して常に静止していると解釈され，地球の公転軌道にエーテルが満たされているという仮説と矛盾する．

この実験結果を説明するには，ニュートン力学の基本原理を修正しなければならない．アインシュタインによって提唱された特殊相対性理論では，以下の 2 つの性質を基本原理として導入した．

特殊相対性原理
全ての物理法則は，慣性系の選び方によらず同じである．

光速度不変の原理
どのような慣性系から観測しても，真空中を進む光の速度は一定である．

真空中を進む光の速度である**光速**の大きさ c は

$$c = 2.99792458 \times 10^8 \text{ m/s} \tag{5.9}$$

であり，この値は「定義」として用いられる．これらの原理を基に以下では，特殊相対性理論の枠組みで物体の運動が記述される様子を見てゆこう．

5-1-2　相対論的座標変換

運動方程式 $m\ddot{\boldsymbol{r}} = \boldsymbol{F}$ はガリレイ変換の下で不変であったが，電磁波の波動方程式

$$\left(\frac{\partial^2}{\partial t^2} - c^2 \triangle\right) \boldsymbol{E} = 0 , \quad \left(\frac{\partial^2}{\partial t^2} - c^2 \triangle\right) \boldsymbol{B} = 0 \tag{5.10}$$

は不変ではない．しかしながら，マイケルソン・モーリーの実験によって光速が慣性系の取り方によらず不変であることが明らかになったので，この波動方程式を不変に保つ新たな座標変換がガリレイ変換に代わって要請される．

簡単のため，x-軸方向に伝わる波 $\boldsymbol{E}, \boldsymbol{B} \propto f(x-ct)$ を考えると，波動方程式 (5.10) は

$$\left(\frac{\partial^2}{\partial t^2} - c^2 \frac{\partial^2}{\partial x^2}\right) \boldsymbol{E} = \left(\frac{\partial^2}{\partial t^2} - c^2 \frac{\partial^2}{\partial x^2}\right) \boldsymbol{B} = 0 \tag{5.11}$$

と表される．ここで，一般的な座標変換 (A, B, C, D：定数)

$$t' = At + Bx , \quad x' = Ct + Dx \tag{5.12}$$

を考える．この座標変換の下，時間 t と空間座標 (x,y,z) に関する微分は，

$$\frac{\partial}{\partial t} = A\frac{\partial}{\partial t'} + C\frac{\partial}{\partial x'} , \quad \frac{\partial}{\partial x} = B\frac{\partial}{\partial t'} + D\frac{\partial}{\partial x'} \tag{5.13}$$

と変換するので[1]，これらを (5.11) に当てはめると，

$$\frac{\partial^2}{\partial t^2} - c^2 \frac{\partial^2}{\partial x^2} = (A^2 - c^2 B^2)\frac{\partial^2}{\partial t'^2} + 2(AC - c^2 BD)\frac{\partial}{\partial t'}\frac{\partial}{\partial x'} + (C^2 - c^2 D^2)\frac{\partial^2}{\partial x'^2} \tag{5.15}$$

と表される．従って，変換の係数 (A,B,C,D) が

$$A^2 - c^2 B^2 = 1 , \quad AC - c^2 BD = 0 , \quad C^2 - c^2 D^2 = -c^2 \tag{5.16}$$

を満たせば，(t', x') 座標系でも (5.11) と同じ波動方程式が得られる[2]．

---

[1] $f(t,x) = f(t'(x,t), x'(x,t))$ とすると偏微分の連鎖律より，

$$\frac{\partial f}{\partial t} = \frac{\partial t'}{\partial t}\frac{\partial f}{\partial t'} + \frac{\partial x'}{\partial t}\frac{\partial f}{\partial x'} = A\frac{\partial f}{\partial t'} + C\frac{\partial f}{\partial x'} , \quad \frac{\partial f}{\partial x} = \frac{\partial t'}{\partial x}\frac{\partial f}{\partial t'} + \frac{\partial x'}{\partial x}\frac{\partial f}{\partial x'} = B\frac{\partial f}{\partial t'} + D\frac{\partial f}{\partial x'} \tag{5.14}$$

となる．

[2] ここで方程式が不変になっているということは

$$\left(\frac{\partial^2}{\partial t^2} - c^2 \triangle\right) \boldsymbol{E} = \left(\frac{\partial^2}{\partial t^2} - c^2 \triangle\right) \boldsymbol{B} = 0 \tag{5.17}$$

ならば

$$\left(\frac{\partial^2}{\partial t'^2} - c^2 \triangle'\right) \boldsymbol{E} = \left(\frac{\partial^2}{\partial t'^2} - c^2 \triangle'\right) \boldsymbol{B} = 0 \tag{5.18}$$

が成り立つということを意味している．つまり $\boldsymbol{E}, \boldsymbol{B}$ はローレンツ変換の下で不変ではなく互いに混ざり合

(5.16) の解は，**ラピディティ** θ をパラメーターとして，

$$A = \cosh\theta , \quad B = \frac{1}{c}\sinh\theta , \quad C = c\sinh\theta , \quad D = \cosh\theta \tag{5.19}$$

と表される．以上により (5.11) を不変に保つ座標変換は

$$t' = t\cosh\theta + \frac{x}{c}\sinh\theta , \quad x' = x\cosh\theta + ct\sinh\theta \tag{5.20}$$

と表されることが分かった[3]．

ラピディティを用いて表された変換 (5.20) をさらに書き直そう．x'-軸の原点 $x' = 0$ は，(t, x) を用いて $Ct + Dx = 0$ と表されるので，(t', x') 座標系は (t, x) 座標系に対して相対速度 $V \equiv x/t = -C/D = -c\tanh\theta$ で運動していることが分かる．そこで双曲三角関数の公式：$1 - \tanh^2\theta = 1/\cosh^2\theta$，$1/\tanh^2\theta - 1 = 1/\sinh^2\theta$ を使って，(5.2) のように $\beta \equiv V/c$ とおくと，座標変換 (5.20) は

$$t' = \frac{t - \frac{\beta}{c}x}{\sqrt{1-\beta^2}} , \quad x' = \frac{-c\beta t + x}{\sqrt{1-\beta^2}} \tag{5.22}$$

と書き換えられる．この座標変換を**ローレンツ変換**と呼ぶ[4]．

日常的な時間間隔や距離での運動は $|x/t| \ll c$ という領域にある．そこで，$V = c\beta$ を有限に保ちながら $\beta \to 0$ 極限を考えると，ローレンツ変換 (5.22) は，

$$t' = t , \quad x' = -Vt + x \tag{5.24}$$

となり，ガリレイ変換が再現される．つまりガリレイ変換は，物体の運動速度が光速に比べて十分に遅い場合には，ローレンツ変換の良い近似となっ

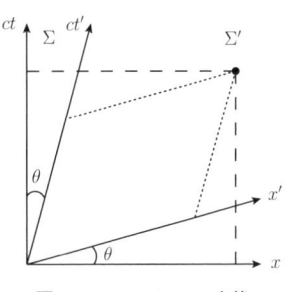

図 5.2 ローレンツ変換

うが，(5.17) が成り立てば (5.18) も成立する．
[3] $\theta = i\phi$，$ct = i\tau$ とおくと，(5.20) は

$$\tau' = \tau\cos\phi + x\sin\phi , \quad x' = x\cos\phi - \tau\sin\phi \tag{5.21}$$

となるので，この座標変換は虚数時間と空間座標 x の間の虚数角度の回転と見なせる．
[4] この変換から

$$\frac{\partial}{\partial t} = \frac{1}{\sqrt{1-\beta^2}}\frac{\partial}{\partial t'} - \frac{c\beta}{\sqrt{1-\beta^2}}\frac{\partial}{\partial x'} , \quad \frac{\partial}{\partial x} = -\frac{\frac{\beta}{c}}{\sqrt{1-\beta^2}}\frac{\partial}{\partial t'} + \frac{1}{\sqrt{1-\beta^2}}\frac{\partial}{\partial x'} \tag{5.23}$$

となるので，$y' = y$，$z' = z$ とすれば，電磁場の波動方程式 (5.10) がローレンツ変換の下で不変であることを直接的に確かめられる．

ている．言い方を変えると，高エネルギースケールでの物理現象などの記述に必要不可欠なローレンツ変換は，日常的スケールでの物理現象を記述するガリレイ変換を補完しているとも解釈できるのである．

(t,x) 座標系で見たときの時空上の 2 点 (t_1,x_1), (t_2,x_2) は，ローレンツ変換によって (t',x') 座標系の 2 点：

$$t'_i = \frac{t_i - \frac{\beta}{c}x_i}{\sqrt{1-\beta^2}}, \quad x'_i = \frac{-c\beta t_i + x_i}{\sqrt{1-\beta^2}}, \quad i=1,2 \tag{5.25}$$

として表される．この変換の下では $(x_1-x_2)^2 - c^2(t_1-t_2)^2 = (x'_1-x'_2)^2 - c^2(t'_1-t'_2)^2$ という関係が成り立ち，$l^2 \equiv (x_1-x_2)^2 - c^2(t_1-t_2)^2$ が不変であることが分かる．そこで，$l^2 = (x_1-x_2)^2 - c^2(t_1-t_2)^2$ を 2 つの時空点 (ct_1,x_1), (ct_2,x_2) の間の距離の 2 乗と見なせば，ローレンツ変換は時間と空間の間の回転と解釈される[5]．ただし，空間の距離の 2 乗が常にゼロより大きくなるのに対し，この距離の 2 乗は負の値をとることも許される．さらに，y 座標および z 座標を含めて一般化すると時空内の 2 点間距離は，

$$L^2 \equiv c^2(t_1-t_2)^2 - (x_1-x_2)^2 - (y_1-y_2)^2 - (z_1-z_2)^2 \tag{5.26}$$

と定義され，ローレンツ変換の下で不変となる．

L^2 はローレンツ変換だけでなく，空間の回転や，時空の並進：

$$x' = x + a_x, \quad y' = y + a_y, \quad z' = z + a_z, \quad t' = t + a_t \tag{5.27}$$

の下で不変に保たれる．これらの時空座標の線形変換（ローレンツ変換，空間回転，時空並進）を合わせて，**ポアンカレ変換**または**広義ローレンツ変換**と呼ぶ．

ローレンツ変換特有の性質を見るため，長さ l の棒の運動を考えよう．棒が延びている方向を進行方向として，棒の後方の端が座標の原点に対して相対的に速度 v で x-軸方向に進んでいる座標系 $\Sigma:(t,x)$ と，棒と共に移動し棒の後端部を原点に選んだ座標系 $\Sigma':(t',x')$ を導入する．棒の両端が，Σ 座標系でそれぞれ位置 $P_1:(t_1,x_1) = (t,x)$，$P_2:(t_2,x_2) = (t,x+l')$ にあるとし，Σ' 座標系 (t',x') ではこれらの位置が $P_1:(t'_1,x'_1) = (t'_1,0)$，$P_2:(t'_2,x'_2) = (t'_2,l)$

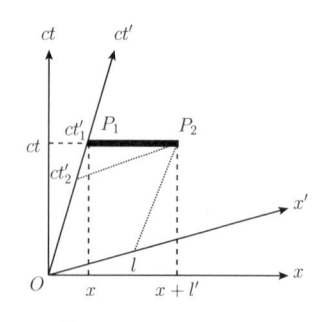

図 **5.3** ローレンツ収縮

---

[5] 空間回転は，2 点間の距離を不変に保つ変換である．

と表されるとする．ローレンツ変換 (5.22) によってこれらの座標は

$$x'_1 = 0 = \frac{-c\beta t + x}{\sqrt{1-\beta^2}}, \quad x'_2 = l = \frac{-c\beta t + (x+l')}{\sqrt{1-\beta^2}} \tag{5.28}$$

と関係付けられ，l と l' は

$$l = \frac{l'}{\sqrt{1-\beta^2}} \tag{5.29}$$

という関係に従う．$\sqrt{1-\beta^2} < 1$ より $l' < l$ となるので，Σ 座標系の観測者が測定する棒の長さ l' が，棒と共に移動する Σ' 座標系の観測者が測定する棒本来の長さ l よりも短くなる．この特殊相対性理論特有の現象を**ローレンツ収縮**という．

ローレンツ収縮は，棒の両端で測定される時刻のずれ $t'_2 - t'_1$ としても理解できる．上の設定では，Σ 座標系では同時刻に棒の両端が位置 P_1, P_2 を通過するとした．一方 Σ' 座標系から観測したとき，棒の後端部が時刻 t'_1 に位置 P_1 を通過し，棒の前端部が時刻 t'_2 に位置 P_2 を通過するとしたならば，これらの時刻はローレンツ変換 (5.22) によって

$$t'_1 = \frac{t - \frac{\beta}{c}x}{\sqrt{1-\beta^2}}, \quad t'_2 = \frac{t - \frac{\beta}{c}(x+l')}{\sqrt{1-\beta^2}} \tag{5.30}$$

と関係付けられる．そこで，棒の両端がそれぞれ位置 P_1, P_2 を通過する時刻にはずれが生じ，

$$t'_2 - t'_1 = -\frac{\beta l'}{c\sqrt{1-\beta^2}} = -\beta l/c \tag{5.31}$$

となる．ここで，$t'_2 - t'_1 < 0$ であるので，Σ' 系の観測者から見ると棒の前端部は，後端部が P_1 を通過する時刻よりも先に P_2 を通過する．これは，棒と共に移動する Σ' 系の観測者は，Σ 系の観測者よりも棒の長さを長く測定すること $l > l'$ を意味している．こうして，ローレンツ収縮は観測時刻の差として理解できた．

次に棒の長さではなく時間間隔について考えてみよう．座標系 $\Sigma' : (t', x')$ で表される 2 つの時空点 $R_1 : (t'_1, x'_1) = (0, 0)$ と $R_2 : (t'_2, x'_2) = (\Delta t', 0)$ が，座標系 $\Sigma : (t, x)$ で $R_1 : (t_1, x_1) = (t_0, x_0)$ と $R_2 : (t_2, x_2) = (t_0 + \Delta t, x_0 + \Delta x)$ と表されるならば，これらの座標はローレンツ変換 (5.22) によって

$$\begin{aligned} &t'_1 = 0 = \frac{t_0 - \frac{\beta}{c}x_0}{\sqrt{1-\beta^2}}, \quad x'_1 = 0 = \frac{-c\beta t_0 + x_0}{\sqrt{1-\beta^2}}, \\ &t'_2 = \Delta t' = \frac{(t_0 + \Delta t) - \frac{\beta}{c}(x_0 + \Delta x)}{\sqrt{1-\beta^2}}, \quad x'_2 = 0 = \frac{-c\beta(t_0 + \Delta t) + (x_0 + \Delta x)}{\sqrt{1-\beta^2}} \end{aligned} \tag{5.32}$$

と関係付けられる．よって，Σ' 座標系での時間差 $\Delta t'$ と Σ 座標系での時間差 Δt は，

$$\Delta t' = \Delta t \sqrt{1-\beta^2} \tag{5.33}$$

という関係に従う．これは棒の上に置かれた時計は，Σ 系の時計と比べて進みかたが遅く見えると解釈される．この現象は**時間の遅れ**と呼ばれる．

例題 宇宙線が大気圏（地上からの高さ約 10000 m）に突入すると，上空で空気分子にぶつかり，その反応からパイ中間子が生成される．さらにパイ中間子の崩壊によってミュー粒子が生じ，地上に向けて降り注ぐ[6]．このミュー粒子が光速の 99.99% の速度で動いているとき，ミュー粒子が崩壊するまでに進む距離を求めよ．ただし，静止しているミュー粒子の寿命 $\tau_\mu = 2 \times 10^{-6}$ s と，光速 $c = 3 \times 10^8$ m/s を用いて，時間の遅れを考慮に入れない場合と入れた場合のそれぞれの結果を比較せよ．

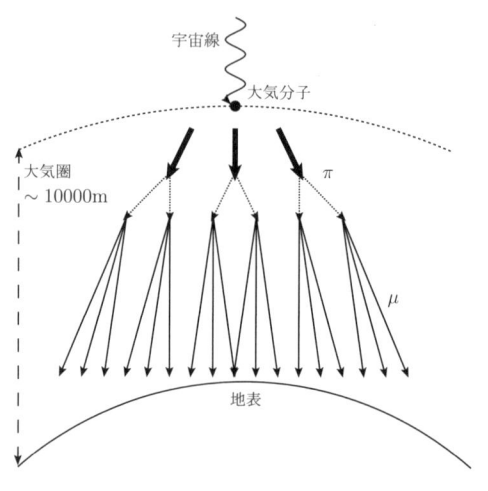

図 5.4 宇宙線とミュー粒子

解説

もし，時間の遅れの効果を考えなければ，ミュー粒子が崩壊するまでに進む距離 L_N は，$\beta = V/c = 0.9999$ なので，

$$L_N = V\tau_0 = c\beta\tau_\mu \simeq 600\,\mathrm{m} \tag{5.34}$$

程度しか進まない．

---

[6] 宇宙線によって生成されたミュー粒子の測定実験に関しては，「実験物理学」の章を参照．

一方，特殊相対性理論による時間の遅れを考慮に入れると，地表の観測者が観測する，上空から降り注ぐミュー粒子が崩壊するまでに要する時間 t_μ は，

$$t_\mu = \frac{\tau_\mu}{\sqrt{1-\beta^2}} \tag{5.35}$$

であるので，この間にミュー粒子が進む距離 L_R は，

$$L_R = Vt_\mu = \frac{c\beta\tau_\mu}{\sqrt{1-\beta^2}} \simeq 4 \times 10^4 \,\mathrm{m} \tag{5.36}$$

となり，大気圏の高さ 10^4 m よりも長く，ミュー粒子は地上に到達する． ∎

例題 ある慣性系 Σ に対し，速度 V で遠ざかる光源を考える．光源と共に動く慣性系 Σ' から見て，振動数 ν_S の光が発せられたとき，慣性系 Σ で観測される光の振動数を求めよ．

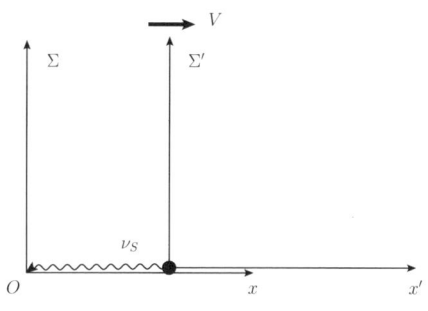

図 **5.5** 移動する光源

解説
光源が運動する向きを慣性系 Σ の x-軸に選び，時間を t とする．光源と共に動く慣性系の座標を (t', x') とする（x'-軸は x-軸と同じ向きに選ぶ）と，光源から観測者に向けて発せられた振動数 ν_S の光は x'-軸方向を負の向きに進む波として

$$\psi(x,t) = f(k'x' + \omega't') \tag{5.37}$$

と表される．なお，波数 k と角振動数 ω は振動数 ν_S を使って，

$$k' = 2\pi\nu_S/c, \quad \omega' = 2\pi\nu_S \tag{5.38}$$

と表される．ここで波動関数 $\psi(x,t)$ の位相はどの慣性系から見ても同じなので[7]，Σ

---
[7] 波の節の位置は，どの座標系で見ても同じ．

系で観測する光の位相 φ は，その振動数を ν_O とすると，

$$\varphi \equiv kx + \omega t = k'x' + \omega' t',$$
$$k = 2\pi\nu_O/c, \quad \omega = 2\pi\nu_O \tag{5.39}$$

という関係に従う．

ここで，Σ 座標系と Σ' 座標系は互いに遠ざかるので，ローレンツ変換 (5.22) によって関係付けられる．ただし，$\beta \equiv V/c$ とした．この関係を位相 φ の表式 (5.39) に代入すると，

$$\varphi = \frac{2\pi\nu_S}{c}\sqrt{\frac{1-\beta}{1+\beta}}(x+ct) = \frac{2\pi\nu_O}{c}(x+ct) \tag{5.40}$$

となり，Σ 系で観測する光の振動数 ν_O は

$$\nu_O = \nu_S \sqrt{\frac{1-\beta}{1+\beta}} \tag{5.41}$$

と表される．これは，光源から遠ざかる観測者から見ると，光の振動数が小さくなり，可視光で言えば紫色から赤色の方にずれる．ローレンツ変換のこうした性質は，**赤方偏移**と呼ばれ，星の位置を測る際に重要な役割を果たす．

また，光源に近づく観測者から見た光は，上の ν_O の表式で β の符号が逆転し，観測される光の振動数は大きくなる．こうした性質は**青方偏移**と呼ばれる．

5-1-3 速度の合成則

ガリレイの相対性原理ではある座標系 Σ から見て速度 $\boldsymbol{v}$ で動いている質点を，Σ 系に対して相対的に $\boldsymbol{V}$ で動いている慣性系 Σ' から観測すると，その質点は速度 $\boldsymbol{v}' = \boldsymbol{v} - \boldsymbol{V}$ で動いているように見えると考えた．一方，光速度不変の原理を仮定した特殊相対性理論では，速度のこうした意味での合成則は成り立たず，ローレンツ変換による合成則を考えなければならない．

$\boldsymbol{V}$ を x-軸方向 $\boldsymbol{V} = (V,0,0)$ に選び，$\beta = V/c$ として，Σ 系から Σ' 系へのローレンツ変換 (5.22) を施すと，微小変位 (dt,dx) と (dt',dx') は

$$dt' = \frac{dt - \frac{\beta}{c}dx}{\sqrt{1-\beta^2}}, \quad dx' = \frac{-c\beta dt + dx}{\sqrt{1-\beta^2}} \tag{5.42}$$

と関係付けられる．さらに $v^x = \frac{dx}{dt}$ および $v'^x = \frac{dx'}{dt'}$ なので，Σ' 系での質点の速度 v'^x は

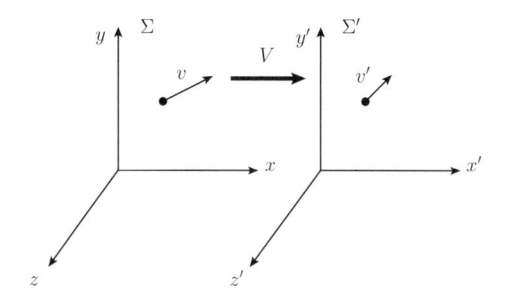

図 5.6 速度の合成則

$$v'^x = \frac{v^x - c\beta}{1 - \frac{v^x \beta}{c}} \tag{5.43}$$

と表される．一方，$y' = y, \; z' = z$ であるので，$dy' = dy, dz' = dz$ となり，

$$v'^{y,z} = \frac{v^{y,z}\sqrt{1-\beta^2}}{1 - \frac{v^x \beta}{c}} \tag{5.44}$$

が得られる．これらが特殊相対性理論における速度の合成則であり，特に β が小さい極限では，ガリレイ変換による速度の合成則が再現される．

この合成則の表式から分かるように，$\boldsymbol{v}$ や $\boldsymbol{V}$ の大きさは光速を超えないので，$\boldsymbol{v}'$ の大きさもまた光速を超えない．また，合成された速度の大きさの 2 乗は，(5.43)，(5.44) より

$$v'^2 = (v'^x)^2 + (v'^y)^2 + (v'^y)^2 = c^2 - \frac{(c^2 - v^2)(1 - \beta^2)}{\left(1 - \frac{\beta v^x}{c}\right)^2} \tag{5.45}$$

という関係に従う．$c^2 > v^2$ ならば最後の式の第 2 項目は負となり，$(v'^x)^2 + (v'^y)^2 + (v'^y)^2 < c^2$ の関係を満たすことから，特殊相対性理論では光速が速度の上限値を与えることが確かめられた．

5-2　4元ベクトル

5-2-1　ローレンツ変換性

時間と空間の座標を組み合わせた 4 成分ベクトル $(ct, x, y, z) \equiv (x^0, x^1, x^2, x^3)$ のローレンツ変換は，4×4 行列 $\Lambda = (\Lambda^\mu_\nu)$ $(\mu, \nu = 0, 1, 2, 3)$ による線形変換として表

される：

$$x^\mu = \sum_{\mu=0}^{3} \Lambda^\mu_\nu x^\nu \tag{5.46}$$

一般にローレンツ変換の下で (ct, x, y, z) と同じ線形変換 $A \to \Lambda A$ に従う 4 成分ベクトル $A^\mu = (A^0, A^1, A^2, A^3)$ を 4 元**反変ベクトル**と呼び，逆線形変換 $A \to \Lambda^{-1} A$ に従う 4 成分ベクトル $A_\mu = (A_0, A_1, A_2, A_3)$ を 4 元**共変ベクトル**と呼ぶ[8]．

速度は変換則 (5.43) および (5.44) から分かるように 4 元反変ベクトルではないが，関係式：

$$1 - \frac{v'^2}{c^2} = \frac{\left(1 - \frac{v^2}{c^2}\right)\left(1 - \beta^2\right)}{\left(1 - \frac{v^x \beta}{c}\right)^2} \tag{5.47}$$

に着目すると，速度ベクトル $\boldsymbol{v} = (v^x, v^y, v^z)$ から作られる 4 成分ベクトル：

$$\left(\frac{c}{\sqrt{1 - \frac{v^2}{c^2}}}, \frac{v^x}{\sqrt{1 - \frac{v^2}{c^2}}}, \frac{v^y}{\sqrt{1 - \frac{v^2}{c^2}}}, \frac{v^z}{\sqrt{1 - \frac{v^2}{c^2}}} \right) \tag{5.48}$$

はローレンツ変換の下で (ct, x, y, z) と同じ線形変換に従うので，4 元反変ベクトルである[9]．これを **4 元速度**と呼ぶ．

一方 (5.26) で定義された 2 つの時空点 (t_1, x_1, y_1, z_1) と (t_2, x_2, y_2, z_2) の間の距離の 2 乗は，ローレンツ変換で不変である．一般に，ローレンツ変換の下で不変な量

---

[8] 記法として，反変ベクトルの時空成分の添字は上付き添字で表し，共変ベクトルの時空成分の添字は下付き添字で表す．

[9] 実際に (5.47) を用いると，4 元ベクトルの各成分は以下の関係に従う：

$$\frac{1}{\sqrt{1 - \frac{v'^2}{c^2}}} = \frac{\frac{1}{\sqrt{1 - \frac{v^2}{c^2}}} - \frac{v^x \frac{\beta}{c}}{\sqrt{1 - \frac{v^2}{c^2}}}}{\sqrt{1 - \beta^2}},$$

$$\frac{v'^x}{\sqrt{1 - \frac{v'^2}{c^2}}} = \frac{\frac{v^x}{\sqrt{1 - \frac{v^2}{c^2}}} - \frac{1}{\sqrt{1 - \frac{v^2}{c^2}}} c\beta}{\sqrt{1 - \beta^2}},$$

$$\frac{v'^{y,z}}{\sqrt{1 - \frac{v'^2}{c^2}}} = \frac{v^{y,z}}{\sqrt{1 - \frac{v^2}{c^2}}} \tag{5.49}$$

これらを線形変換と見なして各係数を読み取ると，ローレンツ変換 (5.22)，$y' = y$, $z' = z$ と同じ線形変換に従うことが確かめられる．

をローレンツスカラーという．質点の運動の軌跡は**世界線**と呼ばれ，4次元時空内の曲線として表されるが，この世界線上の微小距離としてローレンツスカラー $d\tau$ が以下のように定義できる：

$$d\tau^2 = \frac{1}{c^2}(c^2 dt^2 - dx^2 - dy^2 - dz^2) = dt^2\left(1 - \frac{v^2}{c^2}\right) > 0 \tag{5.50}$$

この微小距離を積分すると，世界線のローレンツ不変な長さに比例したローレンツスカラー τ が定義される．τ の大きさは慣性系の取り方によらないので，質点と共に動く座標系 (ct, x, y, z) を使って表すと，$dx = dy = dz = 0$ であることから $d\tau = dt$ となり，質点上の観測者が測定する時間 t と一致する．こうした性質から，τ は**固有時**と呼ばれる．$d\tau$ がローレンツスカラーで，(cdt, dx, dy, dz) は4元反変ベクトルなので，

$$\left(c\frac{dt}{d\tau}, \frac{dx}{d\tau}, \frac{dy}{d\tau}, \frac{dz}{d\tau}\right) \tag{5.51}$$

は4元反変ベクトルとなる．実際，この4元反変ベクトルは (5.48) で定義された4元速度に他ならない．

ローレンツ不変な量をより一般的に表すため，**計量テンソル** $\eta_{\mu\nu}$ を 4×4 行列として以下のように導入する：

$$\eta_{\mu\nu} = \begin{pmatrix} 1 & 0 & 0 & 0 \\ 0 & -1 & 0 & 0 \\ 0 & 0 & -1 & 0 \\ 0 & 0 & 0 & -1 \end{pmatrix} \tag{5.52}$$

$\eta_{\mu\nu}$ を用いて微小線要素 ds^2 は

$$ds^2 \equiv c^2 d\tau^2 = \sum_{\mu,\nu=0}^{3} \eta_{\mu\nu} dx^\mu dx^\nu \tag{5.53}$$

と表される[10]．以下では特殊相対性理論の記法を導入して，反変ベクトルと共変ベクトルの添字の和 $\sum_{\mu=0,1,2,3} A^\mu B_\mu$ を $A^\mu B_\mu$ のように略記する．こうした和の記法はアインシュタインの**縮約**と呼ばれる．また，縮約の記法は4元ベクトルだけでなく，テンソル量に対しても同様に添字の和を取ると約束する．例として微小線要素 ds は，$\eta_{\mu\nu} dx^\mu dx^\nu = \sum_{\mu,\nu=0,1,2,3} \eta_{\mu\nu} dx^\mu dx^\nu$ のように表される．さらに $\eta_{\mu\nu}$ の逆行列を $\eta^{\mu\nu}$ と表す：

---

[10] 一般座標系に対する計量と微小線要素については，「数理物理学」の章を参照．

$$\eta_{\mu\rho}\eta^{\rho\nu} = \sum_{\rho=0,1,2,3}\eta_{\mu\rho}\eta^{\rho\nu} = \delta_\mu{}^\nu \equiv \begin{cases} 1 & (\mu = \nu) \\ 0 & (\mu \neq \nu) \end{cases} \quad (5.54)$$

ここで，$\eta_{\mu\nu}$ と $\eta^{\mu\nu}$ の成分は同じであるが，和の取り方に応じて区別する．これらの記号を用いると，上付きの添字を持つ反変ベクトルと下付きの添字を持つ共変ベクトルは次のように関係付けられる：$A^\mu = \eta^{\mu\nu}A_\nu$, $A_\mu = \eta_{\mu\nu}A^\nu$．こうした添字の略記のルールを総称して**アインシュタインの記法**という．

以上により特殊相対性理論に現れる，スカラー量，ベクトル量，テンソル量がその変換性を基に定義された．また，これらの量はアインシュタインの記法を用いることでシンプルに記述することができる．

5-2-2 光円錐と因果律

x-軸正方向に進む光の世界線は直線 $x = \pm ct$ となる．（質量を持った）物体の速度は光速より遅いので，図 5.7 のように ct-x 平面上に物体の運動の軌跡を描くと，$|x| < |ct|$ ($x^2 < (ct)^2$) の領域に限られ，あらゆる信号が光速を超えて伝わらないことを表している．ローレンツ変換 (5.22) を施すと，

$$x' \pm ct' = \frac{x - c\beta t \pm c\left(t - \frac{\beta x}{c}\right)}{\sqrt{1-\beta^2}} = \frac{(x \pm ct)(1 \mp \beta)}{\sqrt{1-\beta^2}} \quad (5.55)$$

となるので，$x = \pm ct$ ならば $x' = \pm ct'$ に従い，光の軌跡はどちらの座標系で観測しても変わらない．また，x'-軸と ct'-軸は直線 $t' = 0$ と $x' = 0$ として定められるので，(5.22) より ct-x 平面上ではそれぞれ直線 $ct = \beta x$ と $x = c\beta t$ として表される．

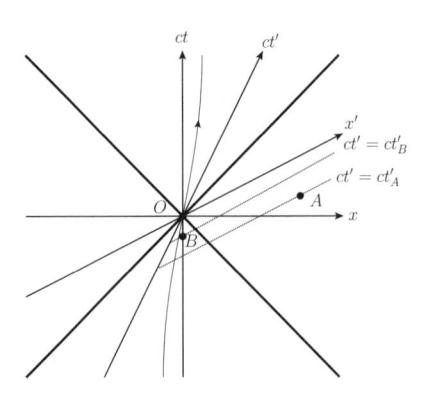

図 5.7 光と物体の世界線と因果律

3次元空間 (x,y,z) を伝搬する光の場合，原点を通過する光の世界線は空間3次元と時間を合わせて4次元時空内の超曲面：

$$x^2 + y^2 + z^2 = c^2 t^2 \tag{5.56}$$

上の直線となる．この超曲面を**光円錐**という．可視化のために $z=0$ の断面を考えると，この超曲面は $x^2 + y^2 = c^2 t^2$ となり，図 5.8 のように xy-ct 空間内の円錐として表される．また，物体の速さは光速より遅いのでその運動は光円錐の内側の領域：$x^2 + y^2 + z^2 < c^2 t^2$ に限られる．この領域を**時間的な領域**と呼ぶ．これに対

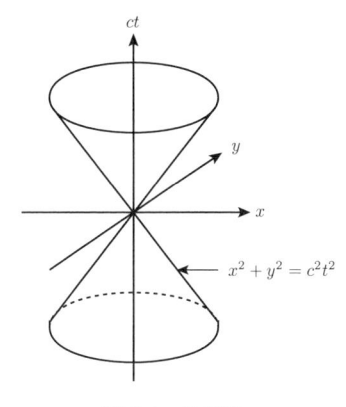

図 **5.8** 光円錐

し，光円錐の外側の領域：$x^2 + y^2 + z^2 > c^2 t^2$ を**空間的な領域**と呼ぶ．この図から分かるように，時間的な領域は $t > 0$ となる未来の領域と $t < 0$ となる過去の領域に分断され，原点を除いて交わらない．

光円錐の性質を見るためにより簡単化して，再び2次元の断面 $y = z = 0$ に制限して考えてみよう．一般に，ある座標系 (ct, x) に対し，$t > 0$ の領域にある点を未来にあると呼び，$t < 0$ 領域にある点を過去にあると呼ぶ．すると，図 5.7 の時空点 A は ct-x 座標系では $t > 0$ の領域にあるので未来にあるが，ct'-x' 座標系では $t' < 0$ の領域にあるので過去にあることになる．このように空間的領域 $|x| > |ct|$ にある時空点では，ローレンツ変換の下で未来と過去は入れ替わることがある概念となる．

時空点 $P_1 : (ct_1, x_1)$ から時空点 $P_2 : (ct_2, x_2)$ へ信号を伝えるためには $t_1 < t_2$ であることが要請される．これは信号が未来から過去へ伝わらない[11]ということを意味しており**因果律**という．もし，光より早く信号を伝えられるとすると，図 5.7 に描かれているように，ct-x 座標系では点 $A : (ct_A, x_A)$ は $t_A > 0$ にあるので，直線 $ct = ax$ ($1 > a \equiv ct_A / x_A$) に沿って原点 O から点 A に信号を伝えられる．ローレンツ変換によって ct'-x' 座標系に移ると，点 $B : (ct'_B, x'_B)$ は点 $A : (ct'_A, x'_A)$ より未来にある ($t'_B > t'_A$) ので点 A から再び B に信号を伝えられる．これらの操作を組み合わせると，ct-x 座標系で原点 O から点 $B : (ct_B, x_B)$ ($t_B < 0$) へと未来から過去へ信号を伝えられることとなり，矛盾を生じる．よって，因果律を破らないためには，信号が光速より早く伝わらないという条件がさらに要請される．

---

[11] 親の因果は子に報いるが子の因果は親に報いない．かつて，「超光速ニュートリノ」と呼ばれる実験結果が観測されたという話題があったが，現在では否定されている．

5-3 相対論的力学および電磁気学

5-3-1 相対論的力学

速度 v で運動する質量 m の質点が持つ **4元運動量** p^μ ($\mu = 0, 1, 2, 3$) は，4元速度 (5.48) と m の積として以下のように定められる：

$$(p^\mu) = \left(\frac{mc}{\sqrt{1-\frac{v^2}{c^2}}}, \frac{mv^x}{\sqrt{1-\frac{v^2}{c^2}}}, \frac{mv^y}{\sqrt{1-\frac{v^2}{c^2}}}, \frac{mv^z}{\sqrt{1-\frac{v^2}{c^2}}} \right) \tag{5.57}$$

4元運動量の空間成分はニュートン力学の運動量の拡張と見なせるが，時間成分はどのような意味を持っているのだろうか？4元運動量の時間成分に c をかけた量 cp^0 を，v/c が小さいとして展開すると，

$$\frac{mc^2}{\sqrt{1-\frac{v^2}{c^2}}} = mc^2 + \frac{1}{2}mv^2 + \cdots \tag{5.58}$$

となり，右辺の展開第2項に質点の運動エネルギー $T = \frac{1}{2}mv^2$ が現れる．そこで，右辺の展開第1項 mc^2 もエネルギーの一種であると解釈され，**静止エネルギー**と名付けられている．また，こうした展開を持つ cp^0 を**相対論的エネルギー**と呼び，

$$E = cp^0 = \frac{mc^2}{\sqrt{1-\frac{v^2}{c^2}}} \tag{5.59}$$

と表される．4元運動量を

$$(p^\mu) = \left(\frac{E}{c}, p^x, p^y, p^z \right), \quad (p_\mu) = \eta_{\mu\nu} p^\nu = \left(\frac{E}{c}, -p^x, -p^y, -p^z \right) \tag{5.60}$$

と表すと，相対論的エネルギー E と $\boldsymbol{p} = (p^x, p^y, p^z)$ は

$$c^2 p^\mu p_\mu = E^2 - \boldsymbol{p}^2 c^2 = m^2 c^4 \tag{5.61}$$

という関係に従う．つまり，4元運動量（の2乗）$p^2 \equiv p^\mu p_\mu$ はローレンツスカラーとなる．

これらの関係を基にして，ニュートンの運動方程式は特殊相対性理論の枠組みではどのように拡張されるのであろうか？固有時 τ に関する微分として4元速度 (5.51) が定められたように，4元加速度は $dv^\mu/d\tau$ として定義される．そこで，ニュートンの運動方程式の特殊相対性理論的拡張は，4元運動量 (p^μ) の空間成分 $\boldsymbol{p}$ と力 $\boldsymbol{F}$ を

用いて,
$$\frac{d\boldsymbol{p}}{d\tau} = \boldsymbol{F} \tag{5.62}$$
と表される.さらに,4元運動量の時間成分 p^0 は相対論的エネルギー E/c であるので,エネルギーの時間変化を**仕事率** P と呼ぶと,力 $\boldsymbol{F}$ の4元ベクトルへの拡張は,相対論的仕事率 P を用いて,
$$(F^\mu) = \left(\frac{P}{c}, F^x, F^y, F^z\right) \tag{5.63}$$
と定義するのが自然であり,これを**4元力**と呼ぶ.この4元力を用いて,相対論的運動方程式は
$$\frac{dp^\mu}{d\tau} = F^\mu \tag{5.64}$$
と表される.

例題 高エネルギーを持ったガンマ線が物体にぶつかると,粒子と反粒子が同時に生成される.この現象は**対生成**と呼ばれる[12].ここで反粒子とは,対応する粒子と等しい質量やスピンを持つが,電荷の正負が逆符号を持った粒子であり,相対論的量子力学を記述するディラック方程式からその存在が予言されている.

1. ガンマ線が真空中を伝搬するだけでは対生成が起こらない理由を説明せよ.
2. ガンマ線が十分に大きな質量を持った原子核にぶつかり,対生成によって電子と陽電子の対が生成したとする.この対生成を起こすのに必要とする,ガンマ線のエネルギーのしきい値を求めよ.ただし,電子の質量は $m_e = 5.1 \times 10^{-1}$ MeV$/c^2$ とする[13].

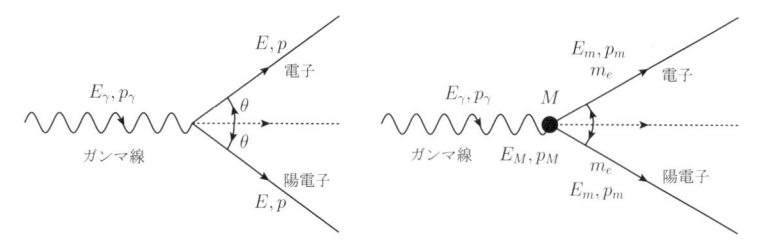

図 5.9 左図:真空中の仮想的対生成,右図:質量 M の標的にガンマ線がぶつかる場合

---

[12] この逆の過程として,粒子と反粒子が衝突して他の粒子や相対論的エネルギーに変換される現象を**対消滅**と呼ぶ.なお,対生成・消滅に伴うガンマ線の検出技術に関しては,「実験物理学」の章で紹介する.
[13] 単位系の詳細に関しては,「実験物理学」の章を参照.

解説

1. ガンマ線が持つ運動量の大きさを p_γ, 相対論的エネルギーを E_γ とすると,

$$cp_\gamma = E_\gamma \tag{5.65}$$

となる. このガンマ線が真空中で粒子と反粒子に変わったとする. 粒子と反粒子が持つ運動量の大きさ p と相対論的エネルギー E は等しいので, 図 5.9 の左図のように散乱されたとすると, (5.61) を使って運動量保存則とエネルギー保存則から

$$p_\gamma = 2p\cos\theta, \quad E_\gamma = 2\sqrt{m_e^2 c^4 + p^2 c^2} \tag{5.66}$$

という関係が得られる.

ところが, これらの関係を満たす解は, $p = \theta = 0$ 以外にはない. つまり, ガンマ線が物体にぶつからない限り, 対生成は力学的に起こりえない.

2. 図 5.9 の右図のように, ガンマ線が電子に比べて十分大きな質量 $M \gg m_e$ を持った物体にぶつかったとする. この物体が静止している慣性系から見ると, この物体は静止エネルギー Mc^2 を持つので, 全 4 元運動量 p_μ の大きさは,

$$c^2 p_\mu p^\mu = (E_\gamma + Mc^2)^2 - c^2 p_\gamma^2 = (E_\gamma + Mc^2)^2 - E_\gamma^2 \tag{5.67}$$

となる.

一方, 対生成が起こった後, 物体が 4 元運動量 $(E_M/c, \boldsymbol{p}_M)$ ($E_M^2 + \boldsymbol{p}_M^2 c^2 = M^2 c^4$) を持ち, 生成された電子と陽電子はそれぞれ $(E_m/c, \boldsymbol{p}_m)$ ($E_m^2 + \boldsymbol{p}_m^2 c^2 = m_e^2 c^4$) の 4 元運動量を持ったとする. 全運動量がゼロ $\boldsymbol{p}_M + 2\boldsymbol{p}_m = 0$ と観測される慣性系から見ると, 全 4 元運動量の大きさは

$$c^2 p_\mu p^\mu = (E_M + 2E_m)^2 \leq (Mc^2 + 2m_e c^2)^2 \tag{5.68}$$

と表される.

4 元運動量の大きさ $p^2 = p_\mu p^\mu$ はローレンツスカラーであり慣性系の選び方によらないので, (5.67) と (5.68) を合わせて,

$$(E_\gamma + Mc^2)^2 - E_\gamma^2 \leq (Mc^2 + 2m_e c^2)^2 \tag{5.69}$$

という不等式が得られる. この関係は

$$E_\gamma \leq 2m_e c^2 \left(1 + \frac{m_e}{M}\right) \tag{5.70}$$

と書き換えられ, 標的となる物体の質量 M が十分大きな極限 $M \to \infty$ では,

$$E_\gamma \leq 2m_e c^2 \simeq 1.02\,\text{MeV} \tag{5.71}$$

となり，このしきい値を超えると対生成が起こる．

相対論的運動方程式（5.62）は次のラグランジアンから導かれる：

$$L = -mc^2 \sqrt{1 - \frac{1}{c^2} \sum_{i=1,2,3} \left(\frac{dx^i}{dt}\right)^2} - V(x^i) \tag{5.72}$$

一般化座標を x^i（$i=1,2,3$）に選ぶと，その共役運動量（1.93）は，

$$p_i = \frac{\partial L}{\partial \dot{x}^i} = \frac{m\dot{x}^i}{\sqrt{1 - \frac{1}{c^2} \sum_{j=1,2,3} \left(\frac{dx^i}{dt}\right)^2}} \tag{5.73}$$

となり，(5.60) の定義と一致する．また，このラグランジアンから得られるオイラー・ラグランジュ方程式（1.94）は，

$$0 = \frac{d}{dt}\left(\frac{m\dot{x}^i}{\sqrt{1 - \frac{1}{c^2} \sum_{i=1,2,3} \left(\frac{dx^i}{dt}\right)^2}}\right) + \frac{\partial V(x^i)}{\partial x^i} \tag{5.74}$$

となり，この方程式は $F_i = -\partial V(x)/\partial x^i$ とすると運動方程式（5.62）に帰着する．

次に，ハミルトニアンについて考えてみよう．まず，共役運動量 p_i と x^i の関係を使うと，

$$\sum_{i=1,2,3} \left(p^i\right)^2 = \frac{m^2 \sum_{i=1,2,3}(\dot{x}^i)^2}{1 - \frac{1}{c^2} \sum_{i=1,2,3}(\dot{x}^i)^2} \tag{5.75}$$

が得られる．また，この逆の関係として

$$\sum_{i=1,2,3} \left(\dot{x}^i\right)^2 = \frac{\sum_{i=1,2,3}(p^i)^2}{m^2 + \frac{1}{c^2}\sum_{i=1,2,3}(p^i)^2} \tag{5.76}$$

という関係も得られる．(5.75) を用いると，ラグランジアン（5.72）から導かれるハミルトニアン $H(x^i, p_j)$ は，

$$H(x^i, p_j) = \sum_{i=1,2,3} p_i \dot{x}^i - L = \sqrt{m^2 c^4 + c^2 \sum_{i=1,2,3}(p^i)^2} + V(x^i) \tag{5.77}$$

と表される．

さらに共役運動量の関係式（5.75）を使うと，このハミルトニアンは，

$$H(x^i, p_j(\dot{x}^k)) = \frac{mc^2}{\sqrt{1 - \frac{1}{c^2}\sum_{i=1,2,3}(\dot{x}^i)^2}} + V(x^i) \tag{5.78}$$

と書き換えられ，これに相対論的運動方程式の解 $x^i(t)$ を代入すれば相対論的エネルギー E が得られる．実際，(5.77) の位置エネルギー $V(x^i)$ 以外の項は，(5.61) から得られる相対論的エネルギー E の表式と一致していることが確かめられる．

このハミルトニアンに対し正準方程式 (1.124) は，

$$\dot{x}^i = \frac{p^i c^2}{\sqrt{m^2 c^4 + c^2 \sum_{i=1,2,3}(p^i)^2}} \;,\quad \dot{p}^i = -\frac{\partial V}{\partial x^i} \tag{5.79}$$

となる．この正準方程式の解 $(x^i(t), p_i(t))$ を (5.77) に代入して，その時間微分を計算すると，

$$\begin{aligned}
\frac{d}{dt} H(x^i(t), p_i(t)) &= \sum_{i=1,2,3} \left\{ \frac{c^2 p^i \dot{p}^i}{\sqrt{m^2 c^4 + c^2 \sum_{i=1,2,3}(p^i)^2}} + \frac{\partial V}{\partial x^i} \dot{x}^i \right\} \\
&= \sum_{i=1,2,3} \left\{ -\frac{c^2 p^i \frac{\partial V}{\partial x^i}}{\sqrt{m^2 c^4 + c^2 \sum_{i=1,2,3}(p^i)^2}} + \frac{\partial V}{\partial x^i} \frac{c^2 p^i}{\sqrt{m^2 c^4 + c^2 \sum_{i=1,2,3}(p^i)^2}} \right\} = 0
\end{aligned}$$
$$\tag{5.80}$$

となり，エネルギーの保存が確かめられる．

5-3-2　相対論的電磁気学

マクスウェル方程式 (2.126)

$$\operatorname{div} \boldsymbol{E} = \frac{\rho}{\varepsilon_0} \;,\quad \operatorname{rot} \boldsymbol{E} + \frac{\partial \boldsymbol{B}}{\partial t} = 0 \;,\quad \operatorname{rot} \boldsymbol{B} - \mu_0 \varepsilon_0 \frac{\partial \boldsymbol{E}}{\partial t} = \mu_0 \boldsymbol{j} \;,\quad \operatorname{div} \boldsymbol{B} = 0 \tag{5.81}$$

に従う電場 $\boldsymbol{E}$ と磁束密度 $\boldsymbol{B}$ は，静電ポテンシャル ϕ とベクトル・ポテンシャル $\boldsymbol{A}$ を用いて次のように表される：

$$\boldsymbol{E} = -\operatorname{grad} \phi - \frac{\partial \boldsymbol{A}}{\partial t} \;,\quad \boldsymbol{B} = \operatorname{rot} \boldsymbol{A} \tag{5.82}$$

これらをマクスウェル方程式に代入すると，(5.81) の第 2 式と第 4 式は恒等式となり，第 1 式と第 3 式は

$$-\triangle \phi - \frac{\partial (\operatorname{div} \boldsymbol{A})}{\partial t} = \frac{\rho}{\varepsilon_0} \;,\quad -\triangle \boldsymbol{A} + \operatorname{grad}(\operatorname{div} \boldsymbol{A}) + \mu_0 \varepsilon_0 \left(\frac{\partial (\operatorname{grad} \phi)}{\partial t} + \frac{\partial^2 \boldsymbol{A}}{\partial t^2} \right) = \mu_0 \boldsymbol{j} \tag{5.83}$$

となる．さらに，

$$x^0 = ct, \quad A^0 \equiv \frac{\phi}{c}, \quad \boldsymbol{A} = (A^i), \quad j^0 \equiv c\rho, \quad \boldsymbol{j} = (j^i) \tag{5.84}$$

として，$\mu_0 \varepsilon_0 = 1/c^2$ という関係を使うと，(5.83) はまとめて 4 元ベクトルの方程式として表される：

$$\Box A_\mu - \partial_\mu (\partial_\nu A^\nu) = \mu_0 j_\mu \tag{5.85}$$

ただし，$\Box$ は**ダランベルシアン**と呼ばれ，以下のように定義される：

$$\Box = \eta^{\mu\nu} \partial_\mu \partial_\nu = \frac{1}{c^2} \frac{\partial^2}{\partial t^2} - \triangle, \quad \partial_\mu \equiv \frac{\partial}{\partial x^\mu} \tag{5.86}$$

ここで**場の強さ** $F_{\mu\nu}$ を以下のように定める：

$$F_{\mu\nu} \equiv \partial_\mu A_\nu - \partial_\nu A_\mu \tag{5.87}$$

$F_{\mu\nu}$ の各成分は，電場と磁場で表される：

$$E^i = cF^{i0} = -cF^{0i}, \quad B^1 = F_2{}^3 = -F_3{}^2, \quad B^2 = F_3{}^1 = -F_1{}^3, \quad B^3 = F_1{}^2 = -F_2{}^1 \tag{5.88}$$

よって，(5.85) の方程式は $F_{\mu\nu}$ を使って

$$\partial_\mu F^{\mu\nu} = \mu_0 j^\nu \tag{5.89}$$

と書き換えられる．

電磁場から力を受ける電荷 q を持った質量 m の質点に対する相対論的運動を記述するラグランジアンは次のように与えられる：

$$\begin{aligned} L(x^i, \dot{x}^i) &= -mc^2 \sqrt{1 - \frac{1}{c^2} \sum_{i=1,2,3} (\dot{x}^i)^2} - q\dot{x}^\mu A_\mu \\ &= -mc^2 \sqrt{1 - \frac{v^2}{c^2}} - qv^i A_i - qcA_0 \end{aligned} \tag{5.90}$$

このラグランジアンを使ってオイラー・ラグランジュ方程式 (1.94) は，

$$0 = \frac{d}{dt} \left(\frac{mv_i}{\sqrt{1 - \frac{v^2}{c^2}}} - qA_i \right) + q \sum_{j=1,2,3} v^j \frac{\partial A_j}{\partial x^i} + qc \frac{\partial A_0}{\partial x^i} \tag{5.91}$$

となり，共役運動量 p_i を用いて

$$\frac{dp_i}{dt} = q\left(\dot{A}_i + \sum_{j=1,2,3} v^j \frac{\partial A_i}{\partial x^j} - \sum_{j=1,2,3} v^j \frac{\partial A_j}{\partial x^i} - c\frac{\partial A_0}{\partial x^i}\right) \equiv F_i \tag{5.92}$$

と書き換えられる．一方，

$$\boldsymbol{v} \times \boldsymbol{B} = \boldsymbol{v} \times \operatorname{rot} \boldsymbol{A} = -(\boldsymbol{v} \cdot \nabla)\boldsymbol{A} + \sum_{i=1,2,3} v^i \nabla A^i \tag{5.93}$$

と (5.84), (5.87), (5.88) から得られる関係式を使って，ローレンツ力 F_i は

$$\begin{aligned}
F_i &= q\left(E_i + (\boldsymbol{v} \times \boldsymbol{B})_i\right) \\
&= q\left(\frac{\partial A_i}{\partial t} - c\frac{\partial A^0}{\partial x^i} - \sum_{j=1,2,3} v^j \frac{\partial A^i}{\partial x^j} + \sum_{j=1,2,3} v^j \frac{\partial A^j}{\partial x^i}\right) \\
&= q\left(\frac{\partial A_i}{\partial t} - c\frac{\partial A_0}{\partial x^i} + \sum_{j=1,2,3} v^j \frac{\partial A_i}{\partial x^j} - \sum_{j=1,2,3} v^j \frac{\partial A_j}{\partial x^i}\right)
\end{aligned} \tag{5.94}$$

と表される．これは (5.92) の右辺に他ならない．これより，ラグランジアン (5.90) は荷電粒子が満たす相対論的運動方程式を正しく再現することが確かめられた．

練習問題

【問題 5.1】 ある慣性系の観測者が長さ 10 m の棒が図 5.10 の向きに速度 3.0×10^4 m/s で移動する運動を観測した．この棒と共に移動する観測者は，棒の長さをどれだけ短く計測するか？光速を 3.0×10^8 m/s として計算せよ．

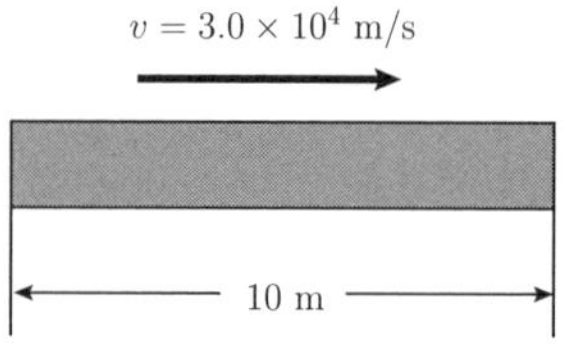

図 5.10 ローレンツ収縮

【問題 5.2】 太陽系から一番近い恒星は 4.3 光年離れたケンタウルス座のアルファ星である．ここで，1 光年とは，光が 1 年間に進む距離である．光速に近い速度で飛ぶロケットが地球から出発し，この恒星に到達した後に再び地球に戻ってきたとする．このロケットの速度 v が光速 $c = 3.0 \times 10^5$ km/s を用いて $(v/c)^2 = 0.99$ と表されるとき，ロケットが地球に戻るまでに地球では最低どれだけの時間が経過するか？また，そのときロケット内ではどれだけの時間が経過するか？

【問題 5.3】 核反応によりある物体の質量が 1×10^{-8} kg だけ減少した．このとき放出されたエネルギーは，速度 3 km/s で運動する質量 1 kg の物体が持つ運動エネル

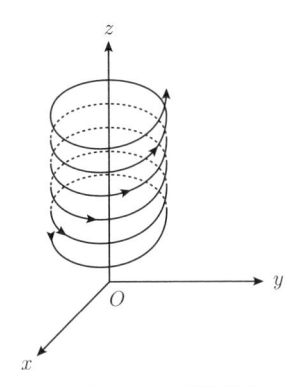

図 5.11 螺旋運動

ギーの何倍か？光速を 3×10^5 km/s として計算せよ．

【問題 5.4】 ある慣性系 Σ にいる観測者が以下のような質点の運動を観測した（図 5.11）：

$$x = R\cos at, \quad y = R\sin at, \quad z = Vt \tag{5.95}$$

ただし，R, a, V は定数である．この観測者から見て，時間 T が経過したときに，質点に固定された時計が刻む時間を求めよ．

第6章

数理物理学

力学におけるニュートンの運動方程式，電磁気学におけるマクスウェルの方程式，さらに量子力学におけるシュレディンガー方程式などのように，物理学の基本法則は微分方程式によって記述される．これらの基礎方程式を用いて物理現象を説明するには，数学的基礎が不可欠となる．本章では，デルタ関数，複素関数論，フーリエ展開，ラプラス方程式にテーマを絞り，物理的体系を理解するために必要な数学を概観する．なお，ここでは数学的な厳密性には重点を置かず，むしろ物理学を理解するための手法を身につけることが目的である．

6-1 デルタ関数

6-1-1 1次元デルタ関数

電磁気学では点電荷を取り扱うために，（ディラックの）**デルタ関数**を導入した．デルタ関数は厳密には関数ではなく**超関数**として定義される．まず初めに，1次元デルタ関数 $\delta(x)$ を考えてみよう．デルタ関数とは以下の性質を持つ関数である：

$$\delta(x) = \begin{cases} \infty & x = 0 \\ 0 & x \neq 0 \end{cases}, \quad \int_{-\infty}^{\infty} dx\, \delta(x) = 1 \quad (6.1)$$

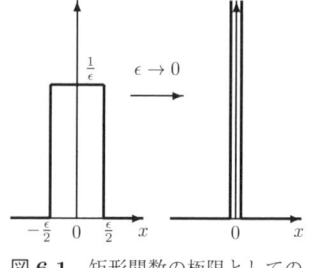

図 6.1 矩形関数の極限としてのデルタ関数

デルタ関数は $x=0$ で発散するが，その積分値は 1 となる．これらの性質を満たす超関数は，図 6.1 のような有限区間 $-\epsilon/2 \leq x \leq \epsilon/2$ で $1/\epsilon$ という値を持つ矩形偶関数 $\delta(x; \epsilon)$ [1]：

---

[1] 矩形の境界 $x = \pm\epsilon/2$ での値は（滑らかな関数を伴う）積分値の評価に寄与しないが，以下では $\delta(\pm\epsilon/2; \epsilon) = 1/\epsilon$ と定める．

$$\delta(x;\epsilon) \equiv \begin{cases} 1/\epsilon & -\epsilon/2 \leq x \leq \epsilon/2 \\ 0 & x < -\epsilon/2 \text{ または } x > \epsilon/2 \end{cases}, \quad \int_{-\infty}^{\infty} dx\, \delta(x;\epsilon) = \int_{-\epsilon/2}^{\epsilon/2} dx\, \delta(x;\epsilon) = 1 \quad (6.2)$$

の $\epsilon \to 0$ の極限として定められる：

$$\delta(x) = \lim_{\epsilon \to 0} \delta(x;\epsilon) \tag{6.3}$$

より正確にはデルタ関数は，試行関数を用いて定義される．$f(x)$ を区間 $a \leq x \leq b$ において滑らかな関数とすると，デルタ関数は

$$\int_a^b dx\, f(x)\delta(x-x_0) = \begin{cases} f(x_0) & a \leq x_0 \leq b \\ 0 & x_0 < a \text{ または } x_0 > b \end{cases} \tag{6.4}$$

として定義される超関数である．この定義によると，デルタ関数の n-階微分 $\delta^{(n)}(x-x_0)$ は部分積分により，

$$\int_a^b dx\, f(x)\delta^{(n)}(x-x_0) = \begin{cases} (-1)^n f^{(n)}(x_0) & a \leq x_0 \leq b \\ 0 & x_0 < a \text{ または } x_0 > b \end{cases} \tag{6.5}$$

という性質を満たす．

さらに合成関数の積分 $\int_a^b dx\, f(x)\delta(g(x))$ は，以下のように求められる．$a < x < b$ で $g(x) = 0$ となる点を $x = x_1, x_2, \cdots, x_N$ とする．デルタ関数の性質より，$x = x_i$ ($i = 1, \cdots, N$) 近傍の値のみが積分に寄与するので

$$\int_a^b dx\, f(x)\delta(g(x)) = \sum_{i=1}^N \int_{x_i - \epsilon_i/2}^{x_i + \epsilon_i/2} dx\, f(x)\delta(g(x)) = \sum_{i=1}^N f(x_i) \int_{x_i - \epsilon_i/2}^{x_i + \epsilon_i/2} dx\, \delta(g(x)) \tag{6.6}$$

と表される．$x = x_i$ 近傍の領域 $x_i - \epsilon_i/2 \leq x \leq x_i + \epsilon_i/2$ を十分小さく選べば，その領域内で $g(x)$ は単調関数となり積分可能となる．そこで $y = g(x)$ と変数変換すると，$dy = g'(x)dx$ より合成関数の積分：

$$\int_a^b dx\, f(x)\delta(g(x)) = \sum_{i=1}^N f(x_i) \int_{y(x_i-\epsilon_i/2)}^{y(x_i+\epsilon_i/2)} dy\, \frac{1}{g'(x(y))}\delta(y) = \sum_{i=1}^N \frac{f(x_i)}{|g'(x_i)|} \tag{6.7}$$

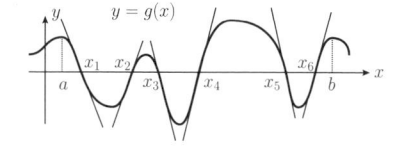

図 **6.2** $g(x)$ の零点

が得られる．なお，$g'(x_i)$ がその絶対値 $|g'(x_i)|$ に置き換えられたのは，$g'(x_i)$ が負の値を取る場合には y-積分の下端：$y(x_i - \epsilon_i/2)$ が上端：$y(x_i + \epsilon_i/2)$ より大きくなり，積分の上端と下端を入れ替えることで余分に因子 -1 が現れるためである．

例題 次の積分を計算せよ．

(1) $\int_0^\infty dx \sin x \, \delta\left(x - \dfrac{\pi}{2}\right)$, (2) $\int_{-\infty}^0 dx \sin x \, \delta\left(x - \dfrac{\pi}{2}\right)$, (3) $\int_{-\infty}^\infty dx \sin x \, \delta'(x)$,

(4) $\int_{-\infty}^\infty dx \, \mathrm{e}^{ax} \, \delta^{(n)}(x)$, (5) $\int_{-\infty}^\infty dx \, \delta(x^2 - 5x + 6)$, (6) $\int_{-\infty}^\infty dx \, x^2 \, \delta'(\mathrm{e}^x - \mathrm{e}^a)$

解説
(1) $0 < \pi/2 < \infty$ であり (6.4) を使うと，

$$\int_0^\infty dx \sin x \, \delta\left(x - \frac{\pi}{2}\right) = \sin \frac{\pi}{2} = 1 \tag{6.8}$$

となる．
(2) $\pi/2$ は区間 $-\infty \leq x \leq 0$ に含まれないので (6.4) を使うと，

$$\int_{-\infty}^0 dx \sin x \, \delta\left(x - \frac{\pi}{2}\right) = 0 \tag{6.9}$$

となる．
(3) $-\infty < 0 < \infty$ であり (6.5) を使うと，

$$\int_{-\infty}^\infty dx \sin x \, \delta'(x) = -\left. (\sin x)' \right|_{x=0} = -1 \tag{6.10}$$

となる．
(4) $(\mathrm{e}^{ax})^{(n)} = a^n \mathrm{e}^{ax}$ より (6.5) を使うと，

$$\int_{-\infty}^\infty dx \, \mathrm{e}^{ax} \, \delta^{(n)}(x) = (-1)^n \left. (\mathrm{e}^{ax})^{(n)} \right|_{x=0} = (-a)^n \tag{6.11}$$

となる．
(5) $x^2 - 5x + 6 = (x-3)(x-2)$, $f'(3) = 1$, $f'(2) = -1$ より (6.7) を使うと，

$$\int_{-\infty}^\infty dx \, \delta(x^2 - 5x + 6) = \frac{1}{|f'(3)|} + \frac{1}{|f'(2)|} = 1 + |-1| = 2 \tag{6.12}$$

となる．
(6) $y = \mathrm{e}^x$ と変数変換すると

$$\int_{-\infty}^{\infty} dx\, x^2\, \delta'(\mathrm{e}^x - \mathrm{e}^a) = \int_{-\infty}^{\infty} \frac{dy}{y} (\ln y)^2\, \delta'(y - \mathrm{e}^a) \tag{6.13}$$

と書き換えられる．従って (6.5) を使うと，

$$\int_{-\infty}^{\infty} dx\, x^2 \delta'(\mathrm{e}^x - \mathrm{e}^a) = -\left(-a^2 + 2a\right) \mathrm{e}^{-2a} \tag{6.14}$$

となる． ∎

6-1-2 高次元デルタ関数

3次元デルタ関数は直交座標 $\boldsymbol{r} = (x, y, z)$ を用いて1次元デルタ関数の積として定義される：

$$\delta(\boldsymbol{r}) = \delta(x)\delta(y)\delta(z) \tag{6.15}$$

また (6.4) と同様に，3次元空間領域 V 内の滑らかな任意関数 $f(\boldsymbol{r})$ を用いて，

$$\int_V dV\, f(\boldsymbol{r})\delta(\boldsymbol{r} - \boldsymbol{r}_0) = \begin{cases} f(\boldsymbol{r}_0) & \boldsymbol{r}_0 \in V \\ 0 & \boldsymbol{r}_0 \notin V \end{cases} \tag{6.16}$$

と定められる．一方，こうして定義される3次元デルタ関数は，ラプラシアン $\triangle = \nabla \cdot \nabla$ を用いて

$$\delta(\boldsymbol{r}) = -\frac{1}{4\pi}\triangle\left(\frac{1}{r}\right) \tag{6.17}$$

と表される．

(6.17) の表式が (6.16) を満たすことを確かめてみよう．まず $\boldsymbol{r}_0 \notin V$ では，恒等式：

$$\triangle\left(\frac{1}{|\boldsymbol{r} - \boldsymbol{r}_0|}\right) = -\mathrm{div}\left(\frac{\boldsymbol{r} - \boldsymbol{r}_0}{|\boldsymbol{r} - \boldsymbol{r}_0|^3}\right), \tag{6.18}$$

$$\mathrm{div}\left(\frac{\boldsymbol{r} - \boldsymbol{r}_0}{|\boldsymbol{r} - \boldsymbol{r}_0|^3}\right) = 0, \quad \boldsymbol{r} \neq \boldsymbol{r}_0 \tag{6.19}$$

が直交座標を用いた発散の計算から示される．また，$f(\boldsymbol{r})$ は滑らかな関数なので，$\boldsymbol{r} \neq \boldsymbol{r}_0$ では (6.16) の被積分関数はゼロとなり，その積分値もまたゼロとなる．

次に $\boldsymbol{r}_0 \in V$ となる場合は，V を $\boldsymbol{r} = \boldsymbol{r}_0$ を中心とする半径 ϵ の球 B_ϵ として，

$\epsilon \to 0$ の場合に示せば十分である[2]. そこでまず, $V = B_\epsilon$ に対し $\int_{B_\epsilon} dV\, \delta(\bm{r}-\bm{r}_0) = -\frac{1}{4\pi}\int_{B_\epsilon} dV\, \triangle(1/|\bm{r}-\bm{r}_0|)$ を計算する.「電磁気学」の章で導入したガウスの定理 (2.26):

$$\int_S dS\, \bm{v}\cdot\bm{n} = \int_V dV\, \text{div}\,\bm{v} \quad (S\text{ は }V\text{ の境界}) \tag{6.20}$$

を $\bm{v} = (\bm{r}-\bm{r}_0)/|\bm{r}-\bm{r}_0|^3$, $V = B_\epsilon$, $S = S_\epsilon$ ($\bm{r}=\bm{r}_0$ を中心とする半径 ϵ の球面) に選ぶと, (6.18) に注意して

$$\int_{B_\epsilon} dV\, \triangle\left(\frac{1}{|\bm{r}-\bm{r}_0|}\right) = -\int_{S_\epsilon} dS\, \bm{n}\cdot\left(\frac{\bm{r}-\bm{r}_0}{|\bm{r}-\bm{r}_0|^3}\right) = -4\pi \tag{6.21}$$

が得られる[3]. (6.16) の $\bm{r}_0 \in V$ での関係を導くため, $f(\bm{r})$ を $\bm{r} = \bm{r}_0$ まわりでテイラー展開すると, この積分は $\int_{B_\epsilon} dV\, f(\bm{r})\triangle(1/|\bm{r}-\bm{r}_0|) = f(\bm{r}_0)\int_{B_\epsilon} dV\, \triangle(1/|\bm{r}-\bm{r}_0|) + \mathcal{O}(\epsilon)$ と展開される. 展開の初項に (6.21) を適用して $\epsilon \to 0$ 極限を取ると,

$$\lim_{\epsilon\to 0}\int_{B_\epsilon} dV\, f(\bm{r})\triangle\left(\frac{1}{|\bm{r}-\bm{r}_0|}\right) = -4\pi f(\bm{r}_0) \tag{6.22}$$

が得られる. 以上により (6.17) の表式が 3 次元デルタ関数の定義 (6.16) を満たすことを確かめられた.

ラプラシアンを用いたデルタ関数の表式 (6.17) は, 点電荷に対するクーロンの法則とガウスの法則を結び付ける上で重要な役割を果たす. クーロンの法則によると, 原点 $\bm{r}=0$ に置かれた点電荷 q が生み出す電場 $\bm{E}$ は,

$$\bm{E} = \frac{q}{4\pi\varepsilon_0}\frac{\bm{r}}{r^3} \tag{6.23}$$

となる. この電場の表式に対し, S を点電荷を囲む閉曲面として, ガウスの定理 (6.20) と (6.17) の表式を使うと,

$$\varepsilon_0\int_S dS\, \bm{E}\cdot\bm{n} = \int_V dV\, q\delta(\bm{r}) = q \tag{6.24}$$

となり, 点電荷に対するガウスの法則が直接的に導かれる. これより, 点電荷の電荷密度 $\rho(\bm{r})$ はデルタ関数を用いて $\rho(\bm{r}) = q\delta(\bm{r})$ と表されることが明らかとなった.

同様に, 2 次元のデルタ関数 $\delta(\bm{r})$ ($\bm{r} = (x,y)$) は,

$$\delta(\bm{r}) = \delta(x)\delta(y) \tag{6.25}$$

---

[2] 一般の領域 V に対しては, B_ϵ とその外側の領域 (補空間) に分けると, $\overline{B_\epsilon}$ は $\bm{r} = \bm{r}_0$ を含まないので, 上の議論から積分値はゼロになる.

[3] 2 番目の等号では, 球面 S_ϵ 上の法線ベクトルの性質: $(\bm{r}-\bm{r}_0)\cdot\bm{n} = |\bm{r}-\bm{r}_0| = \epsilon$ および $\int_{S_\epsilon} dS\, 1/\epsilon^2 = 4\pi$ を用いた. なお, B_ϵ では $\bm{r}=\bm{r}_0$ で被積分関数が発散するので (6.18) を適用できない.

として定義され，2次元空間領域 S 内の滑らかな任意関数 $f(\boldsymbol{r})$ に対して，

$$\int_S dS\, f(\boldsymbol{r})\delta(\boldsymbol{r}-\boldsymbol{r}_0) = \begin{cases} f(\boldsymbol{r}_0) & \boldsymbol{r}_0 \in S \\ 0 & \boldsymbol{r}_0 \notin S \end{cases} \tag{6.26}$$

を満たす．また，2次元ラプラシアン $\triangle \equiv \partial^2/\partial x^2 + \partial^2/\partial y^2$ を用いて，

$$\delta(\boldsymbol{r}) = \frac{1}{2\pi}\triangle \ln(r) \tag{6.27}$$

と表される．(6.27) の表式が (6.26) を満たすことは，3次元の場合と同様に示される．

さらに2次元デルタ関数は

$$\delta(x)\delta(y) = \frac{1}{4\pi}\left(\frac{\partial^2}{\partial x^2} + \frac{\partial^2}{\partial y^2}\right)\ln(x^2+y^2) = \frac{1}{2\pi}\left\{\frac{\partial}{\partial x}\left(\frac{x}{x^2+y^2}\right) + \frac{\partial}{\partial y}\left(\frac{y}{x^2+y^2}\right)\right\} \tag{6.28}$$

と書き換えられる．複素関数としてこの表式を解釈すると，次節で議論する正則関数に対するデルタ関数となり，コーシーの積分公式の導出において重要な役割を果たす．

電磁気学ではデルタ関数 (6.27) によって，z-軸に沿って直線状に分布した線電荷の電荷分布が記述される．単位長さ当たりの電荷を λ とすると，線電荷の作る電場 $\boldsymbol{E}$ はクーロンの法則 (6.23) と重ね合わせの原理により，

$$\boldsymbol{E} = \left(\frac{\lambda x}{2\pi\varepsilon_0\,(x^2+y^2)}, \frac{\lambda y}{2\pi\varepsilon_0\,(x^2+y^2)}, 0\right) = \frac{\lambda}{2\pi\varepsilon_0}\nabla\left(\ln\sqrt{x^2+y^2}\right) \tag{6.29}$$

となる．一方，S を $(x,y)=(0,0)$ を中心として z-軸を囲む高さ1の円筒に選び，ガウスの法則を適用すると，S が囲む領域 V の総電荷量は λ なので，

$$\varepsilon_0 \int_S dS\, \boldsymbol{E}\cdot\boldsymbol{n} = \int_V dV\, \rho(\boldsymbol{r}) = \lambda \tag{6.30}$$

となる．クーロンの法則 (6.29) とガウスの法則 (6.30) の等価性もまた，デルタ関数の表式 (6.26) を用いて直接的に示され，電荷密度は $\rho(x,y,z) = \lambda\delta(x,y)$ と表される．

最後に，座標変換 $(x,y,z) \to (\xi,\eta,\zeta)$ の下でのデルタ関数の変換性について考えよう．(ξ,η,ζ) 座標の3つの微小ベクトル $d\boldsymbol{\xi}=(d\xi,0,0)$，$d\boldsymbol{\eta}=(0,d\eta,0)$，$d\boldsymbol{\zeta}=(0,0,d\zeta)$ で指定される $\boldsymbol{r}=(\xi,\eta,\zeta)$ 近傍の8点：$\boldsymbol{r}$, $\boldsymbol{r}+d\boldsymbol{\xi}$, $\boldsymbol{r}+d\boldsymbol{\eta}$, $\boldsymbol{r}+d\boldsymbol{\zeta}$, $\boldsymbol{r}+d\boldsymbol{\xi}+d\boldsymbol{\eta}$, $\boldsymbol{r}+d\boldsymbol{\eta}+d\boldsymbol{\zeta}$, $\boldsymbol{r}+d\boldsymbol{\xi}+d\boldsymbol{\zeta}$, $\boldsymbol{r}+d\boldsymbol{\xi}+d\boldsymbol{\eta}+d\boldsymbol{\zeta}$ を頂点とする微小六面体の体積は $d\xi d\eta d\zeta = d\boldsymbol{\xi}\cdot(d\boldsymbol{\eta}\times d\boldsymbol{\zeta})$ となる．これらを (x,y,z) 座標のベクトルとして表すと，

$$d\boldsymbol{\xi} = \left(\frac{\partial \xi}{\partial x}dx, \frac{\partial \xi}{\partial y}dy, \frac{\partial \xi}{\partial z}dz\right), d\boldsymbol{\eta} = \left(\frac{\partial \eta}{\partial x}dx, \frac{\partial \eta}{\partial y}dy, \frac{\partial \eta}{\partial z}dz\right), d\boldsymbol{\zeta} = \left(\frac{\partial \zeta}{\partial x}dx, \frac{\partial \zeta}{\partial y}dy, \frac{\partial \zeta}{\partial z}dz\right) \quad (6.31)$$

となるので，微小体積は行列式を用いて以下のように表される：

$$d\xi d\eta d\zeta = d\boldsymbol{\xi} \cdot (d\boldsymbol{\eta} \times d\boldsymbol{\zeta}) = \begin{vmatrix} \frac{\partial \xi}{\partial x}dx & \frac{\partial \xi}{\partial y}dy & \frac{\partial \xi}{\partial z}dz \\ \frac{\partial \eta}{\partial x}dx & \frac{\partial \eta}{\partial y}dy & \frac{\partial \eta}{\partial z}dz \\ \frac{\partial \zeta}{\partial x}dx & \frac{\partial \zeta}{\partial y}dy & \frac{\partial \zeta}{\partial z}dz \end{vmatrix} = \begin{vmatrix} \frac{\partial \xi}{\partial x} & \frac{\partial \xi}{\partial y} & \frac{\partial \xi}{\partial z} \\ \frac{\partial \eta}{\partial x} & \frac{\partial \eta}{\partial y} & \frac{\partial \eta}{\partial z} \\ \frac{\partial \zeta}{\partial x} & \frac{\partial \zeta}{\partial y} & \frac{\partial \zeta}{\partial z} \end{vmatrix} dxdydz \equiv Jdxdydz \quad (6.32)$$

ここで行列式 J をヤコビアンという．この微小体積の関係を用いて（6.16）の積分は，$\boldsymbol{r}_0 = (\xi_0, \eta_0, \zeta_0) \equiv (\xi(x_0, y_0, z_0), \eta(x_0, y_0, z_0), \zeta(x_0, y_0, z_0))$ として，

$$f(\xi_0, \eta_0, \zeta_0) = f\left(\xi(x_0, y_0, z_0), \eta(x_0, y_0, z_0), \zeta(x_0, y_0, z_0)\right)$$
$$= \int d\xi d\eta d\zeta\, f(\xi, \eta, \zeta) \delta(\xi - \xi_0, \eta - \eta_0, \zeta - \zeta_0)$$
$$= \int dxdydz\, f(\xi(x,y,z), \eta(x,y,z), \zeta(x,y,z)) \delta(x - x_0, y - y_0, z - z_0) \quad (6.33)$$

となる．(6.32) の関係を用いて (6.33) の被積分関数を比較すると，座標変換の下で 3 次元デルタ関数は

$$\delta(x - x_0, y - y_0, z - z_0) = J \cdot \delta(\xi - \xi_0, \eta - \eta_0, \zeta - \zeta_0) \quad (6.34)$$

のように変換することが分かる．

6-2 複素関数

6-2-1 正則関数とコーシー・リーマンの関係式

虚数単位 i を $i^2 = -1$ となる数として，**複素数** z を 2 つの実数 (x, y) の組み合わせとして $z = x + iy$ と定める．さらに，その**複素共役**を $\bar{z} = x - iy$ と表すことにする．複素数 z と xy-平面の点 (x, y) を対応付けるとき，この平面を $\mathbb{C}$ と表し，**複素平面**（または**ガウス平面**）と呼ぶ．

> **正則関数**
>
> 複素平面 $\mathbb{C}$ 内の領域 D で定義される複素関数 $f(z)$ に対し，D 内の任意の点 $z_0 \in D$ において極限値：
> $$\lim_{h \to 0} \frac{f(z_0 + h) - f(z_0)}{h} \tag{6.35}$$
> が $h = 0$ への近づけ方によらずに一意的に定まるとき，この複素関数を D 上の**正則関数**と呼ぶ．

正則関数は複素数に値を持つ関数なので，実部 $u(x,y)$ と虚部 $v(x,y)$ の2つの実関数に分けられる：$f(z) = u(x,y) + iv(x,y) \equiv f(x,y)$．これらの実関数を用いて正則関数の条件 (6.35) を考えよう．$h = \delta r e^{i\theta}$ の偏角 θ を固定して $\delta r \to 0$ の極限をとると，

$$\lim_{\delta r \to 0} \frac{f(z + \delta r e^{i\theta}) - f(z)}{\delta r e^{i\theta}} = \lim_{\delta r \to 0} \frac{f(x + \delta r \cos\theta, y + \delta r \sin\theta) - f(x,y)}{\delta r e^{i\theta}}$$
$$= e^{-i\theta} \left(\cos\theta \frac{\partial f(x,y)}{\partial x} + \sin\theta \frac{\partial f(x,y)}{\partial y} \right)$$
$$= \frac{1}{2} \left(\frac{\partial f(x,y)}{\partial x} - i\frac{\partial f(x,y)}{\partial y} \right) + \frac{e^{-2i\theta}}{2} \left(\frac{\partial f(x,y)}{\partial x} + i\frac{\partial f(x,y)}{\partial y} \right) \tag{6.36}$$

と表される．(6.35) の極限値が $h \to 0$ への近づけ方，すなわち偏角 θ の取り方によらずに一意的に定まるためには，

$$\frac{\partial f(x,y)}{\partial x} + i\frac{\partial f(x,y)}{\partial y} = 0 \tag{6.37}$$

という条件が要請され，さらにこの条件を実部と虚部に分けて書くと

$$\frac{\partial u(x,y)}{\partial x} = \frac{\partial v(x,y)}{\partial y}, \quad \frac{\partial u(x,y)}{\partial y} = -\frac{\partial v(x,y)}{\partial x} \quad (6.38)$$

という関係式を得る．これを**コーシー・リーマンの関係式**という．

$x = \frac{z + \bar{z}}{2}, y = \frac{z - \bar{z}}{2i}$ より，z と $\bar{z}$ を形式的に独立変数と見なして変数変換を行うと，

$$\frac{\partial}{\partial z} = \frac{1}{2}\left(\frac{\partial}{\partial x} - i\frac{\partial}{\partial y}\right), \quad \frac{\partial}{\partial \bar{z}} = \frac{1}{2}\left(\frac{\partial}{\partial x} + i\frac{\partial}{\partial y}\right) \quad (6.39)$$

となり，$f(z, \bar{z}) \equiv f(x(z,\bar{z}), y(z,\bar{z}))$ と表すと (6.37) の条件は

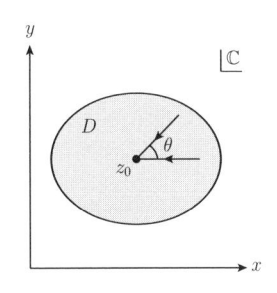

図 6.3 極限値の近づけ方

$$\frac{\partial f(z,\bar{z})}{\partial \bar{z}} = 0 \tag{6.40}$$

と書き換えられる．つまり，複素関数 $f(z,\bar{z})$ が $\bar{z}$ によらず z のみに依存するならば，この複素関数は正則関数となる．

例題 $z \equiv x + iy$ とする．次の関数が（複素）正則関数かどうかを調べよ．

(1) $x^2 + iy^2$ ， (2) $e^x(\cos y + i \sin y)$

解説
(1) $u(x,y) = x^2$ ， $v(x,y) = y^2$ とすると，

$$\frac{\partial u}{\partial x} = 2x ， \quad \frac{\partial v}{\partial y} = 2y ， \quad \frac{\partial u}{\partial y} = 0 = \frac{\partial v}{\partial x} \tag{6.41}$$

なので，コーシー・リーマンの関係式（6.38）は満たされない．従って，この関数は正則関数でない．

(2) $u(x,y) = e^x \cos y$ ， $v(x,y) = e^x \sin y$ とすると，

$$\frac{\partial u}{\partial x} = e^x \cos y = \frac{\partial v}{\partial y} ， \quad \frac{\partial u}{\partial y} = -e^x \sin y = -\frac{\partial v}{\partial x} \tag{6.42}$$

なので，コーシー・リーマンの関係式（6.38）が満たされる．従って，この関数は正則関数．∎

6-2-2 コーシーの積分定理

正則関数はコーシーの積分定理を満たすことが示される：

コーシーの積分定理

C を複素平面内の閉曲線とし，$f(z)$ を C で囲まれる領域内で有界な（すなわち実定数 $f_0 > 0$ が存在し，$|f(z)| < f_0$ となる）正則関数であるならば

$$\oint_C dz\, f(z) = 0 \tag{6.43}$$

となる．

コーシーの積分定理は，以下のグリーンの定理から導かれる：

グリーンの定理

D を xy-平面内の閉じた領域とし，C を D の境界をなす（$\partial D = C$）閉曲線とする．$a(x,y)$ および $b(x,y)$ が D および C 上で滑らかな実関数ならば，

$$\oint_C (dx\, a(x,y) + dy\, b(x,y)) = \int_D dxdy \left(\frac{\partial b(x,y)}{\partial x} - \frac{\partial a(x,y)}{\partial y} \right) \tag{6.44}$$

となる．

グリーンの定理を理解するため，電磁気学で導入したストークスの定理（2.29）：

$$\oint_C dl\, \boldsymbol{s} \cdot \boldsymbol{A} = \int_S dS\, \boldsymbol{n} \cdot \mathrm{rot}\, \boldsymbol{A} \tag{6.45}$$

に対して，$\boldsymbol{A} = (a(x,y), b(x,y), 0)$ および $\boldsymbol{n} = (0,0,1)$ と選び，S を $z=0$ の xy-平面内の閉曲面 D とする．C の接線ベクトルが $dl \cdot \boldsymbol{s} = (dx, dy, 0)$ と表されることに注意して，これらを (6.45) に適用すると，グリーンの定理 (6.44) の主張が導かれる．

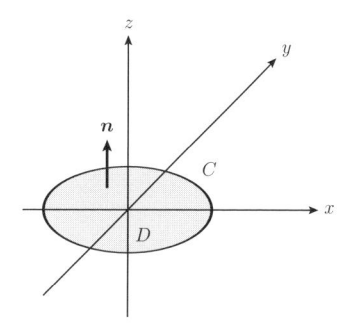

図 6.4 ストークスの定理とグリーンの定理

さらにグリーンの定理を用いて，コーシーの積分定理の主張は以下のように導かれる．正則関数 $f(z)$ を 2 つの実関数を用いて $f(z) = u(x,y) + iv(x,y)$ と表すと，(6.43) の左辺の周回積分は

$$\oint_C dz\, f(z) = \oint_C (dx\, u(x,y) - dy\, v(x,y)) + i \oint_C (dx\, v(x,y) + dy\, u(x,y)) \tag{6.46}$$

と書き換えられる．この関係式の右辺に現れた 1 番目の積分は，$a(x,y) = u(x,y)$ および $b(x,y) = -v(x,y)$ としてグリーンの定理 (6.44) に適用すると，

$$\oint_C (dx\, u(x,y) - dy\, v(x,y)) = \int_D dxdy \left(-\frac{\partial v(x,y)}{\partial x} - \frac{\partial u(x,y)}{\partial y} \right) \tag{6.47}$$

となる．ここで $f(z)$ が正則関数ならばコーシー・リーマンの関係式 (6.38) を満たすので，$\oint_C (dx\, u(x,y) - dy\, v(x,y)) = 0$ を得る．同様に，(6.46) の右辺 2 番目の積分は，$a(x,y) = v(x,y)$ および $b(x,y) = u(x,y)$ をグリーンの定理 (6.44) に適用すると，コーシー・リーマンの関係式 (6.38) から

$$\oint_C (dx\, v(x,y) + dy\, u(x,y)) = \int_D dxdy \left(\frac{\partial u(x,y)}{\partial x} - \frac{\partial v(x,y)}{\partial y} \right) = 0 \tag{6.48}$$

が得られる．以上により，(6.46) の右辺の周回積分が全てゼロとなり，コーシーの積分定理の主張 (6.43) が導かれた．

例題 次の積分を計算せよ．
$$\int_0^\infty dx\,\cos(x^2) \tag{6.49}$$
ただし，以下の積分結果を使っても良い：
$$\int_0^\infty dx\,\mathrm{e}^{-x^2} = \frac{\sqrt{\pi}}{2} \tag{6.50}$$

解説
図 6.5 に描かれた複素平面上の扇型の経路 $C = C_1 + C_2 + C_3$ を考える：

C_1 ： 実軸上 $z = x$ ， $0 \leq x \leq R$ ，
C_2 ： $z = R\mathrm{e}^{i\theta}$ ， $0 \leq \theta \leq \pi/4$ ，
C_3 ： $z = x\mathrm{e}^{i\pi/4}$ ， $x = R$ から $x = 0$ へ
向かう線分 ($R \geq x \geq 0$ と表す)

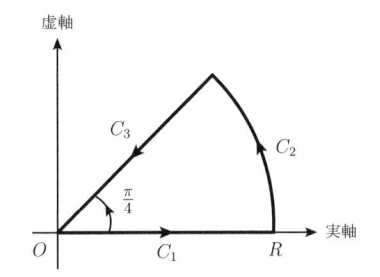

図 6.5 扇型の経路

R を十分大きく取り，最後に極限 $R \to \infty$ で積分を評価する．

関数 $f(z) = \mathrm{e}^{-z^2}$ を考えると，C の内部で有限なので，コーシーの積分定理 (6.43) より $\oint_C dz\,f(z) = 0$ となる．なお，$R \to \infty$ としてもこの積分結果は変わらない．一方，この積分を C_1, C_2, C_3 の区間積分に分割すると，各積分値は以下のように求められる．

まず C_2 上の積分は $z = R\mathrm{e}^{i\theta}$ と変数変換すると，
$$\int_{C_2} dz\,f(z) = iR\int_0^{\pi/4} d\theta\,\mathrm{e}^{i\theta}\mathrm{e}^{-R^2\cos 2\theta - iR^2\sin 2\theta} \tag{6.51}$$
と表される．ここで $0 \leq \theta \leq \pi/4$ では $\cos 2\theta \geq 0$ なので，$R \to \infty$ の極限を取ると $\int_{C_2} dz\,f(z) \to 0$ となる．

次に C_1 上の積分は，$z = x$ と実軸上の区間 $0 \leq x \leq R$ 上の積分なので，$\int_0^\infty dx\,\mathrm{e}^{-x^2} = \frac{\sqrt{\pi}}{2}$ を使って，
$$\int_{C_1} dz\,f(z) = \int_0^R dx\,\mathrm{e}^{-x^2} \xrightarrow{R \to \infty} \int_0^\infty dx\,\mathrm{e}^{-x^2} = \frac{\sqrt{\pi}}{2} \tag{6.52}$$

となる.

最後に C_3 上の積分は，$z = xe^{i\pi/4}$ と変数変換すると，$\left(e^{i\pi/4}\right)^2 = e^{i\pi/2} = i$ に注意して，

$$\int_{C_3} dz\, f(z) = e^{i\pi/4} \int_R^0 dx\, e^{-ix^2} = -e^{i\pi/4} \int_0^R dx\, e^{-ix^2} \xrightarrow{R \to \infty} -e^{i\pi/4} \int_0^\infty dx\, e^{-ix^2} \tag{6.53}$$

となる.

ここで，$0 = \oint_C dz\, f(z) = \int_{C_1} dz\, f(z) + \int_{C_2} dz\, f(z) + \int_{C_3} dz\, f(z)$ より，上の積分結果を合わせると，

$$\int_0^\infty dx\, e^{-ix^2} = e^{-i\pi/4} \frac{\sqrt{\pi}}{2} \tag{6.54}$$

となる．最後に両辺の実部を比べると，

$$\int_0^\infty dx\, \cos x^2 = \frac{\sqrt{\pi}}{2\sqrt{2}} \tag{6.55}$$

が得られる． ∎

6-2-3 コーシーの積分公式

2次元デルタ関数の表式 (6.28) を，(6.39) で行ったように，複素関数 z と $\bar{z}$ を形式的に独立変数として書き換えると，

$$\delta(x)\delta(y) = \frac{1}{2\pi}\left\{\frac{\partial}{\partial x}\left(\frac{x}{x^2+y^2}\right) + \frac{\partial}{\partial y}\left(\frac{y}{x^2+y^2}\right)\right\} = \frac{1}{\pi}\frac{\partial}{\partial \bar{z}}\left(\frac{1}{z}\right) \tag{6.56}$$

と表される．さらに $z \to z - z_0$ $(z_0 = x_0 + iy_0)$ のように原点をずらすと，複素関数に対するデルタ関数：

$$\delta(z - z_0) \equiv \delta(x - x_0)\delta(y - y_0) = \frac{1}{\pi}\frac{\partial}{\partial \bar{z}}\left(\frac{1}{z - z_0}\right) \tag{6.57}$$

が定められる．このデルタ関数の表式を使って，正則関数の積分を考える．$f(z)$ を閉曲線 C で囲まれる領域 D 上の正則関数とすると，微小面積要素の変数変換 $dS = dxdy = dzd\bar{z}/2i$ および正則関数の条件 (6.40) を用いて，

$$\oint_C dz\, \frac{f(z)}{z - z_0} = \int_D dz d\bar{z}\, \frac{\partial}{\partial \bar{z}}\left(\frac{f(z)}{z - z_0}\right) = 2\pi i \int_D dS\, f(z)\delta(z - z_0) = \begin{cases} 2\pi i f(z_0) & z_0 \in D \\ 0 & z_0 \notin D \end{cases} \tag{6.58}$$

となる．この関係式から，**コーシーの積分公式**が導かれる：

コーシーの積分公式

C を複素平面内の $z = z_0$ を囲む閉曲線とし，C が囲む領域 D 内の正則関数 $f(z)$ に対し，

$$f(z_0) = \frac{1}{2\pi i} \oint_C dz \frac{f(z)}{z - z_0} \tag{6.59}$$

が成立する．

コーシーの積分公式の両辺に z_0 に関する n-階微分を施すと，微分と積分を入れ替えて[4]

$$f^{(n)}(z_0) = \frac{n!}{2\pi i} \oint_C dz \frac{f(z)}{(z - z_0)^{n+1}} \tag{6.60}$$

という公式が得られる．この公式は**グルサの公式**と呼ばれる．

この定理の応用例として，C が $z = 0$ を囲む閉曲線のとき，

$$\oint_C \frac{dz}{z} = 2\pi i \ , \quad \oint_C \frac{dz}{z^n} = 0 \quad (n \neq 1) \tag{6.61}$$

が得られる．ただし (6.61) の導出では，$n > 1$ の場合には $f(z) = 1$，$z_0 = 0$ として (6.60) を使い，一方 $n < 1$ の場合には，C が囲む領域内の正則関数 $f(z) = z^{-n}$ としてコーシーの積分定理 (6.43) を使った．

例題 次の積分を計算せよ．

$$\int_0^\infty \frac{dx}{x^2 + a^2} \quad (a > 0) \tag{6.62}$$

解説

図 6.6 の経路 $C = C_1 + C_2$ を考える：

$$C_1 : z = x, \ -R \leq x \leq R \ , \quad C_2 : z = Re^{i\theta}, \ 0 \leq \theta \leq \pi$$

ここで R は十分大きな数に取り，最後に $R \to \infty$ 極限で積分を評価する．

被積分関数は

---
[4] ここでは，この操作が可能な導関数を持つ正則関数 $f(z)$ を仮定する．

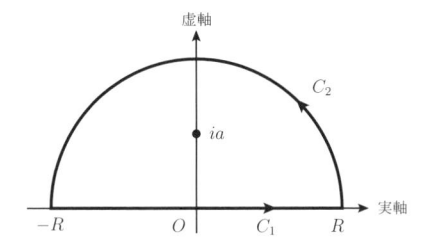

図 **6.6** 上半平面の積分路

$$\frac{1}{x^2+a^2} = \frac{1}{(x+ia)(x-ia)} \tag{6.63}$$

と因子化するので，C が囲む領域内で正則な関数として $f(z)=1/(z+ia)$ と選び，コーシーの積分公式 (6.59) を使うと，

$$\int_C \frac{dz}{z^2+a^2} = \int_C dz \frac{f(z)}{z-ia} = 2\pi i f(ia) = \frac{\pi}{a} \tag{6.64}$$

を得る．一方，この積分を C_1，C_2 の区間積分に分割すると，各積分値は以下のように求められる．

まず C_2 上の積分は，以下のように不等式で評価される：

$$\left|\int_{C_2} \frac{dz}{z^2+a^2}\right| = \left|\int_0^\pi d\theta \frac{iRe^{i\theta}}{R^2 e^{2i\theta}+a^2}\right| \leq \int_0^\pi d\theta \left|\frac{iRe^{i\theta}}{R^2 e^{2i\theta}+a^2}\right| \leq \frac{R}{R^2-a^2}\int_0^\pi d\theta \xrightarrow{R\to\infty} 0 \tag{6.65}$$

となる．一方，C_1 上の積分は，

$$\int_{C_1} \frac{dz}{z^2+a^2} = \int_{-R}^{R} \frac{dx}{x^2+a^2} \xrightarrow{R\to\infty} \int_{-\infty}^{\infty} \frac{dx}{x^2+a^2} = 2\int_0^\infty \frac{dx}{x^2+a^2} \tag{6.66}$$

となる．ここで，最後の等式では $1/(x^2+a^2)$ が偶関数であることを使った．

$\oint_C dz\, f(z)/(z-ia) = \int_{C_1} dz\, f(z)/(z-ia) + \int_{C_2} dz\, f(z)/(z-ia)$ と上の積分結果を合わせて，

$$\int_0^\infty \frac{dx}{x^2+a^2} = \frac{\pi}{2a} \tag{6.67}$$

が得られる．

6-2-4 ローラン展開,留数定理,リーマン面

前項までは複素平面内の領域 D 上の正則関数を主に取り扱ってきたが,ここでは D 内に微分不可能な点 $z = z_0$ を持つ複素関数を考えよう.複素関数 $f(z)$ が領域 D 内で 1 点 $z = z_0$ を除いて 1 価[5]かつ正則関数となるとき,この点を関数 f の**孤立特異点**と呼ぶ.

孤立特異点を持つ複素関数は,**ローラン展開**が可能である[6]:

> **ローラン展開**
> 複素関数 $f(z)$ が領域 D 内で $z = z_0$ を除いて正則かつ 1 価ならば,$z = z_0$ のまわりで
>
> $$f(z) = \sum_{n=-\infty}^{\infty} a_n (z-z_0)^n \qquad (6.68)$$
>
> のように展開され,各係数 a_n は,
>
> $$a_n = \frac{1}{2\pi i} \oint_C dz \frac{f(z)}{(z-z_0)^{n+1}} \qquad (6.69)$$
>
> で与えられる.

ローラン展開の正冪項の部分を**正則部** $R(z)$,負冪項の部分を**主要部** $P(z)$ と呼び,$f(z) = R(z) + P(z)$ のように分解される.主要部の形に応じて,複素関数の孤立特異点は以下のように分類される:

1. 正則点:複素関数のローラン展開が主要部を持たず $P(z) = 0$,展開点 $z = z_0$ を除いて 1 価かつ正則な場合,**正則点**あるいは**除去可能特異点**と呼ぶ.この場合,ローラン展開はグルサの公式によりテイラー展開に帰着する:

$$f(z) = \sum_{n=0}^{\infty} a_n (z-z_0)^n, \quad a_n = \frac{f^{(n)}(z_0)}{n!} \qquad (6.70)$$

2. 極:複素関数 $f(z)$ の主要部が以下のように有限項からなる場合:

$$P(z) = \sum_{n=0}^{n_0} \frac{a_{-n}}{(z-z_0)^n} \qquad (6.71)$$

この関数の孤立特異点 $z = z_0$ を n_0 **位の極**と呼び,極を持つ関数を**有理型関**

---

[5] $f(z)$ の値が定義領域内の任意の点で一意に定まることを **1 価**と呼ぶ.
[6] ローラン展開 (6.68),(6.69) は,コーシーの積分公式から導出される.

数と呼ぶ[7]．

3. 真性特異点：主要部が無限級数

$$P(z) = \sum_{n=0}^{\infty} \frac{a_{-n}}{(z-z_0)^n} \tag{6.72}$$

となる場合，こうした孤立特異点を**真性特異点**と呼ぶ．

特に，複素関数 $f(z)$ の $z=z_0$ まわりのローラン展開係数 a_{-1} を**留数**と呼び，$\text{Res}_{z=z_0} f(z)$ と表す．コーシーの積分公式から，孤立特異点を持つ複素関数 $f(z)$ の積分に対して以下の**留数定理**が導かれる：

留数定理

閉曲線 C で囲まれる領域 D 内で複素関数 $f(z)$ が有限個の孤立特異点 $z=z_i$ $(i=1,\cdots,N)$ を持ち，それ以外では正則であるとする．C_i を z_i のみを囲む D 内の閉曲線として，C 上の $f(z)$ の積分は C_i 上の積分の和として表される：

$$\frac{1}{2\pi i} \oint_C dz\, f(z) = \sum_{i=1}^{N} \text{Res}_{z=z_i} f(z), \quad \text{Res}_{z=z_i} f(z) = \frac{1}{2\pi i} \oint_{C_i} dz\, f(z) \tag{6.73}$$

孤立特異点を持つ関数は，特異点まわりで 1 価であった．一方，対数関数 $f(z) = \ln z$ や 整数でない冪 a を持つ冪関数 $f(z) = z^a$ などは，$z=0$ 近傍以外で 1 価とならない[8]．複素関数 $f(z)$ が点 $z=z_0$ まわりに偏角 2π だけ回った後に関数値が元の値に戻らないとき，この点を**分岐点**と呼び，分岐点を持つ複素関数を**多価関数**という．

分岐点 $z=z_0$ まわりの領域 D_{z_0} で，1 価関数 $g(z)$ と冪関数 $(z-z_0)^a$ に因子化する多価関数 $f(z)$：

$$f(z) = (z-z_0)^a\, g(z) \tag{6.75}$$

を考える．(6.75) の冪 a が有理数 $a = m/n$ (m と n は互いに素) であるならば，$z-z_0$ の偏角 θ のシフト：$\theta \to \theta + 2\pi n$ の下で $f(z)$ は不変であり，$f(z)$ の値は $e^{ik/n} f(z)$ ($k=0,1,2,\cdots,n-1$) と n-通り存在する．こうした関数を **n-価関数**という．

n-価関数 $f(z)$ の値を一意に定めるため，n 枚の複素平面（**シート**または**葉**と呼ぶ）

---

[7] 複素関数 $f(z)$ を分数として表したとき，分子と分母が z の多項式からなる有理型関数を特に**有理関数**と呼ぶ．

[8] 例として，冪関数

$$f(z) = z^a \tag{6.74}$$

は $z = re^{i\theta}$ の偏角を $\theta \to \theta + 2\pi$ とすると，$f(z) \to e^{2\pi i a} f(z)$ となるので a が整数でなければ複素平面上では同一の点にもかかわらず，$f(z)$ の値は異なる．

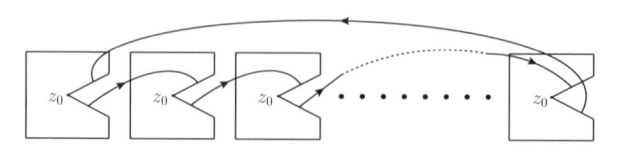

図 **6.7** 分岐点とリーマン面

を用意する．分岐点 $z = z_0$ を端点として各複素平面に切り込み（**カット**と呼ぶ）を入れ，図 6.7 のように k $(k \neq n)$ 番目のシートの切り込みの下の部分と $k+1$ 番目のシートの切り込みの上の部分を貼り合わせ，最後に n 番目のシートの切り込みの下の部分と 1 番目のシートの切り込みの上の部分を貼り合わせると，領域 D_{z_0} を（局所的に）n 重に被覆した曲面が作られる．この曲面を**リーマン面**という．k 番目のシート（$k=1,\cdots,n$）上の n-価関数の値を $e^{ik/n}f(z)$ と定めると，カットを通過して k 番目から $k+1$ 番目のシートに移ることで，関数の値は $e^{ik/n}f(z)$ から $e^{i(k+1)/n}f(z)$ にシフトする．つまり，各シートの上で多価関数 (6.75) の値が一意に定められており，それらがカットを通じて貼り合わされるので，リーマン面上では多価関数の値を一意に定められる．

有理数でない冪を持つ冪関数や対数関数の場合には，リーマン面を作るために無限枚の複素平面が必要になる．例えば対数関数 $f(z) = \ln z$ の場合には，

$$\ln z = \ln r + i\theta \tag{6.76}$$

と表されるので，分岐点 $z = 0$ まわりで $\theta \to \theta + 2\pi$ とすると関数値は $\ln z \to \ln z + 2\pi i$ とシフトする．こうした対数関数を 1 価にするリーマン面は，無限枚の複素平面を用意し，$z = 0$ から $z = \infty$ へ延びるカットを入れ，各シートを貼り合わせることにより作られる．$f(z) = \ln z$ 値を各シート上で $\ln z + 2\pi i n$（$0 \leq \arg z \leq 2\pi$，n：整数）とすれば，対数関数の値はこのリーマン面上で一意に定められる．

例題 次の積分を計算せよ．

$$\int_0^\infty \frac{x^{a-1}dx}{1+x} \quad (0 < a < 1) \tag{6.77}$$

解説

図 6.8 の経路 $C = C_1 + C_2 + C_3 + C_4$ を考える：

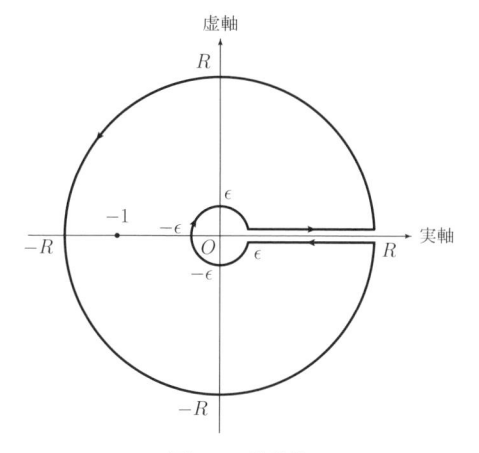

図 **6.8** 積分路

$$C_1 \,:\, z = x \ (\epsilon \leq x \leq R)\,, \quad C_2 \,:\, z = Re^{i\theta} \ (0 \leq \theta \leq 2\pi)\,,$$
$$C_3 \,:\, z = xe^{2i\pi} \ (R \geq x \geq \epsilon)\,, \quad C_4 \,:\, z = \epsilon e^{i\theta} \ (2\pi \geq \theta \geq 0)$$

ここで R は十分大きな数とし，ϵ は十分小さな数として，積分の評価においてはそれぞれ $R \to \infty$ および $\epsilon \to 0$ とする．

$f(z) = z^{a-1}$，$z_0 = -1$ としてコーシーの積分公式 (6.59) を使うと，

$$\int_C dz\, \frac{z^{a-1}}{z+1} = -2\pi i e^{ia\pi} \tag{6.78}$$

となる．

C_2 上の積分は，$a < 1$ なので，以下のように不等式で評価される：

$$\left| \int_{C_2} dz\, \frac{z^{a-1}}{1+z} \right| = \left| \int_0^{2\pi} d\theta\, \frac{iR^a e^{\theta i a}}{1 + Re^{i\theta}} \right| \leq \int_0^{2\pi} d\theta\, \left| \frac{iR^a e^{\theta i a}}{1 + Re^{i\theta}} \right| \leq \frac{R^a}{R-1} \int_0^{2\pi} d\theta\, \xrightarrow[a<1]{R \to \infty} 0 \tag{6.79}$$

また，C_4 上の積分は，$a > 0$ なので，以下のように不等式で評価される：

$$\left| \int_{C_4} dz\, \frac{z^{a-1}}{1+z} \right| = \left| \int_{2\pi}^0 d\theta\, \frac{i\epsilon^a e^{\theta i a}}{1 + \epsilon e^{i\theta}} \right| \leq \int_{2\pi}^0 d\theta\, \left| \frac{i\epsilon^a e^{\theta i a}}{1 + \epsilon e^{i\theta}} \right| \leq \frac{\epsilon^a}{1-\epsilon} \int_0^{2\pi} d\theta\, \xrightarrow[a>0]{\epsilon \to 0} 0 \tag{6.80}$$

C_1，C_3 上の積分は，C_3 上の積分が C_1 上の積分と比べてリーマン面の別葉の積分となることに注意すると，

$$\int_{C_1} dz \, \frac{z^{a-1}}{1+z} \xrightarrow[R\to\infty]{\epsilon\to 0} \int_0^\infty \frac{x^{a-1}dx}{1+x} \quad , \quad \int_{C_3} \frac{z^{a-1}dz}{1+z} = -e^{2i\pi a} \int_{C_1} \frac{z^{a-1}dz}{1+z} \tag{6.81}$$

となるので，これらの寄与を合わせて，

$$\left(1 - e^{2i\pi a}\right) \int_0^\infty \frac{x^{a-1}dx}{1+x} = -2\pi i e^{ia\pi} \tag{6.82}$$

となる．この結果を書き換えると，

$$\int_0^\infty \frac{x^{a-1}dx}{1+x} = \frac{\pi}{\sin a\pi} \tag{6.83}$$

が得られる． ∎

6-3　フーリエ展開

6-3-1　完全正規直交関数系

一般に区間 $a \leq x \leq b$ 上で複素数値関数 $f(x)$ が**二乗可積分条件**：

$$\int_a^b dx \, |f(x)|^2 < \infty \tag{6.84}$$

を満たすとき，この関数 $f(x)$ を区間 $a \leq x \leq b$ 上の L_2-**関数**と呼ぶ．区間 $a \leq x \leq b$ 上の L_2-関数 $f(x)$ と $g(x)$ に対して，これらの間に定義される内積 $\langle f, g \rangle$ を，$f(x)$ の複素共役 $\bar{f}(x)$ と $g(x)$ の積の積分

$$\langle f, g \rangle = \int_a^b dx \, \bar{f}(x) g(x) \tag{6.85}$$

として定義する．特に関数 $f(x)$ 自身の内積から**ノルム** $\|f(x)\| \equiv \sqrt{\langle f, f \rangle}$ が定義され，また，2つの関数の内積がゼロ $\langle f, g \rangle = 0$ となるとき，関数 f と g は**直交する**という．

こうして定義された内積に関して，無限個の一次独立な関数からなる集合（関数系）$\{\varphi_n\} \equiv \{a \leq x \leq b$ 上の L_2-関数 $\varphi_n(x)$, $n = 1, 2, \cdots, \infty\}$ と $\{\psi_n\} \equiv \{a \leq x \leq b$ 上の L_2-関数 $\psi_n(x)$, $n = 1, 2, \cdots, \infty\}$ を導入する[9]．L_2-関数の集合である関数系 $\{\varphi_n\}$ と $\{\psi_n\}$ の各要素が，N_n $(n = 1, \cdots, n)$ をゼロでない実数として

---

[9] ここでは可算無限個の集合を考えるが，一般には連続無限個の場合（フーリエ変換などの場合）も多い．なお，関数の集合 $\{\varphi_n\}$ の任意の要素 $\varphi_n(x)$ が他の要素 $\varphi_m(x)$ $(m \neq n)$ の線形和として表されないとき，互いに **1 次独立**であるという．

$$\int_a^b dx\, \bar{\psi}_m(x)\varphi_n(x) = N_n \delta_{mn} \tag{6.86}$$

という関係に従うとき，これらの関数系は互いに**共役**であるという．ここで，δ_{mn} は**クロネッカーのデルタ**と呼ばれ，次のように定義される：

$$\delta_{mn} = \begin{cases} 1 & m = n \\ 0 & m \neq n \end{cases} \tag{6.87}$$

関数系 $\{\varphi_n\}$ が自己共役の関係：

$$\int_a^b dx\, \varphi_m(x)\varphi_n(x) = N_m \delta_{mn} \tag{6.88}$$

に従うとき，$\{\varphi_n\}$ を**直交関数系**と呼び，特に，全ての n に対して $N_n = 1$ となる関数系 $\{\varphi_n\}$ を**正規直交関数系**という．一方，関数系 $\{\varphi_n\}$ の要素が任意の $a \leq x, y \leq b$ に対し，

$$\sum_n \bar{\varphi}_n(x)\varphi_n(y) = \delta(x - y) \tag{6.89}$$

という条件を満たすとき，この関数系は**完備系**または**完全系**であるといい，この条件 (6.89) を**完備性条件**または**完全系条件**と呼ぶ．

区間 $a \leq x \leq b$ で定義された任意の滑らかな関数 $f(x)$ は，完備な正規直交関数系 $\{\varphi_n\}$ の線形和として表される：

$$\begin{aligned} f(x) &= \int_a^b dy\, \delta(y-x)f(y) = \int_a^b dy \sum_n \bar{\varphi}_n(y)\varphi_n(x)f(y) \\ &= \sum_n \left(\int_a^b dy\, \bar{\varphi}_n(y)f(y) \right) \varphi_n(x) = \sum_n a_n \varphi_n(x)\,, \\ a_n &= \int_a^b dy\, \bar{\varphi}_n(y)f(y) \end{aligned} \tag{6.90}$$

完備な正規直交関数系 $\{\varphi_n\}$ の要素 $\varphi_n(x)$ を**基底**と呼ぶ．一般に直交関数系による関数の展開を，**直交関数系展開**と呼ぶ．

関数 $f(x)$ の境界条件に応じて，直交関数系展開で用いられる関数系が決定される．代表的なものとして，区間 $a \leq x \leq b$ 上で定義された関数 $f(x)$ が境界 $x = a$ および $x = b$ で以下の条件に従う場合を考える：

1. ディリクレ型境界条件（固定端）：$f(a) = f_0,\ f(b) = f_1$
2. ノイマン型境界条件（自由端）：$f'(a) = f'(b) = 0$

3. 周期境界条件：$f(a) = f(b)$

さらに，実数 a, b で定まる区間の境界を適当な変数変換によって，ディリクレ型，およびノイマン型の場合には，$a = 0$, $b = \pi$ とし，周期境界条件の場合には $a = 0$, $b = 2\pi$ とすると，それぞれの境界条件を満たす完備正規直交関数系として，以下のものが選ばれる[10]：

1. ディリクレ型境界条件（固定端）：

$$\{\varphi_n^{(D)}\} = \left\{ \sqrt{\frac{2}{\pi}} \sin nx , \quad n = 1, 2, 3, \cdots, \infty \right\} \tag{6.92}$$

2. ノイマン型境界条件（自由端）：

$$\{\varphi_n^{(N)}\} = \left\{ \varphi_0^{(N)}(x) = \frac{1}{\sqrt{\pi}} , \varphi_n^{(N)}(x) = \sqrt{\frac{2}{\pi}} \cos nx , \quad n = 1, 2, 3, \cdots, \infty \right\} \tag{6.93}$$

3. 周期境界条件：

$$\{\varphi_n^{(C)}\} = \left\{ \frac{1}{\sqrt{2\pi}} e^{inx} , n = 0, \pm 1, \pm 2, \cdots, \pm\infty \right\} \tag{6.94}$$

直交関数系展開は，微分方程式を解く際にしばしば役に立つ．例えば，

$$\frac{d^2 f(x)}{dx^2} = V(x) \tag{6.95}$$

という微分方程式を考える．$f(x)$, $V(x)$ が共に同一の境界条件を満たし，その条件に応じて正規直交関数系 (6.92), (6.93), (6.94) のいずれかを用いて以下のように展開されたとする：

$$f(x) = \sum_n f_n \varphi_n(x) , \quad V(x) = \sum_n V_n \varphi_n(x) \tag{6.96}$$

これらの関数系の基底は，

$$\frac{d^2 \varphi_n(x)}{dx^2} = -n^2 \varphi_n(x) \tag{6.97}$$

を満たすので，微分方程式 (6.95) に (6.96) および (6.97) を代入すると，係数 f_n が求められる．実際，微分方程式 (6.95) の解 $f(x)$ は境界条件によって定まる積分

---

[10] ディリクレ型境界条件の場合には変数変換：

$$x' = \frac{\pi}{b-a}(x - a) \tag{6.91}$$

を施し，さらに $\tilde{f}(x) = f(x) - (f_1 - f_0)\frac{x}{\pi} - f_0$ といった変換を実行して，$\tilde{f}(0) = \tilde{f}(\pi) = 0$ という境界条件にしている．

定数 a, b を用いて以下のように表される:

$$f(x) = -\sum_{n \neq 0} \frac{V_n}{n^2} \varphi_n(x) + \frac{1}{2} V_0 x^2 + ax + b \tag{6.98}$$

6-3-2 フーリエ級数

ローラン展開の係数の表式 (6.69) において，C を $z = z_0$ まわりの単位円に取ると C 上の点 z は $z - z_0 = e^{i\theta}$ と表せる．ここで $f(\theta) \equiv f(z_0 + e^{i\theta})$ と定義すると，$f(\theta)$ は周期 2π を持つ関数となり，以下のように展開される[11]:

フーリエ展開（指数関数型）

変数 θ に関して周期 2π を持つ積分可能な複素関数 $f(\theta)$ は，以下の級数展開を持つ:

$$f(\theta) = \sum_{n=-\infty}^{\infty} a_n e^{in\theta} \ , \quad a_n = \frac{1}{2\pi} \int_{-\pi}^{\pi} d\theta \, f(\theta) e^{-in\theta} \tag{6.99}$$

こうして定められる無限級数を，**フーリエ級数**と呼ぶ．

さらに，オイラーの公式 $e^{i\theta} = \cos\theta + i\sin\theta$ を用いて書き換えると，三角関数を正規直交関数系としたフーリエ展開が得られる:

フーリエ展開（三角関数型）

変数 θ に関して周期 2π を持つ積分可能な実関数 $f(\theta)$ は，以下の級数展開を持つ:

$$f(\theta) = A_0 + \sum_{n=1}^{\infty} (A_n \cos n\theta + B_n \sin n\theta) \ , \quad A_0 = a_0 = \frac{1}{2\pi} \int_{-\pi}^{\pi} d\theta f(\theta),$$

$$A_n = a_n + a_{-n} = \frac{1}{\pi} \int_{-\pi}^{\pi} d\theta \, f(\theta) \cos n\theta \ ,$$

$$B_n = i(a_n - a_{-n}) = \frac{1}{\pi} \int_{-\pi}^{\pi} d\theta \, f(\theta) \sin n\theta \tag{6.100}$$

ここで，$0 \leq \theta \leq \pi$ で定義された実関数 $f(\theta)$ をフーリエ展開するために，この関数の定義域を区間 $-\pi < \theta < 0$ へ拡張する．ただしここでは $f(\theta)$ を連続な関数に限って

---

[11] 周期 2π の関数を考えているので，定義域を $0 \leq \theta \leq 2\pi$ とする代わりに $-\pi \leq \theta \leq \pi$ とした．

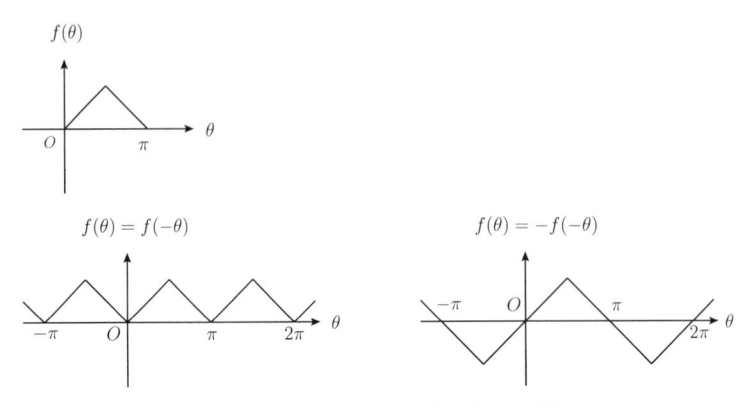

図 6.9 偶関数および奇関数への拡張

いない．この拡張された関数を偶関数 $f(-\theta) = f(\theta)$ とするか奇関数 $f(-\theta) = -f(\theta)$ とするかに応じて，2 通りのフーリエ級数が得られる：

1. $f(\theta) = f(-\theta)$ としたときは $f(\theta) = \sum_{n=-\infty}^{\infty} a_n e^{in\theta} = f(-\theta) = \sum_{n=-\infty}^{\infty} a_n e^{-in\theta}$ より，$a_{-n} = a_n$ となるので，余弦関数のみによる展開を得る：

$$f(\theta) = a_0 + 2\sum_{n=1}^{\infty} a_n \cos n\theta \ , \quad a_n = \frac{1}{\pi}\int_0^\pi d\theta\, f(\theta)\cos n\theta \tag{6.101}$$

これを**フーリエ余弦級数**と呼ぶ．

2. $f(\theta) = -f(-\theta)$ としたときは $f(\theta) = \sum_{n=-\infty}^{\infty} a_n e^{in\theta} = -f(-\theta) = -\sum_{n=-\infty}^{\infty} a_n e^{-in\theta}$ より，$a_{-n} = -a_n$ となるので，正弦関数のみによる展開を得る：

$$f(\theta) = 2i\sum_{n=1}^{\infty} a_n \sin n\theta \ , \quad a_n = \frac{i}{\pi}\int_0^\pi d\theta\, f(\theta)\sin n\theta \tag{6.102}$$

これを**フーリエ正弦級数**と呼ぶ．

区間 $-\pi \leq \theta \leq \pi$ 上で定義される実関数 $f(\theta)$ と $g(\theta)$ を L_2-関数とし，これらの関数の内積 $\langle f, g \rangle$ を，

$$\langle f, g \rangle = \frac{1}{\pi}\int_{-\pi}^{\pi} d\theta\, \bar{f}(\theta)g(\theta) \tag{6.103}$$

と定める．この内積に関して，$\{e^{in\theta}/\sqrt{2}\ (-\infty \leq n \leq \infty)\}$ は $-\pi \leq \theta \leq \pi$ 上の完備な正規直交関数系をなす：

$$\left\langle \frac{\mathrm{e}^{im\theta}}{\sqrt{2}}, \frac{\mathrm{e}^{in\theta}}{\sqrt{2}} \right\rangle = \delta_{nm} \tag{6.104}$$

同様に $\{1/\sqrt{2}, \cos n\theta, \sin n\theta (n \geq 1)\}$ もまた $-\pi \leq \theta \leq \pi$ 上の完備な正規直交関数系をなす：

$$\langle \cos m\theta, \cos n\theta \rangle = \delta_{mn}, \quad \langle \sin m\theta, \sin n\theta \rangle = \delta_{mn}, \quad \left\langle \frac{1}{\sqrt{2}}, \frac{1}{\sqrt{2}} \right\rangle = 1,$$

$$\langle \cos m\theta, \sin n\theta \rangle = 0 = \langle \sin m\theta, \cos n\theta \rangle, \quad \left\langle \frac{1}{\sqrt{2}}, \cos n\theta \right\rangle = 0 = \left\langle \frac{1}{\sqrt{2}}, \sin n\theta \right\rangle \tag{6.105}$$

特にデルタ関数 $\delta(\theta - \theta_0)$ のフーリエ展開から，これらの基底に関する完備性条件 (6.89) が得られる：

$$\begin{aligned}
\delta(\theta - \theta_0) &= \frac{1}{2\pi} \sum_{n=-\infty}^{\infty} \mathrm{e}^{in(\theta-\theta_0)} \\
&= \frac{1}{2\pi} + \frac{1}{\pi} \sum_{n=1}^{\infty} \cos(n\theta)\cos(n\theta_0) + \frac{1}{\pi} \sum_{n=1}^{\infty} \sin(n\theta)\sin(n\theta_0)
\end{aligned} \tag{6.106}$$

例題 以下のような周期 2π を持つ関数をフーリエ展開せよ．

(1) $f(x) = |x| \quad (-\pi \leq x \leq \pi)$

(2) $f(x) = \begin{cases} 0 & (-\pi \leq x \leq 0) \\ \sin x & (0 \leq x \leq \pi) \end{cases}$

<u>解説</u>
$f(x)$ は実関数なので，(6.100) を使う．
(1) $f(x)$ は偶関数なので $B_n = 0$ であり，係数 A_0 は，

$$A_0 = \frac{1}{\pi} \int_0^\pi dx\, x = \frac{\pi}{2} \tag{6.107}$$

と求まる．また $n \neq 0$ のとき，係数 A_n は，

$$\begin{aligned}
A_n &= \frac{2}{\pi} \int_0^\pi dx\, x \cos nx = \frac{2}{\pi} \left[\frac{x}{n} \sin nx \right]_{x=0}^\pi - \frac{2}{\pi n} \int_0^\pi dx\, \sin nx \\
&= \frac{2}{\pi n^2} [\cos nx]_{x=0}^\pi = \frac{2\left((-1)^n - 1\right)}{\pi n^2}
\end{aligned} \tag{6.108}$$

となる．従って，n が偶数の場合は $A_n = 0$ となり，n が奇数の場合は上式から $n = 2m+1$ での係数 A_{2m+1} が得られ，最終的にこの関数のフーリエ展開は以下のよ

うに表される：

$$f(x) = \frac{\pi}{2} - \frac{4}{\pi} \sum_{m=0}^{\infty} \frac{1}{(2m+1)^2} \cos(2m+1)x \tag{6.109}$$

(2) 係数 A_0 は，

$$A_0 = \frac{1}{2\pi} \int_0^\pi dx \sin x = \frac{1}{\pi} \tag{6.110}$$

と求まる．また $n \neq 0$ のとき，加法定理 $\sin\alpha\cos\beta = (\sin(\alpha+\beta) + \sin(\alpha-\beta))/2$ を使って，係数 A_n は，

$$A_n = \frac{1}{\pi} \int_0^\pi dx \sin x \cos nx = \frac{1}{2\pi} \int_0^\pi dx \left(\sin(n+1)x - \sin(n-1)x\right) \tag{6.111}$$

と表される．$n = 1$ の場合は，

$$A_1 = -\frac{1}{4\pi} \left[\cos 2x\right]_{x=0}^{\pi} = 0 \tag{6.112}$$

となり，$n \neq 1$ の場合は，

$$A_n = -\frac{1}{2\pi} \left[\frac{\cos(n+1)x}{n+1} - \frac{\cos(n-1)x}{n-1}\right]_{x=0}^{\pi} = -\frac{1}{2\pi} \left[\frac{(-1)^{n+1}-1}{n+1} - \frac{(-1)^{n-1}-1}{n-1}\right] \tag{6.113}$$

と求まり，特に n が奇数のときは $A_n = 0$ となる．n が偶数のとき，$n = 2m$ とすると

$$A_{2m} = \frac{1}{2\pi} \left[\frac{2}{2m+1} - \frac{2}{2m-1}\right] = -\frac{2}{\pi} \frac{1}{(2m)^2 - 1} \tag{6.114}$$

となる．

一方，係数 B_n に対しては加法定理 $\sin\alpha\sin\beta = -(\cos(\alpha+\beta) - \cos(\alpha-\beta))/2$ を使って，

$$B_n = \frac{1}{\pi} \int_0^\pi dx \sin x \sin nx = -\frac{1}{2\pi} \int_0^\pi dx \left(\cos(n+1)x - \cos(n-1)x\right) \tag{6.115}$$

と表される．$n = 1$ の場合，係数 B_1 は，

$$B_1 = \frac{-1}{2\pi} \left[\frac{\sin 2x}{2}\right]_{x=0}^{\pi} + \frac{1}{2} = \frac{1}{2} \tag{6.116}$$

と求まる．$n \neq 1$ の場合は，

$$B_n = -\frac{1}{2\pi} \left[\frac{\sin(n+1)x}{n+1} - \frac{\sin(n-1)x}{n-1}\right]_{x=0}^{\pi} = 0 \tag{6.117}$$

となる．

以上の結果を合わせて，以下のフーリエ展開を得る：

$$f(x) = \frac{1}{\pi} + \frac{1}{2}\sin x - \frac{2}{\pi}\sum_{m=1}^{\infty}\frac{\cos(2mx)}{(2m)^2 - 1} \tag{6.118}$$

∎

6-3-3 フーリエ変換

無限級数和として展開されるフーリエ展開の連続極限として積分変換を考えよう．区間 $-\pi \leq x \leq \pi$ で定義され，周期境界条件 $F(x) = F(x + 2\pi)$ が課された関数 $F(x)$ とデルタ関数は

$$F(x) = \sum_{n=-\infty}^{\infty}\frac{F_n}{\sqrt{2\pi}}e^{inx}, \quad F_n = \frac{1}{\sqrt{2\pi}}\int_{-\pi}^{\pi}dx e^{-inx}F(x), \quad \delta(x-y) = \frac{1}{2\pi}\sum_{n=-\infty}^{\infty}e^{in(x-y)} \tag{6.119}$$

のようにフーリエ展開される．ここで $x \to \frac{x}{L}$ と変数変換して，積分区間を $-\pi L \leq x \leq \pi L$ に変えると展開：

$$F(x) = \sum_{n=-\infty}^{\infty}\frac{F_n}{\sqrt{2\pi L}}e^{i\frac{n}{L}x}, F_n = \frac{1}{\sqrt{2\pi L}}\int_{-\pi L}^{\pi L}dx e^{-i\frac{n}{L}x}F(x), \delta(x-y) = \frac{1}{2\pi L}\sum_{n=-\infty}^{\infty}e^{i\frac{n}{L}(x-y)} \tag{6.120}$$

が得られる．これらの表式の極限 $L \to +\infty$ を考えると，$p \equiv \frac{n}{L}$ が連続変数と見なせるので，和は積分に置き換えられ，フーリエ級数の係数は p の関数となる：

$$\frac{1}{L}\sum_{n=-\infty}^{\infty} \to \int_{-\infty}^{\infty}dp \quad \left(dp = \frac{dn}{L}\right), \quad \sqrt{L}F_n \to \hat{F}(p) \tag{6.121}$$

これらの関係を (6.120) の $L \to +\infty$ 極限に適用すると，

$$F(x) = \int_{-\infty}^{\infty}\frac{dp}{\sqrt{2\pi}}e^{ipx}\hat{F}(p), \hat{F}(p) = \int_{-\infty}^{\infty}\frac{dx}{\sqrt{2\pi}}e^{-ipx}F(x), \delta(x-y) = \frac{1}{2\pi}\int_{-\infty}^{\infty}dp\, e^{ip(x-y)} \tag{6.122}$$

という積分変換が得られる．(6.122) で定められた，関数 $F(x)$ から $\hat{F}(p)$ への積分変換を**フーリエ変換**と呼び，関数 $\hat{F}(p)$ から $F(x)$ への積分変換を**フーリエ逆変換**と呼ぶ．

量子力学においてフーリエ変換は，運動量が連続的な値を持つ系の波動関数の座標表示 $\psi(x)$ と運動量表示 $\widehat{\psi}(p)$ を結び付ける変換 (3.44) として導入した：

$$\widehat{\psi}(p) = \frac{1}{\sqrt{2\pi\hbar}} \int_{-\infty}^{\infty} dx\, \psi(x) \mathrm{e}^{-i\frac{px}{\hbar}} \tag{6.123}$$

特にブラケット表示を使うと，$\psi(x)$ と $\widehat{\psi}(p)$ は座標および運動量の固有状態 $|x\rangle$ と $|p\rangle$ との内積として $\psi(x) \equiv \langle x|\psi\rangle$, $\widehat{\psi}(p) \equiv \langle p|\psi\rangle$ と表され，完備性の条件 $\int_{-\infty}^{\infty} dx |x\rangle\langle x| = \mathbb{I}$ および $\langle p|x\rangle = \mathrm{e}^{-ipx/\hbar}/\sqrt{2\pi\hbar}$ を用いると[12]，

$$\langle p|\psi\rangle = \int_{-\infty}^{\infty} dx\, \langle p|x\rangle\langle x|\psi\rangle = \int_{-\infty}^{\infty} \frac{dx}{\sqrt{2\pi\hbar}} \mathrm{e}^{-i\frac{px}{\hbar}} \langle x|\psi\rangle \tag{6.124}$$

と関係付けられる．

例題 以下の関数をフーリエ変換せよ．

(1) $F(x) = \begin{cases} 1 & (-1 \le x \le 1) \\ 0 & (|x| > 1) \end{cases}$

(2) $F(x) = \mathrm{e}^{-x^2}$

(3) $F(x) = f * g(x) \equiv \int_{-\infty}^{\infty} dt\, f(x-t)g(t) dt$

解説

(1) フーリエ変換の定義 (6.122) より，変換後の関数 $\hat{F}(p)$ は

$$\hat{F}(p) = \int_{-1}^{1} \frac{dx}{\sqrt{2\pi}} \mathrm{e}^{-ipx} = \sqrt{\frac{2}{\pi}} \frac{\sin p}{p} \tag{6.125}$$

となる．

(2) 変換後の関数 $\hat{F}(p)$ は，$\int_{-\infty}^{\infty} dx\, \mathrm{e}^{-x^2} = \sqrt{\pi}$ を用いて，

$$\hat{F}(p) = \int_{-\infty}^{\infty} \frac{dx}{\sqrt{2\pi}} \mathrm{e}^{-ipx} \mathrm{e}^{-x^2} = \mathrm{e}^{-p^2/4} \int_{-\infty}^{\infty} \frac{dx}{\sqrt{2\pi}} \mathrm{e}^{-(x+ip/2)^2} = \frac{\mathrm{e}^{-p^2/4}}{\sqrt{2}} \tag{6.126}$$

となる．

(3) $\hat{f}(p)$ および $\hat{g}(p)$ をそれぞれ $f(x)$ と $g(x)$ のフーリエ変換後の関数とすると，

$$\hat{F}(p) = \int_{-\infty}^{\infty} \frac{dx}{\sqrt{2\pi}} f*g(x) \mathrm{e}^{-ipx} = \frac{1}{\sqrt{2\pi}} \int_{-\infty}^{\infty} dx \int_{-\infty}^{\infty} dt\, f(x-t) \mathrm{e}^{-ip(x-t)} \cdot g(t) \mathrm{e}^{-ipt}$$

$$= \sqrt{2\pi} \left(\int_{-\infty}^{\infty} \frac{dx'}{\sqrt{2\pi}} \mathrm{e}^{-ipx'} f(x') \right) \left(\int_{-\infty}^{\infty} \frac{dt}{\sqrt{2\pi}} \mathrm{e}^{-ipt} g(t) \right) = \sqrt{2\pi} \hat{f}(p) \hat{g}(p) \tag{6.127}$$

---

[12] $\langle p|x\rangle$ は x 表示における（固有値が $-p$ の運動量である）運動量の固有関数であり，$\mathrm{e}^{-ipx/\hbar}/\sqrt{2\pi\hbar}$ は運動量演算子 $\hat{p} = -i\hbar\partial/\partial x$ の固有関数に他ならない．

となる．ここで，$x' \equiv x - t$ とした．

このようにして定められた，2つの関数 f, g を合成して1つの関数 $f * g$ を得る積分を **畳み込み積分** と呼ぶ．∎

6-4　ラプラス方程式

6-4-1　線形偏微分方程式

真空中の静電ポテンシャル Φ は，

$$\triangle \Phi = 0 \tag{6.128}$$

という偏微分方程式を満たす．これを **ラプラス方程式** と呼び，**線形偏微分方程式** として分類される．一般に微分演算子 D を用いて，微分方程式を

$$D(\Phi) = 0 \tag{6.129}$$

と表したとき，a_1, a_2 を定数として，

$$D(a_1 \Psi_1 + a_2 \Psi_2) = a_1 D(\Psi_1) + a_2 D(\Psi_2) \tag{6.130}$$

という関係が成り立つならば，この微分方程式 (6.129) を **線形偏微分方程式** と呼ぶ．

偏微分方程式を解く際にはしばしば **変数分離** という手法が使われる．2つの変数 (t, s) を持つ線形偏微分方程式が

$$D(\Phi(t, s)) = D_t(\Phi(t, s)) + D_s(\Phi(t, s)) = 0 \tag{6.131}$$

と表されたとする．ただしここで，D_t は偏微分 $\partial^n / \partial t^n$ ($n = 0, 1, 2, \cdots$) および変数 t のみに依存した係数からなる微分演算子であり，D_s も同様に変数 s を用いて定義する．この2変数偏微分方程式の解が $\Phi(t, s) = f(t)g(s)$ と変数分離できると仮定し，(6.131) に代入すると，

$$\frac{1}{f(t)} D_t(f(t)) = -\frac{1}{g(s)} D_s(g(s)) \tag{6.132}$$

を得る．左辺は t のみ，右辺は s のみからなる関数なので，等号が成り立つためにはこの両辺が定数でなければならない．この定数を C と置くと

$$D_t\left(f(t)\right) = Cf(t), \quad D_s\left(g(s)\right) = -Cg(s) \tag{6.133}$$

という2つの常微分方程式が得られ，これらの解を用いて (6.131) の解が求められる．この定数 C は解が満たすべき境界条件によって制限が課され，常微分方程式 (6.133) の解を $f_C(t)$, $g_C(s)$ と表すことにする．境界条件によって許される C が複数個ある場合，偏微分方程式 (6.131) が線形であるならば (6.130) より，その一般解は係数 A_C を用いて

$$\Phi = \sum_C A_C f_C(t) g_C(s) \tag{6.134}$$

と表される．もし，許される C の値が連続的に分布するならば，C に関する積分として，

$$\Phi = \int dC\, A_C f_C(t) g_C(s) \tag{6.135}$$

と表される．

以下では，様々な座標を用いて表されたラプラス方程式に対し，変数分離の手法を適用してそれらの解を解析する．

6-4-2　一般座標でのラプラシアン

直交座標系を用いて表される点 (x^1, x^2, x^3) と微小な距離だけ離れた点 $(x^1+dx^1, x^2+dx^2, x^3+dx^3)$ の距離の2乗 ds^2 は $ds^2 = \sum_{i=1}^{3}(dx^i)^2$ となり，ラプラシアンは $\triangle = \sum_{i=1}^{3}\frac{\partial^2}{\partial x^{i^2}}$ となる．これらを一般の座標系 (ξ^1, ξ^2, ξ^3) を用いて表したい．

直交座標と一般の座標との間の変数変換を $x^i = x^i(\xi^j)$（その逆変換は $\xi^i = \xi^i(x^j)$）と表すと，微小距離の2乗 ds^2 およびラプラシアン $\triangle$ は，以下のように変換する：

$$ds^2 = \sum_{j,k=1}^{3} g_{jk} d\xi^j d\xi^k, \quad g_{jk} \equiv \sum_{i=1}^{3} \frac{\partial x^i}{\partial \xi^j} \frac{\partial x^i}{\partial \xi^k} = g_{kj}, \tag{6.136}$$

$$\triangle f = \sum_{i,j,k} \frac{\partial \xi^j}{\partial x^i} \frac{\partial}{\partial \xi^j}\left(\frac{\partial \xi^k}{\partial x^i} \frac{\partial f}{\partial \xi^k}\right)$$

$$= -\sum_{i,j,k,l,m,n} \frac{\partial \xi^j}{\partial x^i} \frac{\partial \xi^l}{\partial x^i} \frac{\partial^2 x^m}{\partial \xi^j \partial \xi^l} \frac{\partial \xi^k}{\partial x^m} \frac{\partial f}{\partial \xi^k} + \sum_{i,j,k} \frac{\partial \xi^j}{\partial x^i} \frac{\partial \xi^k}{\partial x^i} \frac{\partial^2 f}{\partial \xi^j \partial \xi^k} \tag{6.137}$$

ここで，g_{ij} ($i,j=1,2,3$) を計量という．(6.137) の最右辺の表式を導く際，$\frac{\partial \xi^k}{\partial x^i}$ が $\frac{\partial x^i}{\partial \xi^k}$ の逆行列であることと，一般の行列 M に対し，$M^{-1}M = 1$ から導かれる公式 $\delta M^{-1} = -M^{-1}(\delta M) M^{-1}$ を用いた．さらに，g を g_{ij} の行列式とし，g^{ij} を g_{ij} の

逆行列として，(6.137) を書き換えると，以下のように表される：

$$\triangle f = \frac{1}{\sqrt{g}} \sum_{i,j=1}^{3} \frac{\partial}{\partial \xi^i} \left(\sqrt{g} g^{ij} \frac{\partial f}{\partial \xi^j} \right) \tag{6.138}$$

なお，この表式を導く際には，計量 (g_{ij}) からなる行列の逆行列が $g^{ij} = \sum_k \frac{\partial \xi^i}{\partial x^k} \frac{\partial \xi^j}{\partial x^k}$ となることと，恒等式 $\det M = \exp[\mathrm{Tr} \ln M]$ の変分から得られる公式 $\delta(\det M) = \mathrm{Tr}(M^{-1}\delta M)(\det M)$ を用いた[13]．

以下では座標 ξ^i が円柱座標と球面座標の場合に，ラプラス方程式の解を考える．

6-4-3 円柱座標のラプラス方程式

図 6.10 の円柱座標：

$$x = r\cos\theta, \quad y = r\sin\theta, \quad z = z \tag{6.140}$$

に対し，(6.136) を使って計量 g_{ij} から ds^2 を求めると，

$$ds^2 = dr^2 + r^2 d\theta^2 + dz^2 \tag{6.141}$$

となり，これを (6.138) に代入すると，円柱座標でラプラシアンは

$$\triangle = \frac{\partial^2}{\partial r^2} + \frac{1}{r}\frac{\partial}{\partial r} + \frac{1}{r^2}\frac{\partial^2}{\partial \theta^2} + \frac{\partial^2}{\partial z^2} \tag{6.142}$$

と表される．このラプラシアンの表式を用いて，軸対称性を持ったラプラス方程式 (6.128) の解について考えよう．

まず初めに，変数分離型の解 $\Phi = f(r)y(\theta)w(z)$ を仮定して，ラプラス方程式 $\triangle \Phi = 0$ に代入すると

$$\frac{1}{f(r)}\left(\frac{\partial^2 f(r)}{\partial r^2} + \frac{1}{r}\frac{\partial f(r)}{\partial r}\right) + \frac{1}{r^2}\frac{1}{y(\theta)}\frac{\partial^2 y(\theta)}{\partial \theta^2} = -\frac{1}{w(z)}\frac{\partial^2 w(z)}{\partial z^2} = C \tag{6.143}$$

---

[13] この関係は以下のように確かめられる：

$$\frac{1}{\sqrt{g}}\frac{\partial}{\partial \xi^i}\left(\sqrt{g} g^{ij}\frac{\partial f}{\partial \xi^j}\right) = \frac{1}{2}g^{kl}\frac{\partial g_{lk}}{\partial \xi^i}g^{ij}\frac{\partial f}{\partial \xi^j} - g^{il}\frac{\partial g_{lm}}{\partial \xi^i}g^{mj}\frac{\partial f}{\partial \xi^j} + g^{ij}\frac{\partial^2 f}{\partial \xi^i \partial \xi^j}$$

$$= \frac{\partial \xi^l}{\partial x^m}\frac{\partial^2 x^m}{\partial \xi^i \partial \xi^l}\frac{\partial \xi^i}{\partial x^n}\frac{\partial \xi^j}{\partial x^n}\frac{\partial f}{\partial \xi^j} - \frac{\partial \xi^i}{\partial x^n}\frac{\partial \xi^l}{\partial x^n}\frac{\partial^2 x^k}{\partial \xi^i \partial \xi^l}\frac{\partial \xi^j}{\partial x^k}\frac{\partial f}{\partial \xi^j}$$

$$- \frac{\partial \xi^i}{\partial x^n}\frac{\partial^2 x^n}{\partial \xi^i \partial \xi^m}\frac{\partial \xi^m}{\partial x^k}\frac{\partial \xi^j}{\partial x^k}\frac{\partial f}{\partial \xi^j} + g^{ij}\frac{\partial^2 f}{\partial \xi^i \partial \xi^j} = \triangle f \tag{6.139}$$

ただしこの計算では，2 つの同じ文字の組についてはアインシュタインの記法に従って 1 から 3 まで和を取ることにして和記号を省略した．

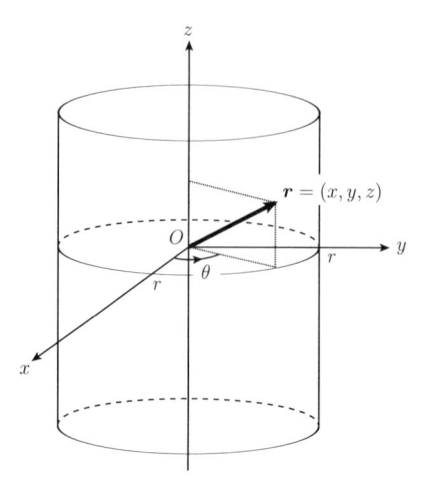

図 6.10 円柱座標

となる．この表式から明らかなように，変数 (r,θ) と z に関して変数分離され，z に関する常微分方程式が得られる．この常微分方程式の解 $w(z)$ は，実数 C の値の正負に応じて，以下のようになる：

$$w(z) = \begin{cases} a\cos\omega z + b\sin\omega z & (C = \omega^2 \geq 0 \text{ の場合}) \\ a_+ e^{\gamma z} + a_- e^{-\gamma z} & (C = -\gamma^2 < 0 \text{ の場合}) \end{cases} \quad (6.144)$$

ここで $a, b, a_\pm$ は実定数である．

さらに，変数 (r,θ) に依存した偏微分方程式は，以下のように変数分離される：

$$r^2 \left\{ \frac{1}{f(r)} \left(\frac{\partial^2 f(r)}{\partial r^2} + \frac{1}{r}\frac{\partial f(r)}{\partial r} \right) - C \right\} = -\frac{1}{y(\theta)}\frac{\partial^2 y(\theta)}{\partial \theta^2} = D \quad (6.145)$$

$y(\theta)$ の常微分方程式は，$w(z)$ の常微分方程式の変数 z を θ に置き換え，C を D に取り替えたものになっているので，解の形は (6.144) と同様の形として決定される．ただし θ は周期座標なので，$y(z)$ に対しては周期境界条件 $y(\theta + 2\pi) = y(\theta)$ が課され，定数 D は整数値：$D = n^2 \geq 0$ に制限される．

最後に $f(r)$ についての方程式は

$$\frac{d^2 f(r)}{dr^2} + \frac{1}{r}\frac{df(r)}{dr} - \left(C + \frac{n^2}{r^2} \right) f(r) = 0 \quad (6.146)$$

となるが，$C \neq 0$ のときに $r \to \sqrt{C}\,r$ $(C > 0)$ または $r \to \sqrt{-C}\,r$ $(C < 0)$ と変数

変換すると

$$\frac{d^2 f(r)}{dr^2} + \frac{1}{r}\frac{df(r)}{dr} - \left(\pm 1 + \frac{n^2}{r^2}\right)f(r) = 0 \tag{6.147}$$

のように書き換えられる．ここで符号 $\pm$ は $C > 0$ のとき $+$，$C < 0$ のとき $-$ とした．微分方程式 (6.147) は，$C < 0$ に対して**ベッセルの微分方程式**，$C > 0$ に対して**変形されたベッセルの微分方程式**と呼ばれ，それらの解はそれぞれ**ベッセル関数**，**変形ベッセル関数**によって与えられる．また $C = 0$ の場合，(6.146) の解は定数 $c_\pm$ を用いて

$$f(r) = c_+ r^n + c_- r^{-n} \tag{6.148}$$

となる．

ラプラス方程式の変数分離から得られたベッセル関数の性質をもう少し詳細に見てみよう．

6-4-4 ベッセル関数

ベッセルの微分方程式：

$$\frac{d^2 f(r)}{dr^2} + \frac{1}{r}\frac{df(r)}{dr} + \left(1 - \frac{n^2}{r^2}\right)f(r) = 0 \tag{6.149}$$

は 2 階の微分方程式であるので，2 つの独立な解が存在する．この 2 つの独立解は**第一種（または狭い意味の）ベッセル関数** $J_n(r)$ と**第二種ベッセル関数（またはノイマン関数）** $N_n(r)$ と呼ばれ，整数 $n \geq 0$ に対して以下の展開式として定められる[14]：

$$J_n(r) = \sum_{m=0}^{\infty} \frac{(-1)^m}{m!(n+m)!}\left(\frac{r}{2}\right)^{n+2m} \tag{6.150}$$

$$N_n(r) = \frac{2}{\pi}J_n(r)\left(\gamma + \ln\frac{r}{2}\right) - \frac{1}{\pi}\sum_{k=0}^{\infty}\frac{(-1)^k}{k!(n+k)!}\left(\frac{r}{2}\right)^{2k+n}\left[\sum_{m=1}^{k}\frac{1}{m} + \sum_{m=1}^{n+k}\frac{1}{m}\right]$$

$$ - \frac{1}{\pi}\sum_{k=0}^{n-1}\frac{(n-k-1)!}{k!}\left(\frac{r}{2}\right)^{2k-n} \tag{6.151}$$

ただし $\gamma = 0.57721\cdots$ は**オイラーの定数**と呼ばれる定数である．この表式から，$r = 0$ 近傍では

---

[14] n が整数の場合には，$J_{-n}(x) = (-1)^n J_n(x)$ が成り立ち，J_n と J_{-n} は 1 次独立ではない．また，$N_n(r)$ の表式 (6.151) の最終項は，$n = 0$ のときはゼロとする．

表 **6.1** ベッセル関数 $J_n(r)$ の零点 $r = j_{n,k}$

$j_{n,k}$	$n=0$	1	2	3	4
$k=1$	2.40483	3.83171	5.13562	6.38016	7.58834
2	5.52008	7.01559	8.41724	9.76102	11.06471
3	8.65373	10.17347	11.61984	13.01520	14.37254
4	11.79153	13.32369	14.79595	16.22346	17.61597
5	14.93092	16.47063	17.95982	19.40941	20.82693

$$J_n(r) \simeq \frac{r^n}{2^n n!} , \quad N_n(r) \simeq -\frac{2^n(n-1)!}{\pi r^n} \tag{6.152}$$

と振る舞うことが分かる．一方，$r \to \infty$ では

$$J_n(r) \simeq \sqrt{\frac{2}{\pi r}} \cos\left(r - \frac{(2n+1)\pi}{4}\right) , \quad N_n(r) \simeq \sqrt{\frac{2}{\pi r}} \sin\left(r - \frac{(2n+1)\pi}{4}\right) \tag{6.153}$$

のように，振動しながらゆっくりと振幅が小さくなる．これらの漸近的振る舞いから分かるように，ベッセル関数は無限個の零点（ゼロになる点）を持つが，そこでの r の値はいずれも無理数になる．実際，ベッセル関数の零点 $J_n(r) = 0$ を小さい順にラベルして，($r=0$ を除く) k 番目に小さい零点を $r = j_{n,k}$ とすると，無理数 $j_{n,k}$ の値 ($n = 0, \cdots, 4$, $k = 1, \cdots, 5$) は表 6.1 のようになる：

ベッセル関数にはいくつか積分表示があり，その内の 1 つは，

$$J_n(r) = \frac{1}{2\pi} \int_0^{2\pi} \cos(n\theta - r\sin\theta) d\theta \tag{6.154}$$

と表される．

一方，変形されたベッセルの微分方程式：

$$\frac{d^2 f(r)}{dr^2} + \frac{1}{r}\frac{df(r)}{dr} - \left(1 + \frac{n^2}{r^2}\right)f(r) = 0 \tag{6.155}$$

の 2 つの独立解として，（第一種）変形ベッセル関数 $I_n(r)$ および，**第二種変形ベッセル関数** $K_n(r)$ が定められる．ベッセルの微分方程式 (6.149) に対して変数変換 $r \to ir$ を施すと，変形されたベッセルの微分方程式 (6.155) が得られるので，変形されたベッセル関数 $I_n(r)$，$K_n(r)$ はベッセル関数 $J_n(r)$，$N_n(r)$ を用いて以下のように関係付けられる：

$$I_n(r) = (-i)^n J_n(ir) , \quad K_n(r) = \frac{i^{n+1}\pi}{2}\{J_n(ir) + iN_n(ir)\} \tag{6.156}$$

例題 xy-面上を運動する質量 m の粒子がある．位置エネルギーが

$$V(x,y) = \begin{cases} 0 & x^2+y^2 < R^2 \\ +\infty & x^2+y^2 \geq R^2 \end{cases} \tag{6.157}$$

で与えられるとき次の問題に答えよ．
1. エネルギー E を持った定常状態を記述するシュレディンガー方程式を平面の極座標 (r,θ) を使って表せ．
2. 波動関数 $\psi(r,\theta)$ を $\psi(r,\theta) = f(r)\phi(\theta)$ と変数分離したとき $\phi(\theta)$ を求めよ．また，$f(r)$ が満たす方程式を求め，変数 $z = \frac{r\sqrt{2mE}}{\hbar}$ を用いて表せ．
3. エネルギーが低い順に下から6つの状態のエネルギー E と縮退度を求めよ．

解説
1. エネルギー E を持った定常状態のシュレディンガー方程式は，$x^2+y^2<R^2$ において

$$-\frac{\hbar^2}{2m}\left(\frac{\partial^2}{\partial x^2}+\frac{\partial^2}{\partial y^2}\right)\psi = E\psi \tag{6.158}$$

となる．これを平面の極座標 (r,θ) を用いて書き換えると，

$$-\frac{\hbar^2}{2m}\left\{\frac{\partial^2}{\partial r^2}\psi+\frac{1}{r}\frac{\partial}{\partial r}\psi+\frac{1}{r^2}\frac{\partial^2\psi}{\partial\theta^2}\right\} = E\psi \tag{6.159}$$

と表される．

2. 極座標で表されたシュレディンガー方程式を $\psi(r,\theta) = f(r)\phi(\theta)$ として変数分離すると，

$$0 = \frac{1}{r}\frac{\partial}{\partial r}\left(r\frac{\partial f}{\partial r}\right) + \left(\frac{2mE}{\hbar^2}-\frac{n^2}{r^2}\right)f, \quad \frac{\partial^2\phi}{\partial\theta^2} = -n^2\phi \tag{6.160}$$

となり，解 $\phi(\theta)$ は（複素数）定数 $A_\pm$ を用いて

$$\phi(\theta) = A_+e^{in\theta} + A_-e^{-in\theta} \tag{6.161}$$

と表される．ここで，θ に関して周期的 $\phi(\theta+2\pi)=\phi(\theta)$ となることが要請されるので，n の値は整数に制限される．

一方，$f(r)$ に対する微分方程式は，

$$\frac{d^2f}{dr^2}+\frac{1}{r}\frac{df}{dr}+\left(\frac{2mE}{\hbar^2}-\frac{n^2}{r^2}\right)f = 0 \tag{6.162}$$

となり、変数 $z \equiv r\sqrt{2mE}/\hbar$ を用いてこの微分方程式を書き換えると、ベッセルの微分方程式：

$$\frac{d^2f}{dz^2} + \frac{1}{z}\frac{df}{dz} + \left(1 - \frac{n^2}{z^2}\right)f = 0 \tag{6.163}$$

が得られる．

3. ベッセルの微分方程式の解のうち、$z = 0$ で有限な値を持つものは、第一種ベッセル関数によって与えられる：$f(r) = J_n(z)$．一方、$r = R$ には無限に高いポテンシャル障壁があるので、$f(R) = 0$ という境界条件が課される．これらの条件から、第一種ベッセル関数の零点 $j_{n,k}$ と半径 R は以下の関係に従うことが要請される：

$$j_{n,k} = \frac{R\sqrt{2mE}}{\hbar} \tag{6.164}$$

これより、エネルギー固有値は

$$E = \frac{\hbar^2 j_{n,k}^2}{2mR^2} \tag{6.165}$$

と表される．ここで (n,k) が取り得る値とその縮退度は、エネルギーが低い順に以下のようになる（表 6.1 を参照）：

$$
\begin{aligned}
(n,k) = (0,1) &\quad \text{縮退度 } 1 \\
(1,1) &\quad 2\ (n = \pm 1) \\
(2,1) &\quad 2\ (n = \pm 2) \\
(0,2) &\quad 1
\end{aligned}
$$

■

例題 半径 R の太鼓がある．太鼓の境界は xy-面内にあり、太鼓膜の z-方向への変位を $f(x,y)$ とする．太鼓の面内の長さ l の線分にかかる張力の大きさを lT とし、太鼓膜の単位面積当たりの質量を σ として、以下の問いに答えよ．

1. 太鼓膜が $f(x,y)$ だけゆがんだとき、面内の x-方向に長さ Δx、y-方向に長さ Δy の長方形の微小な領域にかかる張力の z-成分を求めよ．
2. 太鼓膜の運動方程式から、$f(x,y)$ に対する波動方程式を求めよ．また、この波動の位相速度を求め、さらにこの波動方程式を xy-平面の極座標 (r,θ) を使って表せ．
3. 太鼓膜は縁では固定されている．上の波動方程式の解を $f = \varphi(r)\phi(\theta)\tau(t)$ と仮定

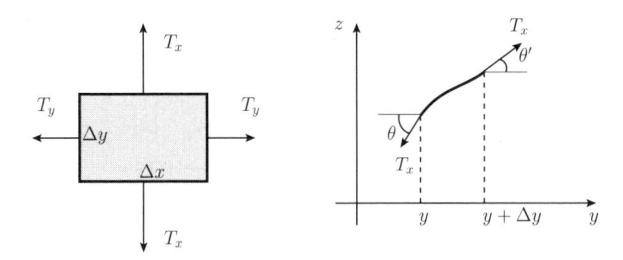

図 **6.11** 長方形領域にかかる張力

して変数分離せよ．また，太鼓の振動数の最低値 ν_0 を R, T, σ を用いて表せ．

解説

1. 長方形の長さ $\Delta x, \Delta y$ の辺にかかる張力の大きさ T_x, T_y は，

$$T_x = \Delta x\, T, \quad T_y = \Delta y\, T \tag{6.166}$$

となる．各辺にかかる張力の z-成分を考えると（図 6.11），まず長さ Δx の 2 辺にかかる張力の z-成分 F_1 は，

$$F_1 = T_x \sin\theta' - T_x \sin\theta = T_x \left(\left.\frac{\partial f}{\partial y}\right|_{y+\Delta y} - \left.\frac{\partial f}{\partial y}\right|_y \right) \simeq T_x \Delta y \frac{\partial^2 f}{\partial y^2} = \Delta x \Delta y\, T \frac{\partial^2 f}{\partial y^2} \tag{6.167}$$

となる．同様に長さ Δy の 2 辺にかかる張力の z-成分 F_2 は，

$$F_2 = \Delta x \Delta y\, T \frac{\partial^2 f}{\partial x^2} \tag{6.168}$$

となる．これら 4 つの辺からの張力の寄与を合わせると，この長方形にかかる張力の z-成分 $F_z = F_1 + F_2$ は，

$$F_z = \Delta x \Delta y\, T \left(\frac{\partial^2 f}{\partial x^2} + \frac{\partial^2 f}{\partial y^2} \right) \tag{6.169}$$

と表される．

2. 長方形領域の膜の質量は $m = \sigma \Delta x \Delta y$ であるので，z-方向の運動方程式は，

$$m\ddot{z} = \sigma \Delta x \Delta y \frac{\partial^2 f}{\partial t^2} = F_z \tag{6.170}$$

となる．前小問で求めた F_z を使うと，波動方程式：

$$\frac{\partial^2 f}{\partial t^2} = \frac{T}{\sigma}\left(\frac{\partial^2 f}{\partial x^2} + \frac{\partial^2 f}{\partial y^2}\right) \tag{6.171}$$

が得られる．この関係から位相速度 v を読み取ると，$v = \sqrt{T/\sigma}$ となる．

平面の極座標を用いて，この波動方程式は次のように書き換えられる：

$$\frac{\partial^2 f}{\partial t^2} = v^2\left\{\frac{1}{r}\frac{\partial}{\partial r}\left(r\frac{\partial f}{\partial r}\right) + \frac{1}{r^2}\frac{\partial^2 f}{\partial \theta^2}\right\} \tag{6.172}$$

3. 波動関数の解を $f = \varphi(r)\phi(\theta)\tau(t)$ と仮定すると，波動方程式は以下のように変数分離する：

$$\frac{d^2\tau}{dt^2} = -\omega^2 \tau \,,\quad \frac{d^2\phi}{d\theta^2} = -n^2\phi\,,$$
$$\frac{1}{r}\frac{d}{dr}\left(r\frac{d\varphi}{dr}\right) + \left(-\frac{n^2}{r^2} + \frac{\omega^2}{v^2}\right)\varphi = 0 \tag{6.173}$$

ここで，ω と n は変数分離の際に導入された定数である．$\tau(t)$ は $\sin(\omega t)$ と $\cos(\omega t)$ による1次結合となり，$\phi(\theta)$ は $\sin(n\theta)$ と $\cos(n\theta)$ による1次結合で表される．ただし，$\phi(\theta)$ は θ に関して 2π の周期関数であるので，n の値は整数 $(n = 0, 1, 2, 3, \cdots)$ に制限される．

一方，$\varphi(r)$ が満たす微分方程式は，$r \equiv \frac{sv}{\omega}$ と変数変換すると，

$$\frac{d^2\varphi}{ds^2} + \frac{1}{s}\frac{d\varphi}{ds} + \left(1 - \frac{n^2}{s^2}\right)\varphi = 0 \tag{6.174}$$

と書き換えられ，ベッセルの微分方程式となる．原点 $r = 0$ で有限となる解 $\varphi(r)$ は第一種ベッセル関数 $\varphi(r) = J_n(s)$ $(n = 0, 1, 2, 3, \cdots)$ によって与えられ，さらに太鼓膜は縁で固定されているので，この解は $r = R$ で $\varphi(R) = 0$ となることが要請される．よって，半径 R の大きさと角振動数 ω はベッセル関数の零点 $j_{n,k}$ を用いて

$$R = \frac{j_{n,k}v}{\omega} \tag{6.175}$$

と関係付けられる．これより，角振動数 ω の許される値は

$$\omega = \frac{vj_{n,k}}{R} = \frac{j_{n,k}}{R}\sqrt{\frac{T}{\sigma}} \tag{6.176}$$

に制限され，角振動数の最低値 ω_0 は $n = 0$, $k = 1$ の場合に実現する．以上により最低の振動数 $\nu_0 = \omega_0/2\pi$ は，

$$\nu_0 = \frac{j_{0,1}}{2\pi R}\sqrt{\frac{T}{\sigma}} \tag{6.177}$$

と表される. ∎

6-4-5　球面座標のラプラス方程式

図 6.12 のような球面座標（または 3 次元極座標）：

$$x = r\sin\theta\cos\phi, \quad y = r\sin\theta\sin\phi, \quad z = r\cos\theta \tag{6.178}$$

に対し，(6.136) を用いて計量 g_{ij} から ds^2 を求めると，

$$ds^2 = dr^2 + r^2\left(d\theta^2 + \sin^2\theta d\phi^2\right) \tag{6.179}$$

となる．ラプラシアン $\triangle$ は (6.138) より

$$\triangle = \frac{1}{r^2}\frac{\partial}{\partial r}\left(r^2\frac{\partial}{\partial r}\right) - \frac{1}{r^2}\hat{\boldsymbol{L}}^2, \quad \hat{\boldsymbol{L}}^2 \equiv -\left[\frac{1}{\sin\theta}\frac{\partial}{\partial \theta}\left(\sin\theta\frac{\partial}{\partial \theta}\right) + \frac{1}{\sin^2\theta}\frac{\partial^2}{\partial \phi^2}\right] \tag{6.180}$$

と表される．なお，$\hat{\boldsymbol{L}}^2$ は量子力学では軌道角運動量演算子の 2 乗として導入した微分演算子である[15]．

この $\triangle$ の表式を用いてラプラス方程式 $\triangle\Phi = 0$ を変数分離法を用いて解いてみよう．ラプラス方程式 (6.128) の解 Φ が $\Phi = f(r)y(\theta,\phi)$ と変数分離されると仮定して，この Φ の表式を (6.180) に代入すると

$$\frac{1}{f(r)}\frac{\partial}{\partial r}\left(r^2\frac{\partial f(r)}{\partial r}\right) = \frac{1}{y(\theta,\phi)}\boldsymbol{L}^2 y(\theta,\phi) \tag{6.181}$$

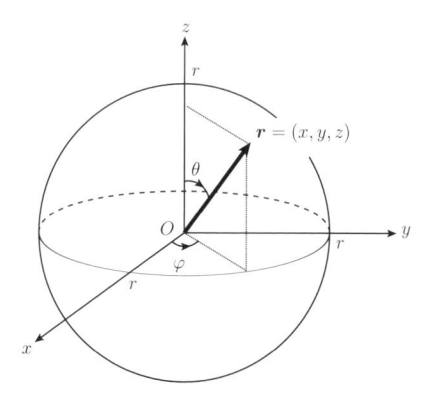

図 6.12　球面座標系

---

[15] $\hbar = 1$ に取ったものになっている．

という方程式が得られる．(6.181) の左辺は r だけの関数であり，右辺は θ, ϕ だけの関数なので，両辺が等しくなるには定数とならなければならない．この定数を C と置くと

$$\hat{\boldsymbol{L}}^2 y(\theta,\phi) = C y(\theta,\phi) \tag{6.182}$$

という方程式が得られる．角運動量演算子 $\hat{\boldsymbol{L}}^2$ の固有関数は**球面調和関数** $Y_{lm}(\theta,\phi)$ によって与えられ，その固有値は次のようになる：

$$\hat{\boldsymbol{L}}^2 Y_{lm}(\theta,\phi) = l(l+1) Y_{lm}(\theta,\phi) \tag{6.183}$$

ここで l はゼロ以上の整数（$l = 0, 1, 2, 3, \cdots$）であり，m は $-l$ から l まで値を取る整数 $m = -l, -l+1, \cdots, l-1, l$ である．微分方程式 (6.183) の解となる球面調和関数は，$t \equiv \cos\theta$ とおいて以下のように表される：

$$\begin{aligned} m > 0 \quad Y_{lm}(\theta,\phi) &= \sqrt{\frac{(l-m)!}{(l+m)!}} \sqrt{\frac{2l+1}{2}} e^{im\phi} (-1)^m P_l^m(t) \\ m < 0 \quad Y_{lm}(\theta,\phi) &= \sqrt{\frac{(l+m)!}{(l-m)!}} \sqrt{\frac{2l+1}{2}} e^{im\phi} P_l^{-m}(t) \end{aligned} \tag{6.184}$$

ここで，$P_l^m(t)$ は**ルジャンドル陪多項式**であり，ルジャンドル多項式 $P_l(t)$ を用いて次のように表される：

$$P_l^m(t) = (1-t^2)^{\frac{m}{2}} \frac{d^m P_l(t)}{dt^m} , \quad P_n(t) = \frac{1}{2^n n!} \frac{d^n}{dt^n} (t^2-1)^n \tag{6.185}$$

一方，(6.181) および (6.183) より，$f(r)$ に対する方程式は

$$\frac{1}{r^2} \frac{d}{dr} \left(r^2 \frac{df(r)}{dr} \right) - \frac{l(l+1)}{r^2} f(r) = 0 \tag{6.186}$$

となる．ここで，(6.186) は r を定数倍 $r \to ar$ しても変わらない．これは，$f(r) = r^k$ という形の解が存在することを示している．実際，$f(r) = r^k$ を (6.186) に代入すると，

$$[k(k+1) - l(l+1)] r^{k-2} = 0 \tag{6.187}$$

となり，$k = l, -l-1$ すなわち $f(r) = cr^l + c'r^{-l-1}$（c, c' は定数）が解となることが分かる．従ってラプラス方程式 $\triangle \Phi = 0$ の一般解は，

$$\Phi = \sum_{l=0}^{\infty} \sum_{m=-l}^{l} \left(c_{lm} r^l + c'_{lm} r^{-l-1} \right) Y_{lm}(\theta,\phi) \tag{6.188}$$

と表される[16].

練習問題

【問題 6.1】 電場が次のように与えられたとき，ガウスの法則の微分形 $\nabla \cdot \boldsymbol{E} = \rho/\varepsilon_0$ を使って，電荷密度 ρ を求めよ．

$$\boldsymbol{E} = \left(\frac{qx\mathrm{e}^{-m\sqrt{x^2+y^2+z^2}}}{4\pi\varepsilon_0(x^2+y^2+z^2)^{\frac{3}{2}}}, \frac{qy\mathrm{e}^{-m\sqrt{x^2+y^2+z^2}}}{4\pi\varepsilon_0(x^2+y^2+z^2)^{\frac{3}{2}}}, \frac{qz\mathrm{e}^{-m\sqrt{x^2+y^2+z^2}}}{4\pi\varepsilon_0(x^2+y^2+z^2)^{\frac{3}{2}}} \right) \quad (6.189)$$

【問題 6.2】 次の積分を計算せよ．

(1) $\displaystyle\int_0^\infty \frac{dx}{(x^2+a^2)(x^2+b^2)} \quad (0 < a < b)$

(2) $\displaystyle\int_0^\infty \frac{dx}{(x^2+a^2)(x^2+b^2)^2} \quad (0 < a < b)$

【問題 6.3】 以下のように定義される，周期 2π を持った関数を考える：

(1) $f(x) = |\sin x| \quad (-\pi \leq x \leq \pi)$, (2) $f(x) = x^2 \quad (-\pi \leq x \leq \pi)$

これらの関数のフーリエ展開を求めよ．

【問題 6.4】 空気を伝わる音波の波動方程式は次で与えられる：

$$v^2 \triangle \phi(\boldsymbol{x}, t) = \frac{\partial^2 \phi(\boldsymbol{x}, t)}{\partial t^2} \quad (6.190)$$

ここで，v は音速である．

空気で満たされた，半径 R，高さ L の円柱容器の中を伝わる音波を考える．波動方程式の境界条件として，容器と接するところで $\phi = 0$ を課したとき，この容器内の空気の最小角振動数 ω_0 を求めよ．ただし，ベッセル関数 $J_0(x)$ の零点のうち，最も小さい（正の）値は $x = j_{0,1} = 2.40483$ である．

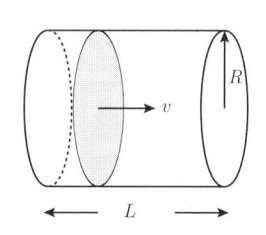

図 6.13 円柱容器内を伝搬する音波

---

[16] $c' \neq 0$ のとき原点 $(r = 0)$ では $\triangle \Phi = 0$ という方程式を満たさない．係数 c と c' は，実際には解の満たすべき境界条件によって制限される．

第7章
実験物理学

　物理学は，実験によって発見された現象を理論によって説明すると同時に，理論的予言を実験によって検証することによって発展してきた学問である．例えば，位置や速度などといった測定対象となるパラメータの値やそれらの相互関係についての理論的予測が得られたとき，**実験物理学**はそれらのパラメータを測定し，提唱された予測と合致するか否かについて検証する．しかしながら実際の測定には常に**測定誤差**が存在し，その評価が必要となるため，誤差の正しい見積もり方やその解析に用いられる数学の理解が必要不可欠となる．

　一方，物理学実験を行うには，実験方法や測定器の原理に関する正しい知識が求められる．測定器には各々の測定原理に関する理論があり，それらを定性的かつ定量的に理解していなければ，誤った手法で実験を行ったときその間違いに気づかない．特に，測定器から読み出されるパルス信号に関する交流回路をはじめとする，**エレクトロニクス**の知識は必要であり，また，放射線測定を行う上では特殊相対性理論や量子力学の理解が不可欠となる．

　本章では，物理学実験を行うために必要となる様々な基礎知識を学んでゆこう．

7-1　単位系と基礎知識

7-1-1　単位系

　物理学において最も基本的な単位として，通常，「長さ」「重さ」「時間」の3つが選ばれる．それぞれを m（メートル），kg（キログラム），s（秒）に取ったものを **MKS 単位系**と呼ぶ．これに対して，cm（センチメートル），g（グラム），s（秒）を取ったものを **cgs 単位系**と呼ぶ．力 F とエネルギー E の単位は，MKS 単位系では N（ニュートン）および J（ジュール）であり，CGS 系では dyn（ダイン）および erg（エルグ）である．ニュートンの運動方程式，および力 F による仕事から得られるエネルギー E：

表 7.1 電磁気学に関わる単位とそれらの組立単位による表示

物理量	磁束	電荷	電圧
単位	Wb	C	V
	ウェーバー	クーロン	ボルト
組立単位	kg m² A⁻¹ s⁻²	A s	kg m² A⁻¹ s⁻³
物理量	抵抗	静電容量	インダクタンス
単位	Ω	F	H
	オーム	ファラッド	ヘンリー
組立単位	kg m² A⁻² s⁻³	kg⁻¹ m⁻² A² s⁴	kg m² A⁻² s⁻²

$$\bm{F} = m\bm{a}, \quad E = \int d\bm{r} \cdot \bm{F} \tag{7.1}$$

を例にとって考えると，これらの間には $1\,\text{N} = 10^5\,\text{dyn}$，および $1\,\text{J} = 10^7\,\text{erg}$ という関係が成り立つことが分かる．今日では MKS 単位系が**国際単位系**（**SI**）として推奨されており，本章でも MKS 単位系を用いる．また，MKS 単位に電磁気学で導入した電流を表す単位として A（アンペア）を加えたものを，**MKSA 単位系**と呼ぶ．

物理量の多くの単位は基本的に，上記の MKSA 単位に温度を表す単位である K（ケルビン）などを加えた基本単位の冪乗を掛け合わせて書き表される**組立単位**である．例えば，電磁気学の基本量を表す電圧 V（ボルト），電荷 C（クーロン），磁束 Wb（ウェーバー）や，電気回路に関わる抵抗 Ω（オーム），静電容量 F（ファラッド）などの単位は，全て MKSA 単位を使って組立単位として書き表される．そこで，組立単位における基本単位の構成とそれらの次数を見れば，「その物理量が何を表している量なのか」ということや「どのような式によって計算された量なのか」といったことの見当がつけられるのである．このように単位の「次元」は，物理学を理解する上で最も基本的な考え方であるといえる．例えば，電荷は電流の時間積分として得られるので，$1\,\text{C} = 1\,\text{A s}$ という関係にあり，さらに $1\,\text{C V} = 1\,\text{J} = 1\,\text{kg m}^2\,\text{s}^{-2}$ に従うので，これらを合わせて $1\,\text{V} = 1\,\text{kg m}^2\,\text{s}^{-3}\,\text{A}^{-1}$ と表される．また，ファラデーの電磁誘導の法則より，磁束 1 Wb の時間変化が電圧 1 V に相当するので，磁束密度 $1\,\text{T}$（テスラ）$= 1\,\text{Wb/m}^2 = 1\,\text{kg s}^{-2}\,\text{A}^{-1}$ という関係が得られる．これらの結果を含め，表 7.1 に電磁気学に関わる単位と組立単位との関係をまとめておく．

例題 静電容量 C の単位 F（ファラッド）と抵抗 R の単位 Ω（オーム）を組立単位で表し，C と R の積の単位が時間 s（秒）となることを確かめよ．

解説

静電容量 C を持つコンデンサが蓄える電荷 Q と電圧 V の間の関係が $C = Q/V$ となることから，C の単位は A s / kg m^2 A^{-1} s^{-3} = kg^{-1}m^{-2} A^2 s^4 と表される．同様に電気抵抗前後の電位差は $V = IR$ と表されるので，R の単位は kg m^2 A^{-1} s^{-3} / A = kg m^2 s^{-3} A^{-2} となる．従って，静電容量 C と抵抗 R の積は単位 s を持つ．■

例題 磁場中を運動する電荷を持った物体は，進行方向と垂直方向にローレンツ力を受け，回転運動を始める．磁束密度 B [Wb/m^2]，電荷 q [C]，運動量 p [kg m s^{-1}]，および回転半径 R [m] の間の関係を次元解析を基に決定せよ．

解説

電荷 q，および磁束密度 B の単位を組立単位として表すと

$$\text{C} = \text{A s}, \quad \text{Wb/m}^2 = \text{kg A}^{-1} \text{s}^{-2} \tag{7.2}$$

となるので，電荷 q，磁束密度 B，半径 R の積 $q \times B \times R$ の次元を調べると

$$\text{A s} \times \text{kg A}^{-1} \text{s}^{-2} \times \text{m} = \text{kg m s}^{-1} \tag{7.3}$$

となり，運動量の次元が得られる．よって，$p = qBR$ という関係に従うことが次元解析により決定される．実際，この結果はローレンツ力による計算の結果と一致している．■

あらゆる物理量は単位と不可分の関係にあり，実験の記録において単位を省略せずに記述することは大切である．また，単位の補助記号として，10 の冪乗倍を表す接頭辞をつけることがある．表 7.2 に主な接頭辞をまとめた．

表 7.2 接頭辞の種類

接頭辞	k	M	G	T	P	E
呼び名	(キロ)	(メガ)	(ギガ)	(テラ)	(ペタ)	(エタ)
値	10^3	10^6	10^9	10^{12}	10^{15}	10^{18}
接頭辞	m	μ	n	p	f	a
呼び名	(ミリ)	(マイクロ)	(ナノ)	(ピコ)	(フェムト)	(アト)
値	10^{-3}	10^{-6}	10^{-9}	10^{-12}	10^{-15}	10^{-18}

7-1-2　電子ボルトと特殊相対性理論

　原子・原子核・素粒子などの分野では，エネルギーの単位として J（ジュール）ではなく，eV（電子ボルト）がよく用いられる．1 eV は電気素量 $1\,e$ を $1\,\mathrm{V}$ の電位差で加速したときに電荷が持つ運動エネルギーであり，以下の関係に従う：

$$1\,\mathrm{eV} = 1.6 \times 10^{-19}\,\mathrm{C} \times 1\,\mathrm{V} = 1.6 \times 10^{-19}\,\mathrm{J} \tag{7.4}$$

　特に電子や陽子などはエネルギーだけでなく，質量や運動量も eV を基準に表すことが多い．エネルギー E と質量 m，および運動量 p の間には特殊相対性理論によって次の関係が成り立つ：

$$p = mc\gamma\beta, \quad E = mc^2\gamma \tag{7.5}$$

ここで無次元量 β および γ は，物体の速度 v と光速度 $c = 3 \times 10^8\,\mathrm{m\,s^{-1}}$ を用いて，それぞれ $\beta = v/c$, $\gamma = (\sqrt{1-\beta^2})^{-1}$ と表される．これらの関係を使うと，

$$\beta = \frac{pc}{E}, \quad \gamma = \frac{E}{mc^2} \tag{7.6}$$

となり，さらに (5.61) 式から相対論的エネルギーと運動量は

$$E^2 = (pc)^2 + (mc^2)^2 \tag{7.7}$$

という関係に従うので，(運動量)×(光速度) と (質量)×(光速度)² が共にエネルギーの次元を持つことが分かる．

　実際，

$$1\,\mathrm{eV}/c^2 = \frac{1.6 \times 10^{-19}\,\mathrm{kg\,m^2\,s^{-2}}}{(3 \times 10^8)^2\,\mathrm{m^2\,s^{-2}}} = 1.8 \times 10^{-36}\,\mathrm{kg}, \tag{7.8}$$

$$1\,\mathrm{eV}/c = \frac{1.6 \times 10^{-19}\,\mathrm{kg\,m^2\,s^{-2}}}{3 \times 10^8\,\mathrm{m\,s^{-1}}} = 5.3 \times 10^{-28}\,\mathrm{kg\,m\,s^{-1}} \tag{7.9}$$

となり，eV/c^2 と eV/c がそれぞれ質量および運動量の単位を持つことが分かる．

例題　運動量 $p = 1\,\mathrm{GeV}/c$ の陽子（質量 $m = 0.938\,\mathrm{GeV}/c^2$）の β と γ の値はいくらか．

<u>解説</u>
　陽子の質量を (7.6) 式に代入すると，

$$\beta = pc/E = \frac{1\,(\text{GeV}/c) \times c}{\sqrt{(1\,\text{GeV}/c \times c)^2 + (0.938\,\text{GeV}/c^2 \times c^2)^2}} \fallingdotseq 0.73,$$

$$\gamma = E/mc^2 = \frac{\sqrt{(1\,\text{GeV}/c \times c)^2 + (0.938\,\text{GeV}/c^2 \times c^2)^2}}{0.938\,\text{GeV}/c^2 \times c^2} \fallingdotseq 1.46 \quad (7.10)$$

という値を得る.

7-1-3 波長・プランク定数・エネルギー

振動数 ν, 波長 λ を持つ光子のエネルギー E は

$$E = h\nu = \frac{hc}{\lambda} \quad (7.11)$$

と表される.ここで h はプランク定数であり,Js の単位で

$$h = 6.62 \times 10^{-34}\,\text{J s} \quad (7.12)$$

という値を持つ.

例題 1 eV のエネルギーを持った光子の波長 λ を求めよ.

解説
波長 λ の値は,

$$\lambda = \frac{6.62 \times 10^{-34}\,\text{J s} \times 3 \times 10^8\,\text{m s}^{-1}}{1.6 \times 10^{-19}\,\text{J}} = 1.24 \times 10^{-6}\,\text{m} \quad (7.13)$$

となる.つまり,赤外線領域にある約 1240 nm の波長を持った光である.

7-2 電子回路

7-2-1 アナログ回路

A パルスとインピーダンス

実際の実験では,短時間に電圧や電流が変化する,様々な**パルス信号**の処理が必要となる.ここではパルスを,単純にパルス幅 T の逆数を周波数 f とする交流と考え,パルス信号回路を**交流回路**として取り扱う.まず初めに,図 7.1 のように,抵抗 R,コンデンサ C,コイル L の 3 つを直列につないだ交流回路を考えよう.全体

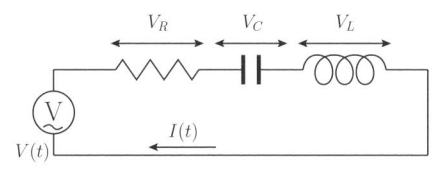

図 7.1 C, R, L 直列回路

に電圧 $V(t) = V_0 e^{i\omega t}$ をかけたとき，回路に流れる電流を $I(t) = I_0 e^{i(\omega t - \phi)}$ と表すことにする．ここで，$V(t)$ および $I(t)$ の実部がそれぞれ実際の電圧，電流の値に対応し，$\omega \equiv 2\pi f$ は角振動数，ϕ は電圧と電流の間の位相差を表している．R, C, L のそれぞれの両端にかかる電圧を $V_R(t)$, $V_C(t)$, $V_L(t)$ とし，コンデンサが蓄える電荷を $Q(t)$ とすると，(2.122)，(2.136)，(2.120) より[1)]

$$V_R(t) = RI(t), \quad V_C(t) = \frac{1}{C}Q(t), \quad V_L(t) = L\frac{dI}{dt} \tag{7.14}$$

と表されるので，この直列交流回路の電位の式は，

$$V(t) = RI(t) + \frac{1}{C}Q(t) + L\frac{dI(t)}{dt} \tag{7.15}$$

となる．この両辺を t で微分すると，

$$\frac{dV(t)}{dt} = R\frac{dI(t)}{dt} + \frac{1}{C}I(t) + L\frac{d^2I(t)}{dt^2}, \tag{7.16}$$

$$V(t) = \left(R - \frac{i}{\omega C} + i\omega L\right)I(t) \equiv ZI(t) \tag{7.17}$$

という関係式を得る．ここで導入した複素数 Z は**複素インピーダンス**と呼ばれ，交流回路での「抵抗」に相当する．今の場合，複素インピーダンスは

$$Z = R - \frac{i}{\omega C} + i\omega L \tag{7.18}$$

となる．この複素インピーダンスを $Z = |Z|e^{i\phi}$ （但し $|Z| = \sqrt{Z^*Z}$）と書けば，

$$V_0 e^{i\omega t} = |Z|e^{i\phi} I_0 e^{i(\omega t - \phi)}$$

となるので，電圧と電流の振幅は

$$V_0 = |Z|I_0 \tag{7.19}$$

[1)] ここでは，コイルの誘導起電力は，電流が流れるのを妨げる向きの電圧の大きさを表している．

と関係付けられ，複素インピーダンス Z の偏角が電圧と電流の位相差 ϕ を与えることが分かる：

$$\tan\phi = \frac{\omega L - \frac{1}{\omega C}}{R} \tag{7.20}$$

このように交流回路では，抵抗は R，コンデンサは $-i/\omega C$，コイルは $i\omega L$ というインピーダンスを持ち，抵抗の場合と同様に合成則が成り立つ．ただし，インピーダンスは周波数に依存し，さらに位相も変化させる．例えばコンデンサの場合には電圧に対して電流の位相が $90°$ 進み，一方コイルの場合にはその逆となる．

例題 図 7.1 の回路で，それぞれの値を $C = 0.1$ μF，$R = 100$ Ω，$L = 1$ mH に設定し，周波数 $f = 10$ kHz の交流電流を流したとき，この交流回路のインピーダンスの大きさと偏角を求めよ．

解説
　この交流回路の角振動数は $\omega = 2\pi f$ なので，インピーダンスの大きさは，

$$\begin{aligned}
|Z| &= \sqrt{R^2 + \left(\omega L - \frac{1}{\omega C}\right)^2} \\
&= \sqrt{(100\text{ Ω})^2 + \left(2\pi \times 10^4 \text{ Hz} \times 10^{-3} \text{ H} - \frac{1}{2\pi \times 10^4 \text{ Hz} \times 10^{-7} \text{ F}}\right)^2} \\
&\fallingdotseq \sqrt{(100\text{ Ω})^2 + (63\text{ Ω} - 159\text{ Ω})^2} \fallingdotseq 139\text{ Ω}
\end{aligned} \tag{7.21}$$

と計算される．また，位相差は (7.20) より，

$$\arctan\frac{63\text{ Ω} - 159\text{ Ω}}{100\text{ Ω}} \times \frac{180°}{\pi} \fallingdotseq -44° \tag{7.22}$$

となる．

B 微分・積分回路

図 7.2 の回路はそれぞれ (a) **積分回路**，(b) **微分回路**と呼ばれ，電子回路の信号入力部によく使われる基本的な回路である．積分回路では $V_R = I(t)R$，$V_C = \frac{Q(t)}{C}$ より，

$$V_{\text{IN}} = V_R + V_C = I(t)R + \frac{Q(t)}{C} = R\frac{dQ(t)}{dt} + \frac{1}{C}Q(t) \tag{7.23}$$

となる．簡単のため $t > 0$ で定電圧 V_{IN} がかかったとし，$t = 0$ で $Q(0) = 0$ であったとすると，この微分方程式の解は，

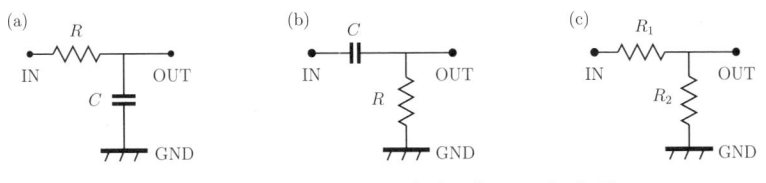

図 7.2 (a) 積分回路, (b) 微分回路, (c) 分圧回路

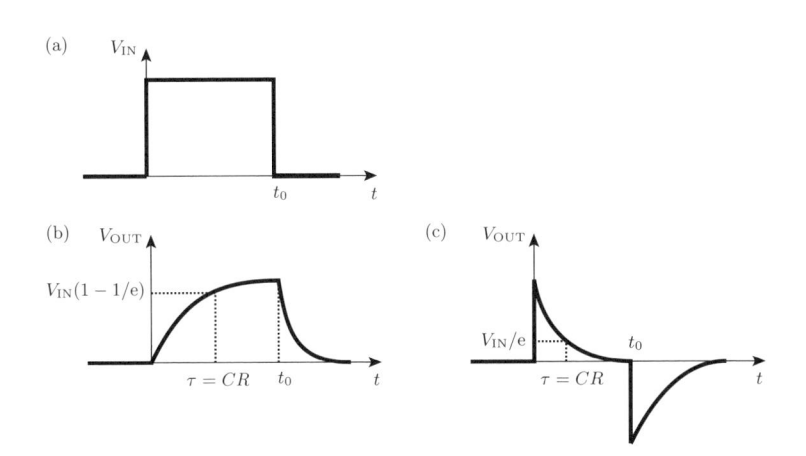

図 7.3 (a) 矩形入力パルス, (b) 積分回路, (c) 微分回路からの出力波形

$$Q(t) = CV_{\text{IN}}(1 - e^{-\frac{1}{CR}t}) \tag{7.24}$$

と求まる．ここで $V_{\text{OUT}} = \frac{Q}{C}$ から，

$$V_{\text{OUT}}(t) = V_{\text{IN}}(1 - e^{-\frac{1}{CR}t}) \tag{7.25}$$

という関係が得られる．

この関係をグラフに表すと，図 7.3(b) のように，$t = 0$ でコンデンサに充電電流が流れて電荷が蓄えられ始めると，$V_{\text{OUT}}(t)$ が上昇し，充電が終わると電流が流れなくなり，$V_{\text{OUT}}(t)$ は V_{IN} と等しくなる．こうした $V_{\text{OUT}}(t)$ の時間変化はちょうど V_{IN} を時間積分したように振る舞うことから積分回路と呼ばれている．

一方，微分回路では V_{OUT} は V_R，すなわち $t = 0$ で流れ始めるコンデンサの充電電流 $I(t) = \frac{dQ}{dt}$ と抵抗 R との積に等しい：

$$I(t) = \frac{dQ(t)}{dt} = \frac{1}{R} V_{IN} e^{-\frac{1}{CR}t}, \tag{7.26}$$

$$V_{\text{OUT}}(t) = I(t)R = V_{\text{IN}} e^{-\frac{1}{CR}t} \tag{7.27}$$

そこで，$V_{\text{OUT}}(t)$ の時間変化は，図 7.3(c) のように V_{IN} から始まって減少する指数関数となる．$V_{\text{OUT}}(t)$ の時間変化はちょうど V_{IN} を時間微分したように振る舞うことから微分回路と呼ばれる．これらの積分回路および微分回路において，V_{OUT} が変化する速さを決めているのは時定数 $\tau\,[\text{s}] = C\,[\text{F}]R\,[\Omega]$ である．

C インピーダンス分圧

図 7.2(c) の回路が直流の場合に抵抗分圧 $V_{\text{OUT}} = \frac{R_2}{R_1+R_2} V_{\text{IN}}$ が成り立つように，交流回路においては，**インピーダンス分圧** $V_{\text{OUT}} = \frac{Z_2}{Z_1+Z_2} V_{\text{IN}}$ が成り立つ．

インピーダンス分圧を使うと，積分回路や微分回路の入力と出力電圧の関係を調べられる．積分回路の場合は $Z_1 = R$, $Z_2 = -\frac{i}{\omega C}$ となるので，V_{OUT} と V_{IN} は，

$$\frac{V_{\text{OUT}}}{V_{\text{IN}}} = \left| \frac{-\frac{i}{\omega C}}{R - \frac{i}{\omega C}} \right| = \frac{1}{\sqrt{(\omega RC)^2 + 1}} = \frac{1}{\sqrt{1+(2\pi fRC)^2}} \tag{7.28}$$

という関係に従う．ここで $\omega = 2\pi f$, f は周波数である．一方，微分回路の場合は $Z_1 = -\frac{i}{\omega C}$, $Z_2 = R$ となるので，

$$\frac{V_{\text{OUT}}}{V_{\text{IN}}} = \left| \frac{R}{R - \frac{i}{\omega C}} \right| = \frac{1}{\sqrt{1+\frac{1}{(\omega RC)^2}}} = \frac{1}{\sqrt{1+\frac{1}{(2\pi fRC)^2}}} \tag{7.29}$$

という関係に従う．このように積分回路や微分回路では入力電圧と出力電圧の比は，入力信号の周波数 f に依存する．

積分回路では $f \to 0$ で $V_{\text{OUT}}/V_{\text{IN}} \to 1$ となり，$f \to \infty$ で $V_{\text{OUT}}/V_{\text{IN}} \to 0$ となるので，出力信号においては低周波は保たれるが高周波になるほど減衰する．微分回路では，逆に低周波になるほど減衰する．このようにある周波数帯域のみを選択的に通す回路を**フィルター**と呼び，積分回路は低周波を通す**ローパスフィルター**，微分回路は高周波を通す**ハイパスフィルター**となっている．また，$f = f_0 = \frac{1}{2\pi RC}$ のとき，入力電圧と出力電圧の比は $V_{\text{OUT}}/V_{\text{IN}} = \sqrt{1/2}$ となる．この f_0 の値を**カットオフ周波数**と呼び，積分回路（微分回路）では f_0 を境に高周波（低周波）がカットオフされる．

D 共振回路

図 7.4（左）のように各素子を直列につなげた回路を考える．この回路のインピーダンスは $Z = R - \frac{i}{\omega C} + i\omega L$ であるが，回路の抵抗 R が無視できる程小さいならば，$\omega L = \frac{1}{\omega C}$ を満たす角振動数 ω：

$$\omega = \sqrt{\frac{1}{LC}} \tag{7.30}$$

に対してインピーダンスは 0 となる．このような回路を**直列共振回路**と呼ぶ．

一方，図 7.4（右）のように，各素子を並列につなげたものを**並列共振回路**と呼ぶ．この回路の電流と電圧の関係は，インピーダンスを用いて $V = IZ$ と表す代わりに，インピーダンスの逆数である**アドミッタンス** Y を用いて $I = YV$ と表される．並列共振回路のアドミッタンス Y は直流回路での抵抗の並列つなぎと同様に，

$$Y = \frac{1}{Z} = \frac{1}{R} + i\omega C - \frac{i}{\omega L} \tag{7.31}$$

と計算される．ここで抵抗が無視できるとき，すなわち $R = \infty$ の極限で，$\omega C = \frac{1}{\omega L}$ ならば $Y = 0$ となり，インピーダンスの大きさが無限大になるため電流は流れない．こうした現象が起こる周波数の値：

$$f = \frac{1}{2\pi\sqrt{LC}} \tag{7.32}$$

を**共振周波数**と呼ぶ．例えば，ラジオの選局に用いる**同調回路**にはこの並列共振回路が使われており，特定の周波数の電波に対して微弱な電流から大きな入力信号を得られる仕組みになっている．

この回路にかかる電圧を V，流れる電流を I とすると，$V = V_C = V_L$，$I = I_C + I_L$ という関係に従い，

$$V_L = L\frac{dI_L}{dt}, \quad V_C = \frac{1}{C}Q, \quad \frac{dQ}{dt} = I_C \tag{7.33}$$

となる．共振が起こると $I = 0$ になるので電流 $I_C(t) = -I_L(t)$ および電圧 $V_C(t) =$

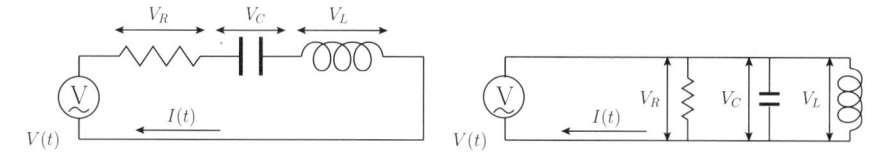

図 **7.4** LC 直列共振回路（左）と LC 並列共振回路（右）

$V_L(t)$ は 2 階の微分方程式：

$$\frac{d^2 I_C}{dt^2} = -\frac{1}{LC} I_C , \quad \frac{d^2 V_C}{dt^2} = -\frac{1}{LC} V_C \tag{7.34}$$

を満たし，共に周期 $T = 2\pi\sqrt{LC}$ で単振動することが分かる．

例題 1 μH のコイルと 100 μF のコンデンサーからなる共振回路の共振周波数 f を計算せよ．

<u>解説</u>
(7.32) 式を使って，共振周波数 f は

$$f = \frac{1}{2\pi}\sqrt{\frac{1}{10^{-6}\ \text{H} \times 10^{-4}\ \text{F}}} = \frac{1}{2\pi} \times 10^5\ \text{Hz} \simeq 15.9\ \text{kHz} \tag{7.35}$$

と求まる． ∎

E 同軸ケーブル

パルス信号の伝送には，**同軸ケーブル**などの伝送線が用いられる．同軸ケーブルとは，図 7.5(a) のように芯線（内部導体）のまわりに絶縁体を巻き，さらに被覆線（外部導体）で覆ったものである．内部導体の径を d，外部導体の径を D，絶縁体の誘電率を ε，透磁率を μ とすると，同軸ケーブルが持つ単位長さ当たりの静電容量 C は，

$$C = \frac{2\pi\varepsilon}{\ln(D/d)} \tag{7.36}$$

となり，単位長さ当たりのインダクタンス L は，

$$L = \frac{\mu}{2\pi} \ln(D/d) \tag{7.37}$$

となる．

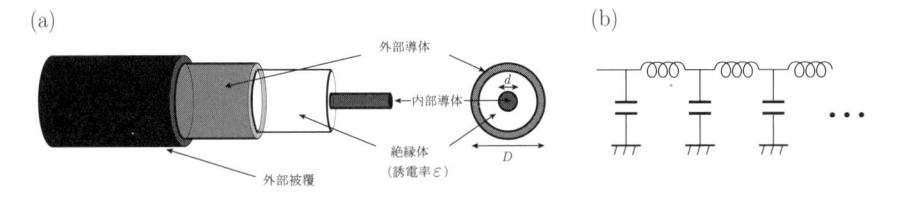

図 **7.5** 同軸ケーブル

ここで同軸ケーブルを，図 7.5(b) のような共振回路の連続として考えると，そのインピーダンス（**特性インピーダンス**と呼ぶ）は，比誘電率を $\varepsilon' \equiv \varepsilon/\varepsilon_0$，比透磁率を $\mu' \equiv \mu/\mu_0 = 1$ として，$\sqrt{\mu_0/\varepsilon_0} \simeq 120\pi$ という関係を使うと，

$$Z_0 = \sqrt{\frac{L}{C}} = \sqrt{\frac{\mu}{\varepsilon} \frac{1}{4\pi^2} \left(\ln \frac{D}{d}\right)^2} \simeq \frac{60}{\sqrt{\varepsilon'}} \ln \frac{D}{d} \tag{7.38}$$

となる．この結果から分かるように，同軸ケーブルのインピーダンスはケーブル長にはよらず，内部導体と外部導体の口径比（D/d）と絶縁体の比誘電率 ε' のみに依存する．

伝送ロスを最も少なくするための同軸の口径比は一義的に決まり（$d/D = 0.2785$），絶縁体の素材に比誘電率 $\varepsilon' \fallingdotseq 2.26$ を持ったポリエチレンが使われている．通常の同軸ケーブルは 50 Ω のインピーダンスを持つ．こうした同軸ケーブルは光速の約 2/3 倍の伝送速度を持ち，1 m 当たり 5 ns で信号を伝送する．

F　インピーダンスマッチとパルスの反射

信号を伝送する際，接続する同軸ケーブルや機器のインピーダンスの値を正しく整合させないと，信号の反射が起こり回路の誤動作や信号のロスを生じる．例として図 7.6 のように，特性インピーダンス Z_0，長さ l のケーブルの終端にインピーダンス Z_R を持った機器を接続する場合を考える．

ケーブルの終端が短絡している場合（$Z_R = 0$）と開放されている場合（$Z_R = \infty$）には，それぞれ固定端反射および開放端反射を生じ，パルスがそれぞれ逆位相および同位相となって戻ってくる．図 7.7(b) と (c) は，実際の反射パルスの一例である．この場合，信号発生器から出たパルスが，オシロスコープ入力部で反射して逆送し，さらに信号発生器の出力部でもう一度反射して戻ってきたパルスが同時に観測されている．そこで，直接入力したパルスと反射パルスの時間差から，同軸ケーブル内の信号の伝送速度（通常 5 ns/m）を使ってケーブル長を推定できる．

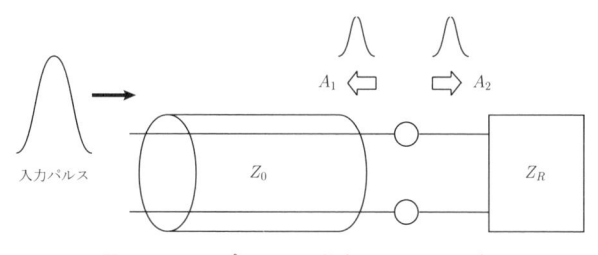

図 **7.6**　インピーダンス整合とパルスの反射

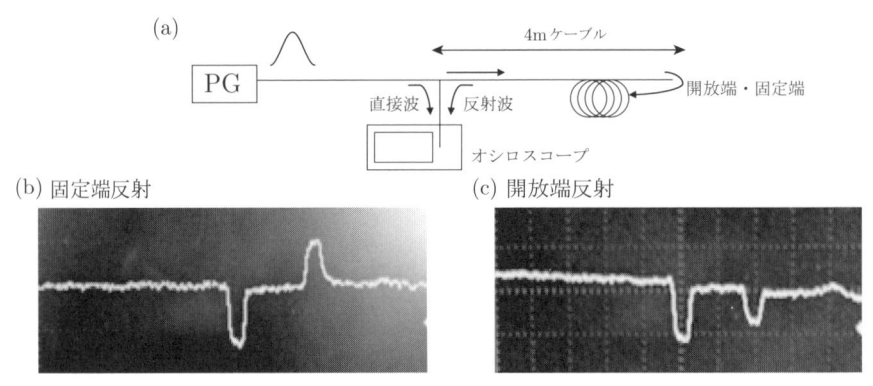

図 7.7 (a) 信号の反射によるケーブル長測定と実際の反射パルス，(b) ケーブル端をショート（固定端），(c) ケーブル端を開放（開放端）．両パルスの時間差 40 ns がケーブル長 4 m × 2 × 5 ns に対応

　信号を発生（測定）する機器のインピーダンスと接続するケーブルの特性インピーダンスを整合させるため，抵抗を並列に接続することがある．このような抵抗を**終端抵抗**という．例えばオシロスコープの信号入力部には，50 Ω の終端抵抗を入れられるように切り替えスイッチがついているものがある．また，同軸ケーブルのコネクターにはインピーダンスを保つため，図 7.8 のような BNC や LEMO などの特殊な専用コネクターが用いられる．

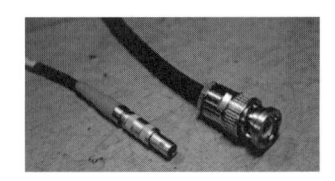

図 7.8 LEMO コネクター（左）と BNC コネクター（右）

7-2-2 半導体

A 半導体

　実験における様々な信号処理から検出器そのものの用途までにおいて，**半導体**は欠かすことのできないものである．半導体とは，**良導体**と**絶縁体**の中間の性質を示す物質で，Si（シリコン）や Ge（ゲルマニウム）などがよく用いられる．これらの物質は図 7.9 のように，**バンド構造**と呼ばれるエネルギー準位の構造を持ち，電子の準位が全て詰まった**価電子帯**と，伝導電子が自由に動ける**伝導帯**に分かれ，両者の間には電子の存在できない**禁制帯**（バンドギャップ）が存在する．金属などの良導体はフェルミ準位が伝導帯にあり，常に自由電子が存在するので導電性を示すが，

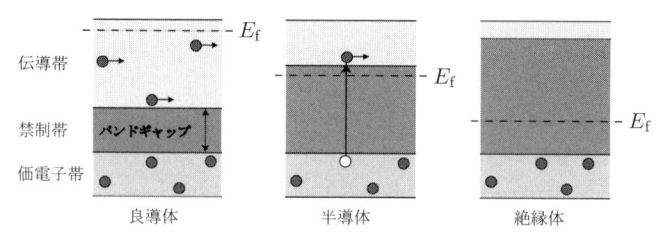

図 7.9 良導体，半導体，絶縁体のバンド構造．黒丸は電子，白丸は正孔を表し，E_f はフェルミ準位を示す

絶縁体や半導体はフェルミ準位が禁制帯にあり，価電子が禁制帯を越えて伝導帯にジャンプしなければ導電性を示さない．半導体は絶縁体に比べ適度なバンドギャップエネルギー（禁制帯のエネルギー幅）を持っており，さらに電圧を印加したり不純物を添加するなどしてこのバンド構造を変化させることによって，その電気的な性質を人為的にコントロールできる．

価電子がエネルギーを得て伝導帯に上がると自由に動けるようになり，負電荷を運ぶことができる．また価電子帯の電子が抜けた跡は**正孔**（ホール）となり，こちらは正電荷を運ぶ．電荷を運ぶこれらは総称して**キャリア**と呼ばれる．

4 価の原子である Si, Ge などに，5 価のヒ素などを添加したものを **n**（negative）**型半導体**，3 価のホウ素などを添加したものを **p**（positive）**型半導体**という．前者は電子が余り，後者は電子が欠損した正孔が余った状態になっている．様々な半導体素子はこれらを組み合わせて作られている．表 7.3 では典型的な半導体のバンドギャップエネルギーをまとめた．

表 7.3 様々な半導体のバンドギャップエネルギー

物質	バンドギャップ (eV)
ゲルマニウム	0.67
シリコン	1.1
ヒ素化ガリウム	1.4
窒化ガリウム	3.4
ダイヤモンド	5.47

B　ダイオードの基礎

ダイオードとは p 型半導体と n 型半導体を接合した素子であり，p 型（**アノード**）から n 型方向（**カソード**）に電圧をかけると（順方向電圧），電子と正孔が移動して電流が流れる．このとき電子と正孔の**対消滅**が起こり，バンドギャップ分の電子のエネルギーが開放されて光を放出するダイオードが**発光ダイオード**である．発光ダイオードの発光波長はバンドギャップエネルギーによって決まり，ヒ素化ガリウムの場合，1.4 eV のバンドギャップを持つので赤色に発光する．一方，窒化ガリウムの場合はバンドギャップエネルギーは 3.4 eV に達し，青色光を出すことができる．

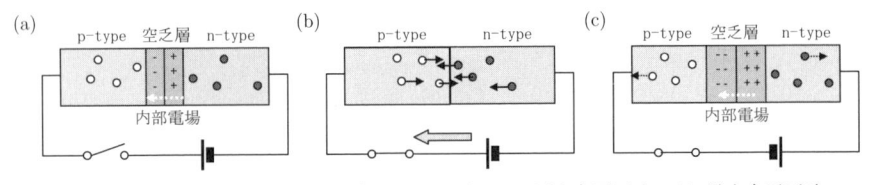

図 7.10 ダイオードの構造：(a) 無バイアス時, (b) 順方向電圧時, (c) 逆方向電圧時

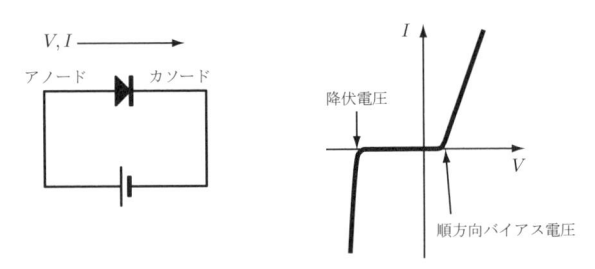

図 7.11 左：ダイオードの記号, 右：ダイオードの I-V 曲線

　逆方向に電圧をかけた場合には，p 型 n 型接合面にキャリアのない**空乏層**が生じ，電流が流れなくなる．こうした性質を利用してダイオードは一方向のみ電流を流す**整流素子**として用いることもできる．図 7.11 はダイオードの印加電圧と電流との関係（I-V 曲線）をグラフに表している．ダイオードのバンド準位は，正孔過剰の p 型（アノード）の方が電子過剰の n 型より少し高い．従って順方向電圧をかけたとしても，ある程度以上の電圧（**順方向バイアス**）をかけないと電流は流れない．この電圧のしきい値は半導体の材質によって決まり，シリコンダイオードでは 0.7 V，ゲルマニウムダイオードでは 0.2 V 程度である．一方，空乏層が生じるために逆方向電圧をかけた場合にはほとんど電流は流れないが，降伏電圧（約 20 V 程度）を越えると急激に流れ始め，その後は電流値によらず電圧の値が一定になる．こうした性質を利用して，出力電流によらずに定電圧を生み出す**ツェナーダイオード**がある．

C　トランジスタの基礎

　トランジスタは信号の増幅やスイッチングに用いられる基本的な素子である．トランジスタは，2 つのダイオードを逆向きにつないだような構造になっており，図 7.12 のように，n 型半導体の間に p 型半導体を挟んだもの（NPN 型）とその逆の構造を持ったもの（PNP 型）がある．

　図 7.13 のように NPN 型トランジスタを例にとって，トランジスタの基本動作を考える．まず，コレクタ – エミッタ間に電圧をかけると，エミッタ側の電子がベース内の正孔と消滅してベース内でのキャリアを失う．さらに，コレクタ側の電子も

図 7.12 トランジスタの記号. (a) NPN 型と (b) PNP 型

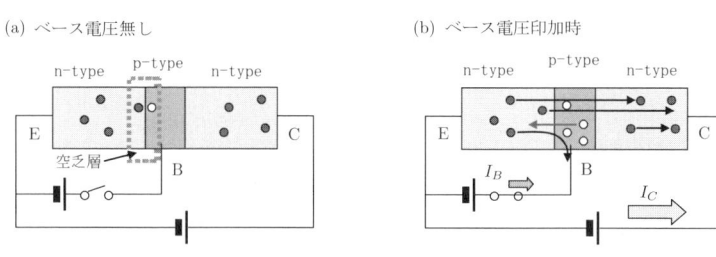

図 7.13 NPN 型トランジスタの構造と動作原理. 黒丸は電子, 白丸は正孔

電極に引き寄せられて空乏層が生じるため, その結果, 電流は流れなくなる.

　一方, ベースにわずかに正電圧をかけると正孔が供給され, エミッタ側電子の一部がベースに移動するので, ベース－エミッタ間に電流が流れ始める. この際, 大部分のエミッタ側の電子 (約 99%) は薄いベースを素通りしてコレクタへ移動するので, その結果, コレクタ－エミッタ間には大きな電流が流れ始める.

　ベース側へ流れる電子とコレクタ側へ流れる電子の割合は常にほぼ一定となり, ベース電流とコレクタ電流は比例関係に従う. この比例係数 I_C/I_B を**電流増幅率** h_{fe} と呼ぶ. このようにトランジスタは, わずかなベース電流の増減でコレクタ電流の大きさを制御できるので, 信号増幅やスイッチングに用いられる.

D　トランジスタの動作特性

　トランジスタの動作は入力特性, 電流伝達特性, 出力特性の 3 つの性質から理解できる. トランジスタのベース電流を I_B, コレクタ電流を I_C, ベース－エミッタ間電圧を V_{BE}, コレクタ－エミッタ間電圧を V_{CE} とすると, 各特性は図 7.14 のように, 各々のパラメータの間の関係として表される.

D-1　入力特性　(V_{BE} と I_B の関係) V_{BE} をかけてその大きさがしきい値を超えると, 急激に I_B が流れ, すぐさま I_B によらず V_{BE} はほぼ一定となる. この特性はダイオードと同じく, 伝導電子が np 接合の電位を乗り越えなければならないために生じるものであり, 例えばシリコントランジスタがこうした特性を示すには

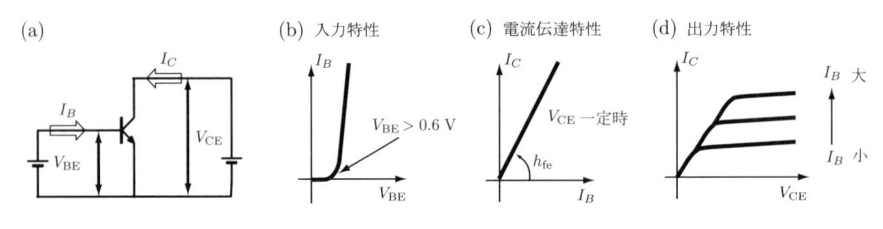

図 **7.14** トランジスタの I-V 曲線

$V_{BE} > 0.6\,\mathrm{V}$ を要する.

D-2 電流伝達特性 （I_B と I_C の関係）V_{CE} が一定のとき，I_B と I_C は比例関係に従う．この傾き I_C/I_B がトランジスタの電流増幅率 h_{fe} を表し，一般に h_{fe} は数十から数千の値となる．

D-3 出力特性 （V_{CE} と I_C の関係）V_{CE} がある程度の大きさに達すると，V_{CE} を上げても I_C はほぼ一定のままに保たれる．こうした I_C の飽和が生じる値は I_B に依存し，I_B が大きいほどより大きな値の I_C で飽和するようになる．また，これらの比 I_C/V_{CE} は出力アドミッタンス（インピーダンスの逆数）となる．

7-2-3 デジタル回路

A トランジスタのスイッチングとデジタル回路

トランジスタはベース電流を増幅して，コレクタ電流として取り出す機能を持っており，$I_C = h_{fe} I_B$ という関係に従う．ただし，トランジスタは電圧や電流を発生しているわけではないので，あくまでもコレクタ電圧の範囲内でのみ増幅し，コレクタから流れる電流をコントロールできるだけであることに注意する．

例えば，図 7.15(a) のような回路において，電源電圧 $V_{CC} = 5\,\mathrm{V}$，増幅率 $h_{fe} = 100$，電源電圧とコレクタ間に $R = 50\,\Omega$ の抵抗を接続しているとき，ベースに $I_B = 10\,\mathrm{mA}$

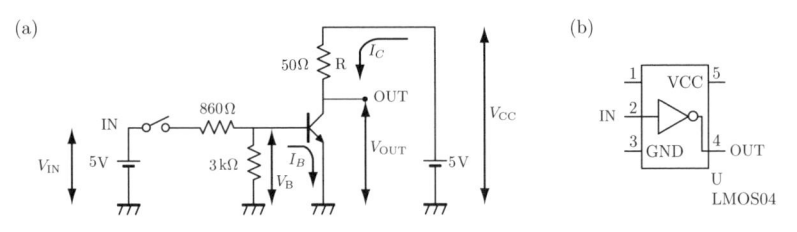

図 **7.15** (a) トランジスタによるスイッチング回路の例，(b) 等価な役割の NOT 回路

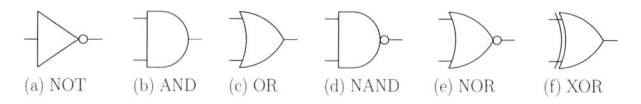

図 7.16 NOT, AND, OR, NAND, NOR, XOR 各回路の記号

を流しても，$I_C = h_{fe}I_B = 100 \times 10$ mA $= 1$ A 流れるわけではなく，$I_{max} = V_{CC}/R = 5$ V/50 Ω $= 100$ mA が最大となる．つまり，ベースに $I_B = 1$ mA 以上の電流を流せば，コレクタには必ず一定電流 $I_C = 100$ mA 流れることになる．こうした特性はスイッチをオンオフするような使い方として用いられるので，トランジスタによる**スイッチング**と呼ばれ，トランジスタによる制御装置や論理回路の基礎となっている．

論理回路では，二値論理すなわち，真（=1）と偽（=0）を用いて論理計算を行う．代表的な論理回路として，図 7.16 のような NOT 回路，AND 回路，OR 回路，NAND 回路，XOR 回路などがある．トランジスタによるスイッチングを用いた論理回路には様々な規格があるが，よく使われているものは **TTL**（Transister Transister Logic）**規格**である．TTL は電圧値の Hi レベル（=5 V，実際には >2.5 V）なら「真」，Low レベル（=0 V，実際には <0.4 V）なら「偽」，と定義している．TTL を用いた様々な論理回路がいくつか入った汎用のデジタル IC（LS74 シリーズなど）は広く出回っており，手軽にデジタル回路を組み立てられる．

一方，放射線測定や素粒子実験などで標準的に使われる **NIM**（Nuclear Instrument Modules）**規格**では，「偽」のときに 0 V，「真」のときには -16 mA をインピーダンス 50 Ω に流して -0.8 V を得る電流駆動型の論理となっている．この他にも，差動増幅回路を利用した **ECL**（Emitter Coupled Logic）**規格**などもある．

図 7.15(a) のようなスイッチング回路は，論理を反転する NOT 回路（図 7.15(b)）の例になっている．IN が 0 V（偽）のときはトランジスタは OFF となり，I_C は流れず V_{OUT} は V_{CC} と同じ 5 V（真）となる．一方，IN が 5 V（真）のときはトランジスタが ON となり，I_C が流れて抵抗 R で電圧降下し，V_{OUT} は GND と同じ 0 V（偽）となる[2]．

B 論理回路

コンピューターなどの複雑なデジタル回路も，様々な論理回路を部品として用いて作られる．基本的な論理回路として，図 7.16 のように AND 回路，OR 回路，NAND

---

[2] なお，ここで入力 5 V とベース間には 860 Ω を入れて，5 V 入力時に適度なベース電流が流れるように設定し，さらにベースと GND 間には 3 kΩ を入れて，5 V 入力時に $V_B > 0.6$ V（トランジスタの動作電圧として 0.6 V を想定），0 V 入力時に確実に $V_B = 0$ V になるよう設定している．

表 7.4　AND, NAND, OR, NOR, XOR 各回路の入力 A, B と出力の関係

入力		出力				
入力 A	入力 B	AND	NAND	OR	NOR	XOR
0	0	0	1	0	1	0
0	1	0	1	1	0	1
1	0	0	1	1	0	1
1	1	1	0	1	0	0

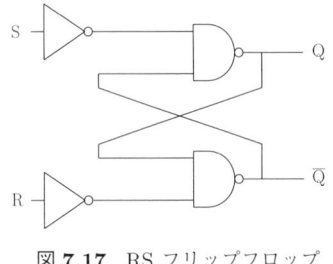

図 7.17　RS フリップフロップ

表 7.5　RS フリップフロップの入力と出力の関係

入力		出力
R	S	Q
0	0	保持
0	1	1
1	0	0
1	1	不定

回路，XOR 回路などがある．これらは 2 つの入力と 1 つの出力を持ち，その動作は表 7.4 のような真理表によって表すことができる．また 1 入力で，論理を反転させるだけの回路を NOT 回路と呼ぶ．

　図 7.16 に示したのは各論理回路を表す回路記号である．○がつくとそこで論理が反転することを表している．特に NAND 回路を組み合わせて，論理状態を記憶しておくフリップフロップと呼ばれる回路を作ることができる．図 7.17 は RS フリップフロップと呼ばれる NAND 回路 2 個からなる単純な記憶回路で，表 7.5 のように S（set）端子に真（=1）を入力すると，出力（Q）に真が保持され，R（reset）端子に真を入力すると偽（=0）が保持される．他にも **JK フリップフロップ**や **D フリップフロップ**などがあり，数を数えるカウンターなどの用途に使われる．

C　その他の電子回路

C-1　オペアンプ　オペアンプは，トランジスタを組み合わせた集積回路であり，アナログ信号の増幅をはじめ，様々な信号処理回路に用いられている．図 7.18 のように正負 2 つの差動入力と 1 つの出力を持ち，高い増幅度，高い入力インピーダンス，低い出力インピーダンスを持つ．図 7.18 中図の回路は**反転増幅回路**と呼ばれ，正負 2 つの入力は仮想的に短絡した**イマジナリーショート**の状態になり，その結果入力パルスの正負を反転した増幅信号が得られる．この回路による増幅度 A は入力抵

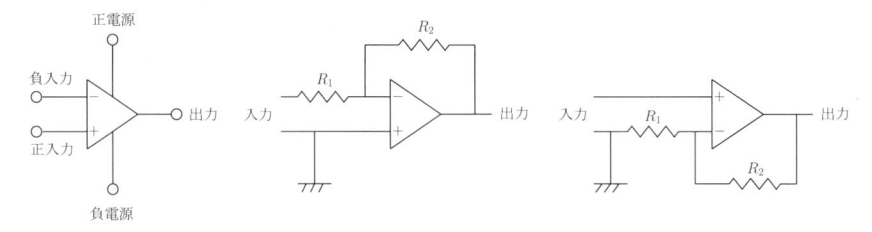

図 **7.18** オペアンプ回路. 中図と右図では電源の表示を省略

抗 R_1 と帰還抵抗 R_2 の比 $A = \frac{R_2}{R_1}$ によって定まる. 同様に, 図 7.18 右図のような**非反転増幅器**では, 出力パルスは入力パルスと同符号となり, 増幅度 A は $A = 1 + \frac{R_2}{R_1}$ と定まる.

C-2 ディスクリミネーター (波高弁別器)・スケーラー 正負 2 つの入力の差分を大きく増幅して出力するオペアンプの性質を用いて[3], 設定したしきい値以上の波高を持ったアナログパルスの入力に対し, TTL 信号や NIM 信号などのデジタルパルスを出力する**ディスクリミネーター**を作ることができる. この出力をさらにデジタルカウンターである**スケーラー**に接続してパルス数を数えたり, 他のデジタル機器の動作スタート信号 (トリガー) に利用するなどといった形で, アナログ信号とデジタル信号の橋渡しに用いられる.

C-3 ADC と Flash ADC しきい値の異なる複数個の波高弁別器を並べて, 波高値をデジタル値に変換できる. このような回路を **ADC** (Analog-to-Digital Converter) と呼ぶ. 入力部にコンデンサを用いた積分回路を通して, パルス電荷を積分した信号の波高値をデジタル変換することにより, 電荷の測定も行うことができる. また, 波高値のデジタル変換を時間的に連続的に行うことで, 波形の情報も得られる. こうした回路を **Flash ADC** と呼ぶ.

C-4 コッククロフト・ウォルトン回路 図 7.19 のようにコンデンサとダイオードを組み合わせた回路を**コッククロフト・ウォルトン回路**という. 入力部に交流電圧をかけると, その電圧振幅の段数倍の高電圧を取り出すことができる. ただし大きな電流は取り出せない. こうしたコッククロフト・ウォルトン回路は主に, ガス増幅型放射線検出器や静電型加速器などへの高電圧引火回路として用いられる.

---

[3] 実際には**コンパレーター**というオペアンプとよく似た専用の素子が用いられる.

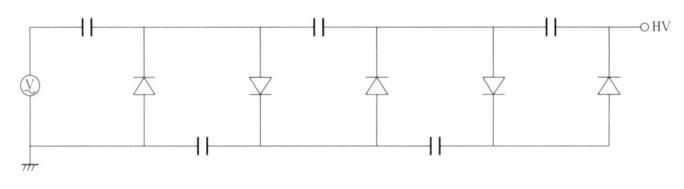

図 **7.19** コッククロフト・ウォルトン回路

7-3　確率と統計，誤差

7-3-1　測定と誤差

A　誤差とは

実験で得られる測定値 x_i（$i = 1, 2, \cdots, n$, n：データ数）は必ず真の値 x_true との間にずれを生じる．このずれ $\Delta x_i = x_i - x_\text{true}$ が誤差である．実際には真の値は知り得ないので，最も尤もらしい推定値 $\hat{x}$ を代用する．推定値には**平均値** $\bar{x}$ がよく使われるが，他にも**中央値**，**最頻値**などがある：

- **平均値** $\bar{x} \equiv \frac{1}{n}\sum_{i=1}^{n} x_i$
- **中央値** 測定値をある順番（例えば大きさ）で並べたときに真ん中の位置に来る値
- **最頻値** 最頻値は測定値が離散的な（あるいはヒストグラムの）場合に定められる，頻度が最も高い所の値

一方，誤差には**統計誤差**と**系統誤差**がある：

- **統計誤差** 物理量が確率的にばらつくために生じる誤差
- **系統誤差** ゆがんだものさしで長さを測った場合などに生じる，統計的要因でない誤差

統計誤差は測定回数を増やせば減るが，系統誤差は誤差の原因となるものを取り除くか，要因を理解して測定値を補正しなければ減らせない．

誤差を評価するには測定値のばらつき具合を調べればよい．ばらつき具合を示す量として**標準偏差** σ がよく使われる：

$$\sigma^2 \equiv \frac{1}{n}\sum_{i=1}^{n}(x_i - \hat{x})^2 \tag{7.39}$$

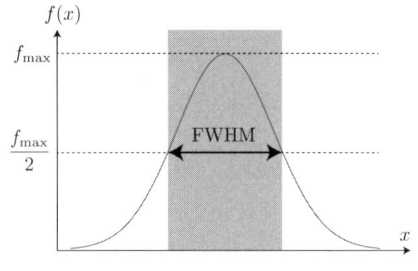

図 **7.20** 半値全幅 (FWHM)

特に統計量 σ^2 は**分散**と呼ばれ，その平方根が標準偏差となる．また別の方法として，最頻値の頻度の半分の頻度を持つデータの範囲である**半値全幅**を用いることもあり，FWHM（Full Width at Half Maximum）とも呼ばれる（図 7.20）．測定値のばらつきの分布が後述のガウス分布に従っている場合には，FWHM $\simeq 2.35\,\sigma$ という関係にある．

実験の誤差は通常この $\pm 1\sigma$ に対応する範囲で付けられる．ガウス分布の場合，$\pm 1\sigma$ の範囲にある確率は約 68% であるので，1σ の誤差の意味は，真の値がその誤差範囲にある確率が約 68% だと解釈される．逆言すれば，真の値が誤差範囲を越えてずれている確率は 32% もあるということに注意しよう．また，たとえ平均値から大きくずれた測定値があったとしても，必ずしも測定ミスとは限らず，統計のばらつきが原因の可能性もあるので，理由なくサンプルから排除するべきではない．

ところで，誤差は常にガウス分布に従うと考えてよいのだろうか？一般にどのような確率分布でも，平均値 μ，分散 σ^2 の母集団から N 個の標本を抽出したとき，その標本の平均値 $\bar{X}$ は，N が十分大きくなると平均値 μ，分散 σ^2/N のガウス分布に近づく．従って以下のように測定値を取り扱える：

- 何回か測定して平均を取れば，その誤差は元々の誤差分布の形にかかわらずガウス分布に従うとしてよい
- 測定回数 N が多いほど，誤差は $\sqrt{N}$ に反比例して小さくなる．つまり 1 回の測定と比べて誤差は $\sigma \to \frac{\sigma}{\sqrt{N}}$ と縮小する

測定回数が多ければ誤差は基本的にガウス分布に従うと考えて良い．

B 誤差の伝播

複数のパラメータの組に対して測定を行った値 $x_1,\cdots,x_n$ が，それぞれ誤差 $\Delta x_1,\cdots,\Delta x_n$ を持つとき，x_i の関数として定められる量 $f = f(x_1,x_2,\cdots,x_n)$ の

誤差 Δf は以下の式によって求められる：

$$\Delta f = \sqrt{\sum_{i=1}^{n}\left(\frac{\partial f}{\partial x_i}\Delta x_i\right)^2} \tag{7.40}$$

ただし，この誤差の伝播式が使えるのは，各パラメータが互いに相関がなく独立でかつ，各々の誤差が独立なガウス分布に従う場合のみである．一般に，複数の測定パラメータは互いに独立ではなく相関している可能性がある．こうした場合には，各変数間の相関を考慮した**誤差行列**を導入しなければならない．

例題 次の各々の関数に対する誤差を，誤差の伝播則を基に評価せよ：

(1) $f = ax$
(2) $f = x_1 + x_2$
(3) $f = (x_1 + \cdots + x_n)/n$
(4) $f = x_1 x_2$

解説

(1) $\partial f / \partial x = a$ なので，(7.40) に代入すると $\Delta f = a\Delta x$ となる．
(2) $\partial f / \partial x_i = 1$ なので，(7.40) から $\Delta f = \sqrt{(\Delta x_1)^2 + (\Delta x_2)^2}$ を得る．これを**二乗和の法則**という．
(3) n 個の平均値まわりに，各測定値が等しい誤差を持っている $\Delta x_i = \Delta x$ とする．$\partial f / \partial x_i = 1/n$ だから (7.40) より $\Delta f = \sqrt{n(\Delta x)^2}/n = \Delta x / \sqrt{n}$ となる．つまり，n 個の平均値の誤差は各測定値の誤差の $1/\sqrt{n}$ になることが示される．
(4) $\partial f / \partial x_1 = x_2$ などの結果を (7.40) に代入すると，$\Delta f = \sqrt{(x_2 \Delta x_1)^2 + (x_1 \Delta x_2)^2}$ となる．
誤差の大きさは自身の値に対する比 $\Delta x / x$ を用いて，$\frac{\Delta f}{f} = \sqrt{\left(\frac{\Delta x_1}{x_1}\right)^2 + \left(\frac{\Delta x_2}{x_2}\right)^2}$ と表される．これより，測定値の積からなる量に対する誤差の伝播は，**分数誤差** $\Delta x / x$ を使って表すと簡単に評価できることが分かる．

7-3-2 確率分布

物理学実験では，

- 測定結果が人間のコントロールできない偶然性に左右される誤差を含む

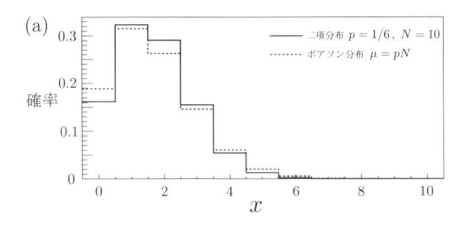

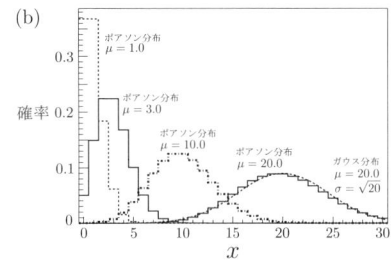

図 **7.21** (a) 二項分布とポアソン分布，(b) ポアソン分布とガウス分布の例

- 有限回のサンプリングによって無限に大きなサンプル全体を評価する
- 量子力学のように本質的に確率に従う現象を相手にする

などの事情から，確率と統計学に関する知識や技術が必要となる．以下では，物理学でしばしば用いられる確率分布や統計処理の考え方を学ぶ．

A 二項分布

白玉と赤玉が入った袋から玉を 1 個取り出して赤玉が出る確率を p とすると，N 個の球を引いて x 個の赤玉が出る確率は，二項係数 ${}_N C_x$ を用いて以下のようになる：

$$P_{\text{binomial}} = {}_N C_x p^x (1-p)^{N-x} = \frac{N!}{x!(N-x)!} p^x (1-p)^{N-x} \tag{7.41}$$

こうした確率 P_{binomial} に従う確率分布を**二項分布**と呼ぶ．二項分布の平均値は $m = Np$，分散は $\sigma^2 = Np(1-p)$ で与えられる．この確率分布の様子は，図 7.21(a) に $p = 1/6$，$N = 10$ の例を図示した．

B ポアソン分布

放射性物質の崩壊や単位面積を通り抜ける粒子の数など，自然界では「単位時間当たりにある事象が x 回起こる確率」が問題になる．こうした確率は**ポアソン分布**によって記述される．ポアソン分布では，事象が 1 回当たりに起こる確率 p を用いる代わりに，単位時間当たりにある事象が起こる期待値 μ を用いて，二項分布の平均値 $\mu = Np$ を保ったまま試行数 N を無限大に取った極限として定められる．(7.41) 式の P_{binomial} で $p = \mu/N$ とおいて，$N \to \infty$ を考えると，

$$
\begin{aligned}
P_{\text{poisson}}(\mu, x) &= \lim_{N \to \infty} {}_N C_x \mu^x N^{-x} \left(1 - \frac{\mu}{N}\right)^{N-x} \\
&= \lim_{N \to \infty} \frac{N!}{x!(N-x)!} \underbrace{\frac{\mu^x}{N \times \cdots \times N}}_{x \text{ 個}} \left(1 - \frac{\mu}{N}\right)^N \left(1 - \frac{\mu}{N}\right)^{-x} \\
&= \lim_{N \to \infty} \underbrace{\frac{N}{N} \frac{N-1}{N} \frac{N-2}{N} \cdots \frac{N-x+1}{N}}_{\to 1} \frac{\mu^x}{x!} \underbrace{\left(1 - \frac{\mu}{N}\right)^N}_{\to e^{-\mu}} \left(1 - \frac{\mu}{N}\right)^{-x} \\
&= \frac{\mu^x e^{-\mu}}{x!}
\end{aligned}
\tag{7.42}
$$

という確率分布が得られる．

ポアソン分布の平均値は μ であるが，分散も $\sigma^2 = \mu$ となる．これは，単位時間当たり平均 N 回起こるような現象の事象数のばらつきは $\sqrt{N}$ 程度あるということを意味している．こうした確率分布の様子は，図 7.21(a) および (b) に示した．

例題 1 秒間に平均 1 回の確率で崩壊する放射性元素が，ある 1 秒間に 2 回崩壊する確率 P_2，1 回崩壊する確率 P_1，および崩壊を起こさない確率 P_0 を求めよ．

解説
平均値 $\mu = 1$ を (7.42) 式に代入すると，$x = 0, 1, 2$ に対する確率は，$P_0 = \frac{1^0 e^{-1}}{0!} \fallingdotseq 0.368$，$P_1 = \frac{1^1 e^{-1}}{1!} \fallingdotseq 0.368$，$P_2 = \frac{1^2 e^{-1}}{2!} \fallingdotseq 0.185$ と計算される． ∎

C　ガウス分布

ポアソン分布は小さい μ の値に対しては左右非対称の形をしているが，μ の値が大きくなるにつれ，平均値 μ，$\sigma = \sqrt{\mu}$ を持ったガウス分布に近づく．ここで**ガウス分布**（または**正規分布**）は，平均値 μ と分散 σ^2 から定まる確率分布であり，以下の確率分布関数を持つ：

$$
P_{\text{gauss}} = \frac{1}{\sqrt{2\pi}\sigma} e^{-\frac{(x-\mu)^2}{2\sigma^2}}
\tag{7.43}
$$

まとめとして，図 7.21 に示された二項分布，ポアソン分布およびガウス分布の例から，これらの確率分布を比較してみよう．図 7.21 のグラフから二項分布の極限がポアソン分布となることや，ポアソン分布が平均値 μ が大きくなるにつれて，その平均値と分散が μ のガウス分布に近づく様子が見られる．こうした性質を考慮に入れると，ある事象が N 回起こったときの統計誤差は $\sigma = \sqrt{N}$ のガウス分布に従うものとして扱うことが一般的だが，より正確には測定値 N が小さい場合はポアソン

分布の非対称性を考慮して，上下非対称な誤差をつける必要があることが分かる．

7-3-3　データ検定・最小二乗法

A　確率分布と信頼区間

確率分布 $P(x)$ の積分値 $\int_{x_1}^{x_2} dx\, P(x)$ は，変数 x が区間 $[x_1, x_2]$（すなわち $x_1 \leq x \leq x_2$）に値を取る確率を与える．ガウス分布の場合，平均値 μ から $\pm 1\sigma$ 以内の値が起こる確率は，

$$\int_{\mu-\sigma}^{\mu+\sigma} dx\, P_{\text{gauss}}(x) = 0.683\ldots \tag{7.44}$$

であり，約 3 回に 2 回の割合となっている．逆に，変数 x が平均値から $\pm 1\sigma$ 以上離れた値を取る確率は $1 - 0.683\ldots = 0.317\ldots$ である．

同様に $\pm 2\sigma$，$\pm 3\sigma$ 以内に変数が値を持つ確率はそれぞれ約 0.954，および約 0.997 となる．そこで実験で得られた測定値のうち，他の値から最も外れた**外れ値**を，誤りとして捨てるべきか否かを判断する目安として，$x - \mu$ が 3σ より大きいかどうかという基準が用いられることが多い．ヒッグス粒子の発見など「新しい物理現象の発見」を主張するには，より厳しい基準として 5σ（信頼度 99.99997 %）以上外れていることを必要とする．なお，より厳密に外れ値を統計的に判定するには，スミルノフ・グラブス検定やトンプソン検定が用いられる．

逆の問題として，10 回のうち 9 回，つまり 90% の確率で x が値を持つ可能性がある区間を求めるには，

$$\int_{\mu-\Delta x_0}^{\mu+\Delta x_0} dx\, P_{\text{gauss}}(x) = 0.9 \tag{7.45}$$

となる Δx_0 を求めればよい．計算の結果，この区間の幅（の半分）の大きさは $\Delta x_0 = 1.64\sigma$ となる．同様に 99% で起こる範囲は $\Delta x_0 = 2.58\sigma$ となる．

ポアソン分布でも同様に，90% の確率で x が値を持つ下限値 x_1 と上限値 x_2 を決定できるが，これらの値は平均値 μ の大きさに依存する．例えば $\mu=1$ ならば，区間 $[x_1, x_2] = [0, 2.44]$ となり，$\mu=2$ ならば，区間 $[x_1, x_2] = [0.11, 4.36]$ になる．一般に，ある確率分布に対してその変数をある範囲内（1 変数なら区間上）で確率分布関数 P を積分して得られる確率を**信頼度**と呼び，逆にある与えられた信頼度以上の確率で変数が値を持つ範囲を**信頼区間**と呼ぶ．

つまり，ある確率分布 $P(x)$ に対して信頼度 90% を持つ信頼区間 $[x_1, x_2]$ は，そ

の確率分布に従う変数 x が 90% の確率で取りうる値の範囲であるが，同時に（測定などにより得られた）ある値 x が $[x_1, x_2]$ の範囲内にあった場合に「その値 x が確率分布 P に従う」という結論が 10 回のうち 9 回は（90%の確率で）正しいと解釈できる．

これらを利用して，ある値 x が偶然得られたものであるか否かを判定する．ある値 x が区間 $[x_1, x_2]$ にないならば，10 ％ の誤りの危険性をはらみながら「その値 x が確率分布 P に従う」という仮説を棄却する（捨てる）ことができる．つまり，値 x が偶然得られることは起こりそうもないのだが，10 回のうち 1 回は確率のばらつきがたまたま大きかったために得られる危険性はあると結論付けられる．こういった考え方に基づいて，ある測定値を統計的に判定する操作を**仮説検定**と呼び，100%から信頼度を引いた値，上記の例では 10% を**危険率**（または**有意水準**）と呼ぶ．

仮説検定の考え方では，たとえ値 x が $[x_1, x_2]$ の範囲内にあっても，「その値 x が確率分布 P に従う」という仮説が「正しい」と積極的に結論付けることはできない．あくまでも値 x が $[x_1, x_2]$ の範囲外のときに仮説が棄却されるだけである．そこで仮説検定では，測定によって実証したい仮説（**対立仮説**）を否定する仮説が用いられ，その主張が棄却されるか否かを判定することになる．こうした仮説を**帰無仮説**と呼ぶ．

B χ^2 分布と検定

変数 x_i と推定値 X_i の差 $x_i - X_i$ を**残差**と呼ぶ．N_{dof} 個の変数 x_i が平均値 μ_i，分散 σ_i^2 のガウス分布に従うならば，残差を標準偏差 σ_i で割って規格化した残差二乗和として統計量 $\chi^2_{N_{\text{dof}}}$：

$$\chi^2_{N_{\text{dof}}} \equiv \sum_{i=1}^{N_{\text{dof}}} \frac{(x_i - \mu_i)^2}{\sigma_i^2} \tag{7.46}$$

が定義され，この統計量が従う確率分布は **χ^2 分布**と呼ばれる（「カイ二乗分布」と読む）．各変数 x_i はガウス分布に従うので，χ^2 分布の平均値は N_{dof}，分散は $2N_{\text{dof}}$ となり，自由度 N_{dof} の値に依存した確率分布となる．

自由度 N_{dof} の χ^2 分布の確率分布関数 $P_{\chi^2}(N_{\text{dof}}; z)$ は χ^2 の値 z (≥ 0) に対して，

$$P_{\chi^2}(N_{\text{dof}}; z) = \frac{(1/2)^{N_{\text{dof}}/2}}{\Gamma(N_{\text{dof}}/2)} z^{N_{\text{dof}}/2 - 1} e^{-z/2} \tag{7.47}$$

となる．特に，χ^2 分布の確率分布関数を 0 からある値 z まで積分した確率は

$$P_{N_{\text{dof}}}(z) = \int_0^z dz' \, P_{\chi^2}(N_{\text{dof}}; z') \tag{7.48}$$

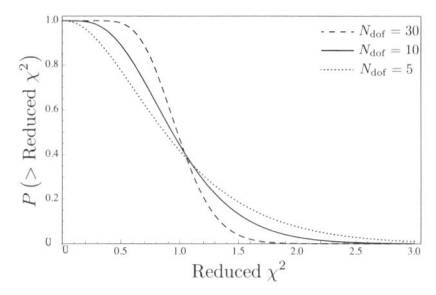

図 **7.22** $\chi^2 > z$ を取る確率分布：$1 - P_{N_{\rm dof}}(N_{\rm dof} \cdot \text{Reduced } \chi^2)$ のグラフ

となり，$1 - P_{N_{\rm dof}}(z)$ は $\chi^2_{N_{\rm dof}}$ の値がたまたま z 以上になる確率として解釈される．

こうして定められた $\chi^2_{N_{\rm dof}}$ を自由度で割った統計量 $\chi^2_{N_{\rm dof}}/N_{\rm dof}$ を **reduced χ^2** という．χ^2 分布の平均値が $N_{\rm dof}$ となるので，reduced χ^2 の値は大体 1 程度になることが分かる．

例えば自由度 1 の χ^2 分布では，$\chi^2_{N_{\rm dof}} > 2.7$ となる確率は 10% である．(7.46) 式からすぐさま分かるように，自由度 1 の χ^2 分布はガウス分布に従う 1 個の変数 x に対する統計量 $(x-\mu)^2/\sigma^2$ が従う確率分布に他ならず，$\chi^2 = 2.7$ という値はガウス分布で 90% の確率となる区間 $[\mu - 1.64\sigma, \mu + 1.64\sigma]$ の両端におけるこの統計量の値 $(x-\mu)^2/\sigma^2 = (1.64)^2 \fallingdotseq 2.7$ に対応している．

これらの考え方を元に，測定により $N_{\rm data}$ 個のデータ値 x_i と測定誤差（または統計誤差）Δx_i が得られたとき，推定値 X_i からの残差がガウス分布の標準偏差に当てはまるかどうかを調べるために，統計量 χ^2：

$$\chi^2 \equiv \sum_{i=1}^{N_{\rm data}} \frac{(x_i - X_i)^2}{(\Delta x_i)^2} \tag{7.49}$$

を考える[4]．この統計量を **χ^2 値** と呼ぶ．χ^2 値を使って χ^2 分布の確率分布から定まる信頼区間を基に行う仮説検定を **χ^2 検定** という．

(7.49) は，(7.46) において，ガウス分布の平均値 μ_i を推定値 X_i，ガウス分布の標準偏差 σ_i を測定誤差 Δx_i で置き換えた形になっている．この場合，自由度 $N_{\rm dof}$

---

[4] 推定値 X_i との適合度検定に用いる χ^2 値として，

$$\chi^2 = \sum_{i=1}^{N_{\rm data}} \frac{(x_i - X_i)^2}{X_i} \tag{7.50}$$

もある．ここではガウス分布に従う母集団の母分散の検定を目的としているので，この χ^2 値でなく，(7.49) 式の統計量を用いる．

はデータの個数 N_{data} から拘束条件の数を差し引いた独立なパラメータの個数と同定される．例えば N_{data} 回の実験による測定値から χ^2 を計算する際，測定値の平均値 $\bar{x} = \sum_{i=1}^{N_{\text{data}}} x_i/N_{\text{data}}$ を推定値として用いた場合には，拘束条件が 1 個課されるため，平均値や χ^2 値の計算では和を N_{data} まで取るものの，その自由度は $N_{\text{dof}} = N_{\text{data}} - 1$ として取り扱わなければならない．同様に，後述の最小二乗法などで 1 次関数 $a + bx$ からのずれを残差とする場合には，拘束条件が 2 個課されるので自由度は $N_{\text{dof}} = N_{\text{data}} - 2$ となる．

χ^2 検定では，設定した信頼度 P に対し (7.48) から信頼区間 $[0, z]$ を求め，危険率 $1 - P$ で「データの値それぞれがガウス分布に従う誤差でばらついている」という帰無仮説を検定する．つまり，得られた測定値に対する χ^2 値を見ることで，$\chi^2 > z$ ならばこの帰無仮説を棄却し，$\chi^2 < z$ ならばこの帰無仮説を棄却できないとして測定結果を判定する．

以上をまとめると，χ^2 検定では以下のアルゴリズムに従って仮説検定を行う：
1. 検定の判定基準となる信頼度 P（つまり危険率 $1 - P$）を設定する．
2. N 個のサンプルに対する χ^2 値を計算し，自由度 N_{dof} をデータ数と拘束条件を基に決定する．
3. 自由度 N_{dof} の χ^2 分布を考え，設定した信頼度 P に対する信頼区間 $[0, z]$ の上限値 z の値を (7.48) から決定する．
4. もし $\chi^2 > z$ となるならば，危険率 $1 - P$ で「N_{data} 個のデータの値が持つばらつきの原因は，ガウス分布に従う確率的な揺らぎによるものである」という帰無仮説を棄却する．すなわち，データの誤差はガウス分布によって偶然生じたとはいえない．
5. 逆に $\chi^2 < z$ となるならば，危険率 $1 - P$ で上の帰無仮説は棄却できないが，この仮説を積極的に主張することを意味するものではない．すなわち，データの誤差はガウス分布によって偶然生じたのか他の要因によるものなのかは明言できない．

例題 ある物差しで金属棒の長さを 6 回測り，次の表のようなデータを得た．各々の測定誤差が $\sigma_0 = 0.7$ mm であったとする．この 6 回の測定について，平均値，分散，χ^2 値を求め，「正しい」測定といえるか評価してみよ．特に他の測定に比べて一番外れている 6 回目の測定はどうか？

測定回	1	2	3	4	5	6
長さ [mm]	13.6	14.7	13.6	13.3	14.4	15.6

解説

平均値 $\bar{x}$ および分散 σ^2 はそれぞれ $\bar{x} = (13.6 + 14.7 + \cdots + 15.6)/6 \fallingdotseq 14.2$ mm, $\sigma^2 = ((13.6 - 14.2)^2 + (14.7 - 14.2)^2 + \cdots + (15.6 - 14.2)^2)/6 = 0.63$ mm^2 となる.

今,推定値は明確に与えられていないので,平均値で代用して $X_i = \bar{x}$ とし,各回の測定に対する統計誤差は測定誤差を用いて $\Delta x_i = \sigma_0 = 0.7$ mm $(i = 1, \cdots, 6)$ として (7.49) 式の χ^2 値を計算する:

$$\chi^2 = ((13.6 - 14.2)/0.7)^2 + ((14.7 - 14.2)/0.7)^2 + \cdots + ((15.6 - 14.2)/0.7)^2 \fallingdotseq 7.7 \quad (7.51)$$

こうした χ^2 値は自由度 $N_{\text{dof}} = 6 - 1 = 5$ の χ^2 分布によって検定される. $\chi_5^2 = 7.7$ (reduced $\chi^2 = 7.7/5 \fallingdotseq 1.54$) 以上となる確率は 0.1 以上であり,$1 - P_5(\chi^2) \fallingdotseq 0.17 > 0.1$ となることが分かる.また,自由度 $N_{\text{dof}} = 5$ の χ^2 分布では,信頼度 90% の信頼区間は $[0, z] \fallingdotseq [0, 9.24]$ であり,$\chi^2 < z$ となるので,危険率 10% で「データのばらつきがガウス分布による」という帰無仮説は棄却されない.つまりこの測定結果が明確に誤りを含んでいるとはいえない.

6 回目の測定値の平均値からのずれ $x_6 - \bar{x}$ は,

$$15.6 - 14.2 \fallingdotseq 2\sigma_0 \quad (7.52)$$

となり,σ_0 をガウス分布の標準偏差と見なして判定するならば,外れ値と見なすにはずれが小さいといえる.よって 6 回目は意図的に削除するべき測定ではない. ■

C 最小二乗法

x と $y = f(x)$ のように,関係のある値の組 (x_i, y_i) が N 組与えられたとき,x と y の間の最も尤もらしい関係を求める方法として**最小二乗法**がある.ここでは簡単のため,$y = f(x) = a + bx$ として未知数 a と b を決定する問題を考える.また以下では y_i の誤差は全て同じ大きさ σ になるものとし,x の誤差は考えない.

最も尤もらしい a, b の値に対して,(x_i, y_i) 各組の値とそこでの真の値 $(x_i, f(x_i) = a + bx_i)$ との差が最小になっているはずである.そこで残差二乗和:

$$Z = \sum_{i=1}^{N} \left(\frac{y_i - (a + bx_i)}{\sigma_i} \right)^2 = \frac{1}{\sigma^2} \sum_{i=1}^{N} (y_i - (a + bx_i))^2 \quad (7.53)$$

を最小にする a, b を考える.ここで上の仮定により,各測定は等しい誤差を持つとして $\sigma_i = \sigma$ とした.この統計量 Z の最小値を与える a, b は,

$$\frac{\partial Z}{\partial a} = 0, \quad \frac{\partial Z}{\partial b} = 0 \quad (7.54)$$

を満たす．つまり a, b に対する連立方程式：

$$\begin{cases} aN + b\sum_i x_i = \sum_i y_i \\ a\sum_i x_i + b\sum_i x_i^2 = \sum_i x_i y_i \end{cases} \tag{7.55}$$

の解として a, b の値が決定される．ここで，y_i は誤差 σ_i によらない．連立方程式 (7.55) を解くと，a, b の値は

$$a = \frac{1}{\Delta} \begin{vmatrix} \sum_i y_i & \sum_i x_i \\ \sum_i x_i y_i & \sum_i x_i^2 \end{vmatrix} = \frac{1}{\Delta} \left(\sum_i y_i \sum_i x_i^2 - \sum_i x_i \sum_i x_i y_i \right), \tag{7.56}$$

$$b = \frac{1}{\Delta} \begin{vmatrix} N & \sum_i y_i \\ \sum_i x_i & \sum_i x_i y_i \end{vmatrix} = \frac{1}{\Delta} \left(N \sum_i x_i y_i - \sum_i x_i \sum_i y_i \right), \tag{7.57}$$

$$\Delta \equiv \begin{vmatrix} N & \sum_i x_i \\ \sum_i x_i & \sum_i x_i^2 \end{vmatrix} = N \sum_i x_i^2 - \left(\sum_i x_i \right)^2 \tag{7.58}$$

となる．

a と b が持つ誤差は各 y_i の持つ誤差 σ の伝播によって計算される．誤差の伝播則 (7.40) から，

$$\sigma_a^2 = \sum_{i=1}^N \left(\frac{\partial a}{\partial y_i} \right)^2 \sigma^2, \quad \sigma_b^2 = \sum_{i=1}^N \left(\frac{\partial b}{\partial y_i} \right)^2 \sigma^2 \tag{7.59}$$

となり，これらに a, b の解 (7.56) と (7.57) を代入すると，これらの値のまわりに生じる誤差の大きさ (σ_a, σ_b) は

$$\sigma_a = \sqrt{\frac{\sum x_i^2}{\Delta}} \sigma, \quad \sigma_b = \sqrt{\frac{N}{\Delta}} \sigma \tag{7.60}$$

と定まる．

D 相関係数

2個1組からなる N 個のデータ列 (x_i, y_i) $(i = 1, \cdots, N)$ に対し，**相関係数** S：

$$S \equiv \frac{\sum_{i=1}^N (x_i - \bar{x})(y_i - \bar{y})}{\sqrt{\sum_{i=1}^N (x_i - \bar{x})^2} \sqrt{\sum_{i=1}^N (y_i - \bar{y})^2}} \tag{7.61}$$

が定義される．ここで $\bar{x}$ と $\bar{y}$ は，x_i と y_i のそれぞれの平均値を表す．

相関係数の定義 (7.61) から明らかなように，S は -1 と 1 の間に値を持ち，$S = 1$ に近い値を取る場合には2つのデータ x_i と y_i は**正の相関**があるといい，$S = -1$

に近い値を取る場合には**負の相関**があるという．また，$S = 0$ に近い値を取る場合には，2 つのデータは**弱い相関**にあると解釈する（$S = \pm 1$ に近い場合には，**強い相関**があるという）．

例えば，x_i と y_i が線形関係にあるならば，$S = 1$ となる．こうした相関係数は，異なる 2 つのデータ群の間に何らかの関係があるかどうかを判定するために用いられる．

例題 バネに重さの異なる数種類のおもりをぶら下げて全長を測定したところ，次の表のようなデータが得られた．おもりの重さ x [kg] とバネの全長 y [cm] の関係式 $y = a + bx$ の定数 a，b の値とその誤差を最小二乗法により求めよ．また，長さと重さの相関係数 S はどうか？

測定回	1	2	3	4	5	6
おもり重量 x_i [kg]	1.0	2.0	3.0	4.0	5.0	6.0
バネ長さ y_i [cm]	11.6	13.5	14.6	18.2	19.9	21.3

解説

(7.58) 式に表のデータ値を代入すると，$\Delta = 105$ となり，これを (7.56) 式および (7.57) 式に代入すると，$(a, b) \simeq (9.38, 2.04)$ を得る．誤差はここで得られた (a, b) を真の値と考えた場合の測定値の標準偏差 σ として，$\sigma = \sqrt{\frac{\sum_{i=1}^{6}(y_i-(a+bx_i))^2}{6}} \simeq 0.50$ と求まる[5]．これを (7.60) 式に代入すると，誤差 $(\sigma_a, \sigma_b) \simeq (0.47, 0.12)$ を得る．さらに相関係数 S は (7.61) 式を使って，$S \simeq 0.99$ と求まる．

7-4 検出技術

7-4-1 光検出技術

光の検出は，様々な分野の実験において最も基本的な実験技術である．測定する光の強度や応答時間，波長などに応じて，様々な光検出器がある．

---

[5] ここでの誤差は，残差二乗和をデータ数 N で割ったもの，すなわち分散の平方根で求めたが，残差二乗和を自由度（この場合 $6 - 2 = 4$）で割ったものの平方根として求める考え方もあり得る．

A　光電子増倍管

光電子増倍管（Photomultiplier tube，以下略して PMT）は真空管の一種で，最も S/N（信号とノイズとの強度比）の良い光検出器であり，1 光子を検出して充分大きな電気パルスとして出力できる．PMT は図 7.23 に示すように，入射光子を吸収して光電効果により光電子を放出するアルカリ化合物を塗布した**光電面**と，光電子を高電圧で加速して電極にぶつけ 2 次電子として増幅する**ダイノード電極**の系列，光電子を取り出してパルス電流として取り出す**アノード電極**からなる．

光電面で 1 光子が 1 光電子に転換される確率を**量子効率**と呼び，通常の光電面ではおよそ 20～30% の確率であるが，最近は 40% 程度のものも開発されている．通常の光電面は，可視光領域である 400 nm 前後の光に対して最も高い量子効率を持つが，用途によっては紫外線や赤外線に対して高い量子効率を持つものも開発されている．PMT は 1000～3000 V 程度の高電圧を印加して使用する．ダイノードは多段構造になっており，電子は 1 段当たり数 100 V 程度の電圧差で加速されてダイノード電極に衝突し，3~4 個の 2 次電子を生成する．ダイノードを 10 段持つ PMT の場合，増幅率は $4^{10} \sim 10^6$ 程度となる．PMT の出力パルス幅は 1～10 ns 程度で，時間応答性に優れているので，時間精度が必要な測定に用いられる．

例題　10^6 の増幅率を持つ PMT に 1 光子が入射したときに得られる出力パルスを求めよ．典型的な PMT のパルス幅を 1 ns，ケーブルのインピーダンスを $Z = 50\ \Omega$ とする．

解説

1 光子に対して 10^6 個の電子が得られるので，出力電荷 Q は $Q = 10^6 \times 1.6 \times 10^{-19}$ C $= 1.6 \times 10^{-13}$ C となる．これが $\tau = 1$ ns の間に移動するので，$I = Q/\tau = 1.6 \times 10^{-4}$ A の電流が流れる．この電流 I の値とインピーダンス Z を使って出力パ

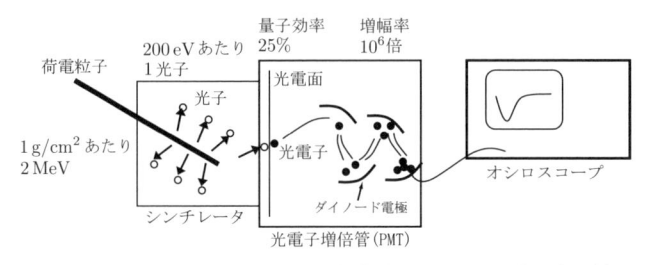

図 **7.23**　シンチレータ光電子増倍管読み出しによる荷電粒子検出

ルス高は $V = IZ = 1.6 \times 10^{-4} \times 50 = 8\,\mathrm{mV}$ と求まる．

B 半導体光検出器

発光ダイオードは，伝導電子と正孔との消滅でエネルギーが光となって解放されることを利用しているが，この性質を逆に利用しているのが**フォトダイオード**に代表される**半導体光検出器**である．フォトダイオードでは，光によって価電子が伝導帯に励起され，電子 – 正孔対を作って電流を流す．太陽電池もフォトダイオードの一種である．また，光電子増倍管のように高電圧を必要とせず，数 10 V 程度の逆方向電圧をかけて，空乏層を拡大し電荷の移動速度を上げて応答速度を上げるといった使用法もある．

こうしたフォトダイオードの長所として，量子効率の高さ（> 90%）や電気ノイズの少なさが挙げられる．だがその反面で自己増幅機構を持たないことから，1 光子を検出することが難しい，受光面積が小さいなどの短所もある．自己増幅できない点を補うため，通常，外部にアンプをつけて信号増幅する必要があるが，フォトダイオードに高電圧をかけ，加速した電子によって電子 – 正孔対なだれを起こさせて，信号の増幅機構を持たせた**アバランシュフォトダイオード**もある．しかしながらこうした機構を使っても増幅度は高々 100 倍程度である．

C Charge-Coupled Device (CCD)

イメージを撮像するためには，多素子の光検出素子を並べて読み出す必要がある．多数の半導体型光検出素子を 2 次元的に配置し，入射光子によって生成された電荷を次々に隣接した素子へ転送することで，多素子を 1 本の出力ラインで読み出す仕組みを持った検出器を **CCD**（**Charge-Coupled Device**）と呼ぶ．CCD は今日デジタルカメラやビデオで欠かすことのできない素子になっている．各光検出素子のまわりには電荷転送のための素子を組み込むため，受光面積に制限ができる欠点があるが，転送素子を受光素子の裏側に組み込むことで，全面積の大部分を受光面積としたタイプの CCD を裏面照射型と呼び，高感度な撮像を必要とする天文観測用に用いられる．

7-4-2 放射線検出技術

A 放射線の種類

放射線は以下で説明する電離などの過程を通じて物質にエネルギーを与える性質を持つものを指す．レントゲンが電子線からその放出を発見した **X 線**は，電子の運

動に起因して放出される電磁波である．また，ある寿命で崩壊して別の元素に転換する不安定な元素を**放射性元素**と呼び，その崩壊時に原子核から放出される放射線として，荷電粒子である**アルファ線**（ヘリウム原子核），**ベータ線**（電子）や，電磁波である**ガンマ線**がある．さらに加速器などにより，高エネルギーに加速された荷電粒子線（陽子線，電子線，重イオン線）も放射線である．一方，中性子は電荷を持たないが，原子核を反跳させたり，原子核に吸収されて放射性元素へ転換するため，中性子線もまた放射線として取り扱う．

宇宙から飛来する放射線を総称して**宇宙線**と呼ぶ．直接飛来する一次宇宙線は大気に遮蔽されて直接地表に届くことは困難だが，大気の原子核と衝突して生成した二次粒子が地表に到達し二次宇宙線となる．海抜高度での二次宇宙線の大半は貫通力の強い荷電粒子である**ミュー粒子**からなり，海抜高度では，$1\,\mathrm{cm}^2$ 当たり 1 分間に平均 1 個のミュー粒子が降り注ぐ[6]．

放射線によって 1 kg の物質に与えられるエネルギー J/kg を**吸収線量**と呼びグレイ Gy で表す[7]．これに対し，**放射能**は放射線を出す能力，あるいはその能力を持った物質を指し，一般に放射性元素の原子核がこれにあたる．放射能の強さは，1 秒間に崩壊する放射性元素の原子核数である**ベクレル Bq** で表す．

B 物質と光との相互作用

光や放射線を検出器で捕らえる原理となる電磁波と物質の相互作用について簡単におさらいする．可視光よりも波長の短い光子と物質との相互作用で考慮すべきものとして，**光電効果**，**コンプトン散乱**，**電子–陽電子対生成**の 3 つが挙げられる．ここでは放射線検出器の原理を理解するため，これらの相互作用について見てゆこう．

光電効果では，エネルギー E_0 を持った光子が物質に吸収され，エネルギー $E = E_0 - W$（W は仕事関数）を持った光電子が放出される．光電効果は，光を検出する上で最も基本的な過程であり，光電子のエネルギーと量を測定すれば入射光のエネルギーと量を推測できる．一方，コンプトン散乱は高エネルギー光子と電子との 2 体散乱である．この散乱による反跳電子のエネルギーは，入射光子と散乱光子のなす角度 θ に依存するため，反跳電子のエネルギーを測定してもそれだけでは入射光子のエネルギーを正確に知ることはできない．

光子のエネルギーが電子–陽電子対の静止質量エネルギー（$E = 2 \times 0.511\,\mathrm{MeV}$）よ

---

[6] ミュー粒子の寿命とその相対論的効果については「特殊相対性理論」の章を参照．
[7] 放射線被曝による人体の健康への影響度を示すために，吸収線量に放射線種の違いによる放射線加重計数を乗じた数値を**等価線量**，さらに被曝部位の違いによる組織加重計数を乗じて足し合わせた数値を**実効線量**と呼び，どちらも**シーベルト Sv** で表す．

りも大きいとき，$\gamma \to e^+e^-$ の電子–陽電子対生成が発生する．この際，運動量保存則を考慮に入れると，まわりの原子核が生み出す電場との相互作用により，発生した電子や陽電子の制動放射（後述）が引き起こされることが分かる．その結果さらにガンマ線が発生し，（そのガンマ線のエネルギーが充分高ければ）再び電子–陽電子対生成が引き起こされ，連鎖的に電子–陽電子対とガンマ線の生成が起こる．こうした現象を**電磁カスケードシャワー**と呼ぶ．そこで電磁カスケードシャワー中の全電子–陽電子数を測定すれば，入射光子のエネルギーを見積もることができる．また，電磁カスケードシャワーは高エネルギー電子（陽電子）によっても引き起こされる．

C　物質と荷電粒子との相互作用

C-1　電離損失　　荷電を持った相対論的粒子（つまり光速に近い速度で運動する粒子）は，物質中の電子を電磁散乱によって蹴飛ばし，自身はエネルギーを失う．これを**電離損失**と呼び，物質を単位長さだけ通過した際に失うエネルギーは $-(dE/dx)$ と表される．電子より充分重い荷電粒子（例えばミュー粒子や陽子など）に対して，$\beta = v/c > 0.05$ の領域では以下の**ベーテ・ブロッホの式**がよく使われる．

$$-\frac{dE}{dx} = \frac{4\pi N_A r_e^2 m_e c^2 z_1^2 Z_2}{A} \frac{1}{\beta^2} \left[\ln \frac{2m_e c^2 \beta^2}{I(1-\beta^2)} - \beta^2 - \delta \right] \tag{7.62}$$

ここで，N_A はアボガドロ数，$r_e \equiv e^2/(\hbar c)$ は**古典電子半径**，m_e は電子質量，z_1 は入射荷電粒子の電荷，Z_2 と A はそれぞれ物質の原子番号と原子量，I は物質のイオン化ポテンシャル，δ は密度効果と呼ばれる物質に特有な定数である．エネルギー損失 $-(dE/dx)$ は粒子の速度 β の 2 乗に反比例するので，一般に高速の粒子ほど電離損失が少ない．一方，超高エネルギーになると電離損失は対数関数（log）的に再び緩やかに上昇する．従ってあるエネルギーにおいて電離損失は最小となり，これを**最小電離損失**と呼ぶ．最小電離損失での値は物質の種類にほとんどよらず，1 g/cm^2 の厚みを通過するたびに約 1～2 MeV の電離損失が生じる．ここで g/cm^2 とは，物

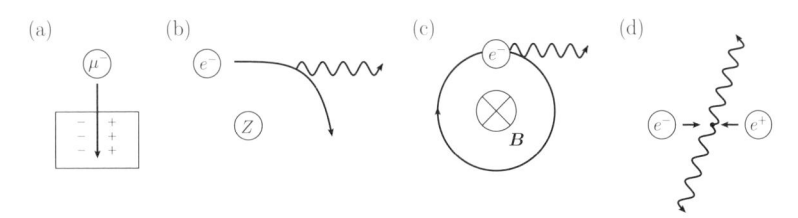

図 7.24　物質と荷電粒子との相互作用．(a) 電離損失，(b) 制動放射，(c) サイクロトロン運動とシンクロトロン放射，(d) 電子–陽電子対消滅

質の密度を考慮した厚さの単位であり，物質の密度 g/cm³ で割算すると実際の厚みとなる量である．

例題 運動量 $p = 10$ GeV/c の陽子が厚さ 2 cm の炭素板に入射するときの電離損失を求めよ．ここで 10GeV/c の陽子の炭素に対する電離損失は，1.8 MeV g^{-1} cm^{-2}，炭素の密度は 2.3 g cm^{-3} とする．

解説
　2 cm 厚の炭素の単位面積当たりの質量は，2 cm × 2.3 g cm^{-3} = 4.6 g cm^{-2} である．したがって電離損失は 1.8 MeV g^{-1} cm^{-2} × 4.6 g cm^{-2} = 8.28 MeV となる．■

C-2 制動放射　電子などの軽い荷電粒子は，物質中を通過する際に原子核の電場による加速を受けて大きく軌道を曲げられ，軌道の接線方向に電磁場（光子）を輻射する．これを**制動放射**と呼ぶ．電子は電離損失によっても運動エネルギーを失うが，制動放射によっても大きくエネルギーを失う．制動放射によって電子のエネルギーが 1/e まで減少する物質の厚みを**放射長** X_0 と呼び，電子や光子の実験をする際には基本的な長さとして用いられる．X_0 は光子が物質中で電子-陽電子対生成を起こす平均自由行程 X_p にも関係し，おおよそ $X_p = \frac{9}{7}X_0$ という関係にある．

C-3 磁場中でのサイクロトロン運動とシンクロトロン放射　電荷を持った粒子が磁場中を運動すると，進行方向と磁場方向に直角な方向にローレンツ力 $\boldsymbol{F} = q\boldsymbol{v} \times \boldsymbol{B}$ を受け，回転運動を始める．これを**サイクロトロン運動**と呼ぶ．粒子の運動量を p [GeV/c]，磁場の強さ B [T] [8]，比電荷の大きさを q [C/kg] とすると，回転半径 R [m] は以下の関係に従う：

$$p\cos\theta = 0.3qBR \tag{7.63}$$

ここで θ は**ピッチ角**と呼ばれる粒子の運動方向と磁場の方向とがなす角度であり，$c = 3 \times 10^8$ m s^{-1} は光速度を表す．電子が磁場中で回転運動すると，接線方向に電磁場（光子）を放出する．この現象を**シンクロトロン放射**と呼ぶ．

例題　100MeV/c の運動量を持つ陽子が 1 kG の磁場中を磁力線と直交するように運動するとき，陽子の運動が持つ回転半径を求めよ．

---

[8] 1 T = 10^4 G (ガウス).

解説

$p = 0.1$ GeV/c, $\cos\theta = 1$, $q=1$, $B = 0.1$ T を (7.63) 式に代入すると，回転半径：$R = \frac{0.1 \text{ GeV}/c}{0.3 \times 1 \times 0.1 \text{ T}} \fallingdotseq 3.33$ m が求まる．

C-4 電子–陽電子対消滅 電子–陽電子対生成とは逆に，陽電子が物質中の電子に衝突すると，これらの電子–陽電子対が消滅し，2 本（またはそれ以上複数の）ガンマ線（光子）を生成する．こうした現象を**電子–陽電子対消滅**という．電子–陽電子対消滅で生じたガンマ線は，電子および陽電子の静止エネルギー約 511 keV 程度のエネルギーを持つ．

D 放射線検出器

D-1 シンチレーター 蛍光物質内を荷電粒子が通過すると電離が引き起こされ，その際に生じたエネルギーを蛍光物質が吸収するとエネルギー励起によって発光現象が起こる．こうしたメカニズムによって生じた光を**シンチレーション光**と呼び，このような蛍光物質を**シンチレーター**という．この性質を利用して，前述の光電子増倍管などの光検出デバイスと組み合わせて，シンチレーターは放射線検出器として利用されている．発生する光の強度や発光波長は，シンチレーターの種類によって異なる．一般的なプラスチックシンチレーターの場合，およそ 100 eV の電離エネルギーに対し 1 個の光子を発生する．ガンマ線検出器としてよく使われる NaI は結晶シンチレーターであり，主に光子が光電効果などで生成した光電子を検出する．一般に，プラスチックシンチレーターに比べ結晶シンチレーターは原子番号の大きな元素を用いることができるので，ガンマ線の検出において有利となる．

D-2 ガス検出器 ガス検出器は，ガスを封入した箱に陰極と陽極電極を入れて数千ボルトの高電圧をかけ，ガス中を通過した荷電粒子の電離によって発生したイオン–電子対を高電圧によって引き寄せて収集することで荷電粒子を検出する．電圧を高くすると加速された電子が他のガス原子に衝突してイオン–電子対をなだれ的に生成し信号を増幅する．これは**ガス増幅**と呼ばれ，ガイガーカウンターや比例計数管などの様々なガス検出器が使われている．

特にガイガーカウンターは高い増幅率を持つため，放射線の計数に利用されてきた．ガス検出器は安価に大型の検出器を作成可能な利点を持つ反面，ガスの密度が低いためガンマ線の計測やエネルギーの測定には向いていない．また X 線の検出には，原子番号の大きい Xe ガスを用いたガス検出器が用いられることがある．

D-3 半導体検出器 ダイオードの空乏層を荷電粒子が通過すると，電離によって電子–正孔対が発生し電流が流れる．この電流を検出することにより，荷電粒子検出器として用いることができる．電子–正孔対の発生に必要なエネルギーは ~ 1 eV と一般的なシンチレーター（1光子当たり ~ 10 eV）やガス検出器（1電子–イオン対当たり ~ 100 eV）に比べて小さいので，同じ電離エネルギーを計測する際の統計的揺らぎが少なく，エネルギー分解能に優れる．反面，検出器の大型化が容易ではないという欠点もある．Ge半導体を用いた冷却型ガンマ線検出器は高いエネルギー分解能を持つガンマ線検出器としてよく利用されており，昨今では原子番号の大きなCd-Te半導体を用いたガンマ線用検出器も開発されている．

練習問題

これまで述べた基礎知識を組み合わせ応用する目的で，実際の実験の例を見てみよう．ここでは，宇宙線の頻度を計測する実験を考える．一次宇宙線は，宇宙から降り注ぐ高エネルギー粒子（主に陽子）からなり，大気分子と衝突すると二次的な粒子を生成して，その一部がミュー粒子となって地表に到達する．これを二次宇宙線と呼ぶ．ミュー粒子の典型的な到来頻度は約1個/cm²/分である．これを図7.25の実験装置で測定することを想定してみよう．

縦横それぞれ10 cm，厚さ1.2 cmのシンチレーター（密度1.0 g/cm³）を光電子増倍管（量子効率25％，増幅率10^6）で読み出し，宇宙線ミュー粒子の信号を測定する実験を考える．光電子増倍管からの信号はプリアンプで増幅され，波高弁別器（ディスクリミネーター）でデジタルパルスに変換され，パルス計数器（スケーラー）で計数される．

宇宙線ミュー粒子が1.2 cm厚シンチレーターを垂直に貫通して1 g/cm²当たり2 MeVの電離損失を起こしたとする．また，シンチレーターは1光子生成に200 eV

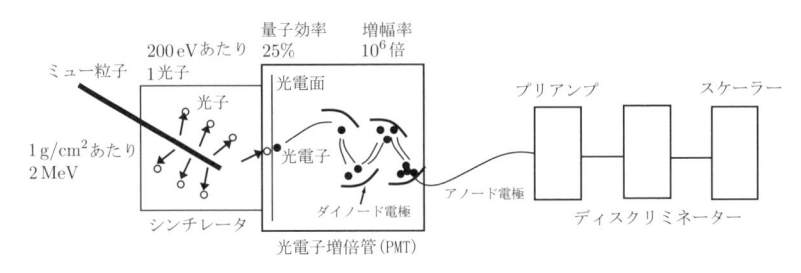

図 **7.25** 二次宇宙線におけるミュー粒子の検出実験装置

必要とし，発生した光子のうち 20% が光電子増倍管の光電面に入射すると仮定する．

【問題 7.1】 光電子増倍管の光電面から放出される光電子数は平均何個になるか？また，検出される光電子数の統計揺らぎによって分解能が決まるとすると，その分解能は何%になるか？

【問題 7.2】 光電面から放出された光電子は 100 V の電位差で加速され，ダイノードに叩きつけられる．そのときの速度はいくらか？ただし光速度は $c = 3 \times 10^8$ m/s とし，放出時の光電子の初速度はゼロであったとする．

【問題 7.3】 10^6 の増幅度を持つ光電子増倍管に 1 光子が入射したときに得られる出力パルス電圧高を見積もれ．ただし，典型的な光電子増倍管のパルス幅を 10 ns，ケーブルのインピーダンスを $Z = 50\,\Omega$ とする．

【問題 7.4】 光電子増倍管からのパルス信号を計数し，10 秒間の間に到来した宇宙線数を数える測定を 5 回繰り返したところ，表 7.6 のような結果が得られた．この 5 回の測定の平均値から宇宙線の 1 秒間の到来頻度（Hz）を誤差と共に示せ．

表 7.6　宇宙線の 10 秒間の到来数

測定回	1	2	3	4	5	平均
到来数	100	115	90	77	104	97.2
統計誤差	10.0	10.7	9.5	8.8	10.2	

【問題 7.5】 5 回の測定値のばらつきは，統計誤差の範囲でのばらつきといってよいか？ 5 回の測定データセットに対して 1% の危険率で χ^2 検定により判定せよ．ただし表 7.7 の値を参照してもよい．

表 7.7　χ^2 分布表：危険率 1% での χ^2 分布の信頼区間 $[0, z]$ の上限値 z

N_{dof}	1	2	3	4	5	6
z	6.63	9.21	11.3	13.3	15.1	16.8

練習問題解答

第1章
1.1
1. この質点のラグランジアンは $L = \frac{1}{2}m\dot{\vec{r}}^2 - U(r)$ で与えられ，円柱座標を用いて
$$L = \frac{1}{2}m\left(\dot{\rho}^2 + \rho^2\dot{\theta}^2 + \dot{z}^2\right) - U(\sqrt{\rho^2 + z^2})$$
と表される．このラグランジアンを用いて共役運動量は
$$p_\rho = \frac{\partial L}{\partial \dot{\rho}} = m\dot{\rho}, \quad p_\theta = \frac{\partial L}{\partial \dot{\theta}} = m\rho^2\dot{\theta}, \quad p_z = \frac{\partial L}{\partial \dot{z}} = m\dot{z}$$
と求まる．

2. $z=0$ 平面内を運動するときオイラー・ラグランジュ方程式は，
$$\frac{d}{dt}\left(\frac{\partial L}{\partial \dot{\rho}}\right) - \frac{\partial L}{\partial \rho} = m\ddot{\rho} - m\rho\dot{\theta}^2 - \frac{\partial U(\rho)}{\partial \rho} = 0,$$
$$\frac{d}{dt}\left(\frac{\partial L}{\partial \dot{\theta}}\right) - \frac{\partial L}{\partial \theta} = \frac{d}{dt}(m\rho^2\dot{\theta}) = \dot{p}_\theta = 0$$
となる．ここで，質点が持つエネルギー E と角運動量の z-成分 L_z は，
$$E = \frac{1}{2}m\left(\dot{\rho}^2 + \rho^2\dot{\theta}^2\right) + U(\rho), \quad L_z = m(x\dot{y} - y\dot{x}) = m\rho^2\dot{\theta} = p_\theta$$
である．θ に対するオイラー・ラグランジュ方程式から L_z が時間によらず一定になることが分かる．以下ではこの一定値を $L_z = l$ とする．

一般にラグランジアン $L(q^i, \dot{q}^i)$ が時間 t に陽によらないとき，エネルギー E は
$$E = \sum_i \dot{q}^i \frac{\partial L}{\partial \dot{q}^i} - L$$
と表され，その時間微分はオイラー・ラグランジュ方程式を使って
$$\dot{E} = \sum_i \left(\ddot{q}^i \frac{\partial L}{\partial \dot{q}^i} + \dot{q}^i \frac{d}{dt}\left(\frac{\partial L}{\partial \dot{q}^i}\right) - \frac{\partial L}{\partial q^i}\dot{q}^i - \frac{\partial L}{\partial \dot{q}^i}\ddot{q}^i\right) = 0$$
となる．xy-平面内の運動を記述するラグランジアン

$$L(r,\theta,\dot{r},\dot{\theta}) = \frac{1}{2}m\left(\dot{\rho}^2 + \rho^2\dot{\theta}^2\right) - U(\rho)$$

は時間 t に陽によらないので，エネルギー E が保存することが分かる．

3. l を用いて E は

$$E = \frac{1}{2}m\dot{\rho}^2 + \frac{l^2}{2m\rho^2} + U(\rho)$$

と表される．特に右辺第 2 項と第 3 項は有効ポテンシャル $U_{\text{eff}}(\rho) \equiv \frac{l^2}{2m\rho^2} + U(\rho)$ としてまとめられる．また，角運動量の表式を用いると，$\dot{\rho} = \dot{\theta}\frac{d\rho}{d\theta} = \frac{l}{m\rho^2}\frac{d\rho}{d\theta}$ と表されるので，上のエネルギーの関係式から

$$\left(\frac{d\rho}{d\theta}\right)^2 = \frac{2m\rho^4}{l^2}\left(E - \frac{l^2}{2m\rho^2} - U(\rho)\right)$$

という表式が得られる．

ここで $U(\rho) = -G\frac{Mm}{\rho}$ の場合を考える．軌道の方程式を求めるため，一旦 $u \equiv \frac{1}{\rho}$ と置いてこの表式を書き換えると，

$$\left(\frac{du}{d\theta}\right)^2 + u^2 - \frac{2GMm^2}{l^2}u - \frac{2mE}{l^2} = 0$$

となり，この微分方程式の解は

$$u(\theta) = \frac{GMm^2}{l^2} + \sqrt{\frac{G^2M^2m^4}{l^4} + \frac{2mE}{l^2}}\cos\theta$$

と求まる．よって，軌道 $\rho(\theta)$ を表す方程式は，

$$\rho(\theta) = \frac{\frac{l^2}{GMm^2}}{1 + \sqrt{1 + \frac{2l^2E}{m^3G^2M^2}}\cos\theta}$$

となる．

4. $\rho_0 \equiv \frac{l^2}{GMm^2}$，$\epsilon \equiv \sqrt{1 + \frac{2l^2E}{m^3G^2M^2}}$ として，軌道の方程式を書き換えると，

$$\rho(\theta) = \frac{\rho_0}{1 + \epsilon\cos\theta}$$

と表される．$|\epsilon| \neq 1$ のとき，$\rho = \sqrt{x^2+y^2}$，$\cos\theta = \frac{x}{\sqrt{x^2+y^2}}$ を使って軌道の式は，

$$\frac{(x+x_0)^2}{a^2} + \frac{y^2}{b^2} = 1 ,$$
$$a \equiv \frac{\rho_0}{1-\epsilon^2} , \quad b \equiv \frac{\rho_0}{\sqrt{1-\epsilon^2}} , \quad x_0 \equiv \frac{\epsilon\rho_0}{1-\epsilon^2}$$

と書き換えられる．さらに $\epsilon < 1$ $(E < 0)$ に対して，これは長径 a，短径 b の楕円の方程式であり，この楕円の面積 A は

$$A = \pi ab = \frac{\pi \rho_0^2}{(1-\epsilon^2)^{3/2}}$$

である．

一方，面積速度 $\dot{A}$ は角運動量 l を用いて

$$\dot{A} = \frac{1}{2}\rho^2 \dot{\theta} = \frac{l}{2m}$$

と表され，一定となることが分かる．よって，軌道を 1 周するのに要する時間 T は，

$$T = A/\dot{A} = \frac{2\pi GM}{m^3}\left(-\frac{2E}{m^3}\right)^{-3/2}$$

と求まる．

長径は $a = \frac{GM}{m^2}/\left(-\frac{2E}{m^3}\right)$ と表されるので，周期 T との間の関係式：

$$\frac{T^2}{a^3} = \frac{4\pi^2}{GM}$$

が確かめられる．

1.2

1. 重力が鉛直下向きに作用するとき，この系の位置エネルギー V はそれぞれの質点の持つ位置エネルギーの和として与えられる．ここで，質点 m_1 は鉛直方向に移動できないため，位置エネルギーへの寄与はない．一方，質点 m_2 を基準点から角度 ϕ の点まで高さ $h = \cos\phi$ 分だけ下げるのに要する仕事量として，位置エネルギーは

$$V = -\int_0^h F dz = -m_2 g h = -m_2 g l \cos\phi$$

と表される．

2. 質点 m_1 の運動エネルギー T_1 は水平方向 x の運動として

$$T_1 = \frac{1}{2}m_1 \dot{x}^2$$

となり，一方，質点 m_2 の運動エネルギー T_2 は

$$T_2 = \frac{1}{2}m_2\left[\left(\frac{d}{dt}(x+l\sin\phi)\right)^2 + \left(\frac{d}{dt}(l\cos\phi)\right)^2\right] = \frac{1}{2}m_2(\dot{x}^2 + 2l\dot{x}\dot{\phi}\cos\phi + l^2\dot{\phi}^2)$$

と表される．これらを合わせてラグランジアン L は

$$L = T_1 + T_2 - V = \frac{1}{2}m_1\dot{x}^2 + \frac{1}{2}m_2(\dot{x}^2 + 2l\dot{x}\dot{\phi}\cos\phi + l^2\dot{\phi}^2) + m_2 gl\cos\phi$$

となる．

3. 共役運動量の定義 (1.93) より,

$$p_\phi = \frac{\partial L}{\partial \dot{\phi}} = m_2 l\dot{x}\cos\phi + m_2 l^2 \dot{\phi},$$

$$p_x = \frac{\partial L}{\partial \dot{x}} = m_1 \dot{x} + m_2(\dot{x} + l\dot{\phi}\cos\phi)$$

と表される．

4. ラグランジアン $L(x, \phi, \dot{x}, \dot{\phi})$ を，オイラー・ラグランジュ方程式 (1.94) に代入すると，運動方程式:

$$\begin{aligned}
0 &= \frac{d}{dt}\left(\frac{\partial L}{\partial \dot{\phi}}\right) - \frac{\partial L}{\partial \phi} = m_2\frac{d}{dt}(l\dot{x}\cos\phi + l^2\dot{\phi}) - (-m_2 l\dot{x}\dot{\phi}\sin\phi - m_2 gl\sin\phi) \\
&= m_2 l\ddot{x}\cos\phi + m_2 l^2\ddot{\phi} + m_2 gl\sin\phi, \\
0 &= \frac{d}{dt}\left(\frac{\partial L}{\partial \dot{x}}\right) - \frac{\partial L}{\partial x} = m_1\ddot{x} + m_2\frac{d}{dt}(\dot{x} + l\dot{\phi}\cos\phi) \\
&= (m_1 + m_2)\ddot{x} + m_2 l\ddot{\phi}\cos\phi - m_2 l\dot{\phi}^2\sin\phi
\end{aligned}$$

を得る．

1.3

1. 固定された端点を原点とする直交座標 (x, y) を用いて，質点の変位は $\Delta r = \sqrt{x^2 + y^2} - l$ と表される．フックの法則 $F = -k\Delta r$ から得られる位置エネルギー $V = \frac{1}{2}k(\Delta r)^2$ を用いて，質点のラグランジアン $L(x, y, \dot{x}, \dot{y})$ は，

$$L(x, y, \dot{x}, \dot{y}) = \frac{m}{2}(\dot{x}^2 + \dot{y}^2) - \frac{1}{2}k\left(\sqrt{x^2 + y^2} - l\right)^2$$

と求まる．極座標 (r, θ) を用いてこの表式を書き換えると，$(x, y) = (r\cos\theta, r\sin\theta)$ より,

$$\begin{aligned}
L(r, \theta, \dot{r}, \dot{\theta}) &= \frac{m}{2}\left[\left(\frac{d}{dt}(r\cos\theta)\right)^2 + \left(\frac{d}{dt}(r\sin\theta)\right)^2\right] - \frac{1}{2}k(r-l)^2 \\
&= \frac{1}{2}m(\dot{r}^2 + r^2\dot{\theta}^2) - \frac{1}{2}k(r-l)^2
\end{aligned}$$

となる．

2. 極座標 (r, θ) に関するオイラー・ラグランジュ方程式は

$$0 = \frac{d}{dt}\left(\frac{\partial L}{\partial \dot{r}}\right) - \frac{\partial L}{\partial r} = \frac{d}{dt}(m\dot{r}) - (mr\dot{\theta}^2 - k(r-l))$$
$$= m\ddot{r} - mr\dot{\theta}^2 + k(r-l),$$
$$0 = \frac{d}{dt}\left(\frac{\partial L}{\partial \dot{\theta}}\right) - \frac{\partial L}{\partial \theta} = \frac{d}{dt}(mr^2\dot{\theta})$$

となる．

3. 力学的エネルギー E は運動エネルギーと位置エネルギーの和として与えられ，
$$E = \frac{1}{2}m(\dot{r}^2 + r^2\dot{\theta}^2) + \frac{1}{2}k(r-l)^2$$
となる．一方，ハミルトニアンは極座標 (r,θ) とその共役運動量 (p_r, p_θ)：
$$p_r = \frac{\partial L}{\partial \dot{r}} = m\dot{r}, \quad p_\theta = \frac{\partial L}{\partial \dot{\theta}} = mr^2\dot{\theta}$$
を用いて，
$$H(r,\theta,p_r,p_\theta) = p_r\dot{r} + p_\theta\dot{\theta} - L(r,\theta,\dot{r},\dot{\theta})$$
$$= \frac{p_r^2}{m} + \frac{p_\theta^2}{mr^2} - \left(\frac{p_r^2}{2m} + \frac{p_\theta^2}{2mr^2} - \frac{1}{2}k(r-l)^2\right)$$
$$= \frac{p_r^2}{2m} + \frac{p_\theta^2}{2mr^2} + \frac{1}{2}k(r-l)^2$$

と表される．

4. ハミルトニアンに対する極座標とその共役運動量に関する微分から，正準方程式は
$$\dot{r} = \frac{\partial H}{\partial p_r} = \frac{p_r}{m}, \quad \dot{\theta} = \frac{\partial H}{\partial p_\theta} = \frac{p_\theta}{mr^2},$$
$$\dot{p}_r = -\frac{\partial H}{\partial r} = \frac{p_\theta^2}{mr^3} - k(r-l), \quad \dot{p}_\theta = -\frac{\partial H}{\partial \theta} = 0$$

と求まる．

1.4

母関数 K と正準変数との関係（1.139）より
$$p = \frac{\partial K}{\partial q} = Q, \quad P = -\frac{\partial K}{\partial Q} = -q$$

となる．

第2章

2.1

1. 直線上に分布した電荷を中心軸とする半径 R の単位高さの円柱 C_1 を考える．C_1 が囲む領域内の総電荷は ρ であり，電場は対称性から側面に垂直な向きに一定の大きさを持つ．よって，電束 Φ は対称性から側面からの寄与のみとなるので，

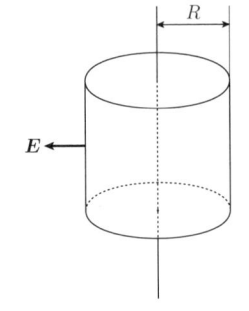

$$\Phi = 2\pi R E = \frac{\rho}{\varepsilon_0}$$

となり，電場の大きさは

$$E = \frac{\rho}{2\pi\varepsilon_0 R}$$

と求まる．

2. 電流が流れる直線を z 軸にとり，電流に沿った接線ベクトルを $\boldsymbol{s}=(0,0,1)$ と選ぶ．位置 $\boldsymbol{r}=(R,0,0)$ と直線上の点 $\boldsymbol{r}'=(0,0,z)$ に対し，

$$\boldsymbol{s}\times(\boldsymbol{r}-\boldsymbol{r}') = (0,R,0)$$

が成り立ち，$dl=dz$ となるので，これらの関係をビオ・サバールの法則に当てはめると磁束密度 $\boldsymbol{B}$ は，

$$\boldsymbol{B}(\boldsymbol{r}) = \left(0, \frac{\mu_0 IR}{4\pi}\int_{-\infty}^{\infty}\frac{dz}{(R^2+z^2)^{\frac{3}{2}}}, 0\right) = \left(0, \frac{\mu_0 I}{2\pi R}, 0\right)$$

となる．直線まわりの軸対称性があることに注意すると，磁場の向きは電流に沿って進む右ねじが回転する向きになることが分かる．

2.2

円周上の点 $(a\cos\theta, a\sin\theta, 0)$ $(0\leq\theta<2\pi)$ における電流は，$(-I\sin\theta, I\cos\theta, 0)$ と表される．よって，位置 $\boldsymbol{r}=(x,y,z)$ におけるベクトル・ポテンシャルは

$$\boldsymbol{A}(\boldsymbol{r}) = \frac{\mu_0}{4\pi}\int_0^{2\pi}\frac{ad\theta(-I\sin\theta, I\cos\theta, 0)}{\sqrt{(x-a\cos\theta)^2+(y-a\sin\theta)^2+z^2}}$$

$$= \frac{\mu_0 a}{4\pi}\int_0^{2\pi}\frac{d\theta(-I\sin\theta, I\cos\theta, 0)}{\sqrt{x^2+y^2+z^2+a^2-2xa\cos\theta-2ya\sin\theta}}$$

となる．$a\ll|\boldsymbol{r}|$ を仮定して被積分関数をテイラー展開すると，初項は

$$A(r) = \frac{\mu_0 a}{4\pi} \int_0^{2\pi} d\theta \, \frac{xa\cos\theta + ya\sin\theta}{(x^2+y^2+z^2)^{\frac{3}{2}}} (-I\sin\theta, I\cos\theta, 0) = \frac{\mu_0 a^2 I}{4(x^2+y^2+z^2)^{\frac{3}{2}}} (-y, x, 0)$$

となる.

なお，このベクトル・ポテンシャルから磁束密度を求めると，

$$B = \frac{\mu_0 a^2 I}{2(x^2+y^2+z^2)^{\frac{5}{2}}} \left(3xz, 3yz, -(x^2+y^2+z^2) + 3z^2\right)$$

となる.

2.3

アンペールの法則より，導線から距離 r のところに生じる磁場の大きさは (2.99) 式で与えられる．従って，回路を貫く磁束は

$$\Phi = a\int_R^{R+b} dr \, \frac{\mu_0 I}{2\pi r} = \frac{\mu_0 a I}{2\pi} \ln\left(\frac{R+b}{R}\right)$$

となり，誘導起電力 V はレンツの法則により，

$$V = -\frac{d\Phi}{dt} = -\frac{\mu_0 a \dot{I}}{2\pi} \ln\left(\frac{R+b}{R}\right) = -L_{12}\dot{I}$$

と求まる．よって，相互インダクタンス L_{12} は

$$L_{12} = \frac{\mu_0 a}{2\pi} \ln\left(\frac{R+b}{R}\right)$$

となる.

2.4

外側の導体球面に電荷 Q，内側の導体球面に電荷 $-Q$ を与えたとする．半径 r ($a < r < b$) の位置に生じる電場の大きさは，ガウスの法則より，

$$E = \frac{1}{4\pi\varepsilon_0} \frac{Q}{r^2}$$

と求まり，電場の向きは動径方向内向きとなる．これより，導体球面間の電位差 V は，

$$V = \frac{Q}{4\pi\varepsilon_0} \left(\frac{1}{a} - \frac{1}{b}\right)$$

となるので，電気容量は

$$C = 4\pi\varepsilon_0 \left(\frac{1}{a} - \frac{1}{b}\right)^{-1}$$

となる.

第 3 章

3.1

1. ド・ブロイの関係式より $\lambda = h/p$, $k = 2\pi/\lambda = p/\hbar$ と表される．一方，エネルギーと振動数の関係 $E = h\nu$ を用いると，$\nu = E/h = p^2/(2mh)$, $\omega = 2\pi\nu = p^2/(2m\hbar)$ となる．

2. 前小問の答えより $\omega = \frac{1}{\hbar}\frac{\hbar^2 k^2}{2m}$ なので群速度は $\frac{d\omega}{dk} = \frac{\hbar k}{m}$ となる．

   この結果を粒子描像として解釈してみよう．ド・ブロイの関係式より波数 k を持つ粒子の運動量は $p = \hbar k$ である．一方，ニュートン力学の枠組みでは，速度 v で運動する質量 m の粒子の運動量は $p = mv$ であるので，$v = \frac{\hbar k}{m}$ を得る．これらの結果を比較すると，群速度 $\frac{d\omega}{dk}$ は粒子の速度 $v = \frac{\hbar k}{m}$ と一致することが確かめられる．

3. 特殊相対性理論の効果を取り入れると，エネルギーは $E = \hbar\omega = \sqrt{m^2 c^4 + p^2 c^2}$ となる．$E = \hbar\omega$ より，$\omega = \frac{1}{\hbar}\sqrt{m^2 c^4 + p^2 c^2} = \frac{1}{\hbar}\sqrt{m^2 c^4 + \hbar^2 k^2 c^2}$ となるので，群速度 $\frac{d\omega}{dk} = \frac{\hbar k c^2}{\sqrt{m^2 c^4 + \hbar^2 k^2 c^2}}$ が得られる．また，粒子の速度を v とすると $\hbar k = p = \frac{mv}{\sqrt{1-\frac{v^2}{c^2}}}$ および $E = \frac{mc^2}{\sqrt{1-\frac{v^2}{c^2}}}$ の関係から，$\frac{d\omega}{dk} = \frac{\frac{mvc^2}{\sqrt{1-\frac{v^2}{c^2}}}}{\frac{mc^2}{\sqrt{1-\frac{v^2}{c^2}}}} = v$ となり，群速度は粒子の速度と一致する．

3.2

調和振動子のエネルギーは $E = \frac{p^2}{2m} + \frac{1}{2}m\omega^2 x^2$ で与えられる．一方，運動量は $p = m\dot{x} = m\omega x_0 \cos\omega t$ であるので，エネルギーは $E = m\omega^2 x_0^2/2$ と表される．また，運動の周期は $T = 2\pi/\omega$ なので $dx = \omega x_0 \cos\omega t\, dt$ よりボーア・ゾンマーフェルトの量子化条件は

$$2\pi n\hbar = \oint p\, dx = m x_0^2 \omega^2 \int_0^{T=\frac{2\pi}{\omega}} dt \cos^2 \omega t = \pi m x_0^2 \omega$$

と表される．よって，エネルギーが取り得る値は $E = \hbar\omega n$ となることが導かれた．厳密にはシュレディンガー方程式を用いると，$E = \hbar\omega\left(n + \frac{1}{2}\right)$, $(n = 0, 1, 2, \cdots)$ となり，零点エネルギー分 $\hbar\omega/2$ だけずれが生じる．この要因は，ボーア・ゾンマーフェルトの量子化条件が，量子力学的状態の**半古典的**な取り扱いから得られた条件であるためである．

3.3

波動関数が全体で反対称になるためにはスピン部分が入れ替えに対し対称でなくてはならないので，(3.137) 〜 (3.140) より合成スピンの値は 1 になる．

3.4

1. 極座標表示 (r,ϕ) すると,2次元ラプラシアンは $\triangle = \partial_x^2+\partial_y^2 = \partial_r^2+\frac{1}{r}\partial_r+\frac{1}{r^2}\partial_\phi^2$ と表されるが,円運動では動径方向は一定 $r=a$ なので,r に関する偏微分はゼロとなり,さらに円周上の距離は $s=a\phi$ と表されるので,この系のハミルトニアンは $\hat{H} = -\frac{\hbar^2}{2m}\frac{\partial^2}{\partial s^2}$ と表される.このハミルトニアンは固有関数 $\psi_k(s) \propto e^{iks}$ を持つが,s と $s+2\pi a$ は円周上の同一点を表すので周期境界条件:$\psi_k(s)=\psi_k(s+2\pi)$ が満たされなければならない.この条件より,k の取り得る値が離散化され,$k=n/a$ (n は整数) となる.そこで,$\int_0^{2\pi a} ds\, \psi_k^*(s)\psi_k(s) = 1$ となるように規格化すると,固有関数は $\psi_n(s) = e^{ins/a}/\sqrt{2\pi a}$ と定まる.また,この波動関数にハミルトニアン $\hat{H}$ を作用させると,エネルギー固有値 $E_n = \frac{\hbar^2 n^2}{2ma^2}$ が得られる.

2. 電場 $\boldsymbol{E}$ の大きさを E とすると,ハミルトニアンの摂動部分に相当する,電場と荷電粒子のクーロン相互作用から $V = eE\cos\phi = eE\cos(s/a) = \frac{eE}{2}\left(e^{is/a}+e^{-is/a}\right)$ と表される.$\int_0^{2\pi a} ds\, \psi_n^*(s)\hat{V}\psi_m(s) = \frac{eE}{2}(\delta_{n\,m+1}+\delta_{n\,m-1})$ なので,E に関する1次の摂動展開ではエネルギー固有値のずれはない.さらに,2次の摂動展開の表式 (3.164) を用いて,エネルギー固有値のずれ $E_n^{(2)}$ を求めると,

$$E_n^{(2)} = \left(\frac{eE}{2}\right)^2 \left(\frac{1}{\frac{\hbar^2 n^2}{2ma^2}-\frac{\hbar^2(n-1)^2}{2ma^2}} + \frac{1}{\frac{\hbar^2 n^2}{2ma^2}-\frac{\hbar^2(n+1)^2}{2ma^2}}\right)$$
$$= \frac{2ma^2}{\hbar^2}\left(\frac{eE}{2}\right)^2\left(\frac{1}{2n-1}-\frac{1}{2n+1}\right) = \frac{4ma^2}{(4n^2-1)\hbar^2}\left(\frac{eE}{2}\right)^2$$

となる.

第4章

4.1

全エネルギー $E = \left(\frac{N}{2}+M\right)\hbar\omega$ の熱力学的重率 $W(E)$ は,M 個の白石と $N-1$ 個の黒石を1列に並べる順列と等しい($1 \le m \le N-1$ に対し,m 番目の黒石と $m+1$ 番目の黒石の間にある白石の数を $m+1$ 番目の振動子の準位と考える)ので,熱力学的重率は $W(E) = \frac{(M+N-1)!}{M!(N-1)!}$ となる.

$$\underset{1}{\bigcirc\bigcirc\cdots\bigcirc\bullet}\underset{2}{\bigcirc\cdots\bigcirc\bullet}\quad\cdots\quad\underset{N-1}{\bigcirc\bullet\cdots\bigcirc}$$

スターリングの公式 $N! \simeq \sqrt{2\pi}N^{N+\frac{1}{2}}e^{-N}$ を使うと,熱力学極限($N\to\infty$,E/N:有限)における統計力学的エントロピー $S(E)$ の漸近的振る舞いは

$$S \simeq k\{(M+N)\ln(M+N) - M\ln M - N\ln N\}$$
$$\simeq k\left\{\left(\frac{E}{\hbar\omega}+\frac{N}{2}\right)\ln\left(\frac{E}{\hbar\omega}+\frac{N}{2}\right) - \left(\frac{E}{\hbar\omega}-\frac{N}{2}\right)\ln\left(\frac{E}{\hbar\omega}-\frac{N}{2}\right) - N\ln N\right\}$$

となる．熱力学的関係式 $\frac{1}{T}=\frac{\partial S}{\partial E}$ を用いると，熱力学的温度 T との関係式：

$$\frac{1}{T}=\frac{k}{\hbar\omega}\ln\left(\frac{\frac{E}{\hbar\omega}+\frac{N}{2}}{\frac{E}{\hbar\omega}-\frac{N}{2}}\right) \quad \to \quad T=\frac{\hbar\omega}{k\ln\left(\frac{\frac{E}{\hbar\omega}+\frac{N}{2}}{\frac{E}{\hbar\omega}-\frac{N}{2}}\right)}$$

が得られ，この関係を E について解くと，

$$E=\frac{N\hbar\omega}{2}\coth\frac{\hbar\omega}{2kT}$$

となる．これを用いて（定積）熱容量

$$C_V=\frac{\partial E}{\partial T}=\frac{N\hbar^2\omega^2}{4kT^2\sinh^2\frac{\hbar\omega}{2kT}}$$

が導かれる．

4.2

1. 分配関数は

$$Z(\beta) = \frac{1}{2\pi\hbar}\int dpdx e^{-\beta\left(\frac{p^2}{2m}+\frac{1}{2}m\omega^2 x^2\right)}$$
$$= \frac{1}{2\pi\hbar}\left(\int dp e^{-\frac{\beta}{2m}p^2}\right)\left(\int dx e^{-\frac{1}{2}\beta m\omega^2 x^2}\right) = \frac{1}{\beta\omega\hbar}$$

となる．ただし，この積分の評価では，ガウスの積分公式 $\int_{-\infty}^{\infty}dt e^{-at^2}=\sqrt{\frac{\pi}{a}}$ を使った．この表式を用いると，粒子の平均のエネルギーおよび熱容量は

$$E=-\frac{\partial \ln Z(\beta)}{\partial \beta}=\frac{1}{\beta}=kT\ , \quad C_V=\frac{\partial E}{\partial T}=k$$

と求まる．

2. 量子力学では，1次元調和振動子のエネルギーは $E=\hbar\omega\left(n+\frac{1}{2}\right)$ $(n=0,1,2,\cdots)$ となるので，分配関数は

$$Z(\beta)=\sum_{n=0}^{\infty}e^{-\beta\hbar\omega\left(n+\frac{1}{2}\right)}=\frac{e^{-\frac{\beta\hbar\omega}{2}}}{1-e^{-\beta\hbar\omega}}$$

となる．従って，粒子の平均のエネルギーおよび熱容量は

$$E = \frac{\hbar\omega}{2} + \frac{\hbar\omega e^{-\beta\hbar\omega}}{1-e^{-\beta\hbar\omega}} = \frac{\hbar\omega}{2} + \frac{\hbar\omega}{e^{\beta\hbar\omega}-1},$$

$$C_V = \frac{\hbar^2\omega^2 e^{\beta\hbar\omega}}{(e^{\beta\hbar\omega}-1)^2}\frac{1}{kT^2} = \frac{\hbar^2\omega^2 e^{\frac{\hbar\omega}{kT}}}{\left(e^{\frac{\hbar\omega}{kT}}-1\right)^2}\frac{1}{kT^2}$$

と求まる．なお，この表式は古典極限 $\hbar \to 0$ で前小問の結果に一致することが確かめられる．

4.3

角振動数が ω と $\omega+d\omega$ の間にある光子のエネルギーの総量 $u_\omega(T)d\omega$ は (4.150) と (4.151) を用いて

$$u_\omega(T)d\omega = \epsilon g(\omega) f_B(\beta, \mu=0)d\omega = \frac{V\hbar\omega^3}{\pi^2 c^3 \left(e^{\frac{\hbar\omega}{kT}}-1\right)}d\omega$$

と表される．さらに波長と角振動数の関係 $\omega = \frac{2\pi c}{\lambda}$ $\left(d\omega = -\frac{2\pi c}{\lambda^2}d\lambda\right)$ を使ってこの輻射エネルギーの式を書き換えると，

$$u_\lambda(T)d\lambda \equiv |u_\omega(T)d\omega| = \frac{16\pi^2 cV\hbar}{\lambda^5}\frac{1}{e^{\frac{2\pi c\hbar}{\lambda kT}}-1}d\lambda$$

を得る．これは**プランクの輻射公式**と呼ばれている．

高温または長波長，すなわち $\frac{2\pi c\hbar}{\lambda kT} \ll 1$ の場合，光の輻射エネルギーの公式は

$$u_\lambda(T) \simeq \frac{8\pi VkT}{\lambda^4}$$

のように振る舞う．高温側で成立するこの輻射は**レイリー・ジーンズの輻射公式**と呼ばれる．

一方，低温または短波長，すなわち $\frac{2\pi c\hbar}{\lambda kT} \gg 1$ の場合，光の輻射エネルギーの公式は

$$u_\lambda(T) \simeq \frac{16\pi^2 cV\hbar}{\lambda^5}e^{-\frac{2\pi c\hbar}{\lambda kT}}$$

となり，これは**ウィーンの輻射公式**と呼ばれている．

長波長領域で実験と一致するレイリー・ジーンズの輻射公式と短波長領域で実験と一致するウィーンの輻射公式は，歴史的には共に光を電磁波として古典的に取り扱ったモデルから導出された．一方で，これら 2 つの公式を補完するプランクの輻射公式は光子をボーズ粒子と仮定して導かれた．この事実は，量子力学の基本仮説の 1 つである，アインシュタインの光量子仮説を裏付ける最も重要な根拠となっている．

4.4

格子振動によるエネルギーのアンサンブル平均値 $E = \langle \epsilon \rangle$ は,

$$E = \int_0^\infty d\omega\, \hbar\omega \frac{1}{e^{\beta\hbar\omega} - 1} g(\omega)$$

で与えられるので,定積熱容量 $C_V = \partial E/\partial T$ は,

$$C_V = \frac{9N\hbar^2}{kT^2\omega_D^3} \int_0^{\omega_D} d\omega\, \frac{e^{\beta\hbar\omega}\omega^4}{(e^{\beta\hbar\omega}-1)^2} = 9Nk\left(\frac{T}{\Theta_D}\right)^3 \int_0^{\Theta_D/T} dx\, \frac{x^4 e^x}{(e^x-1)^2}$$

となる.ただし,末尾の表式では変数変換 $x \equiv \beta\hbar\omega$ を施し,この変数での積分の上限値を**デバイ温度** $\Theta_D \equiv \hbar\omega_D/k$ で表した.

高温側 $T \gg \Theta_D$ では $x \ll 1$ となるので,被積分関数は $\frac{x^4 e^x}{(e^x-1)^2} \simeq x^2$ と近似され,

$$C_V \simeq 9Nk\left(\frac{T}{\Theta_D}\right)^3 \int_0^{\Theta_D/T} dx\, x^2 = 3Nk$$

と求まる.この公式は**デュロン・プティの法則**と呼ばれる.

一方,低温側 $T \ll \Theta_D$ では,積分の上限値は発散するので,公式 (4.153) を用いて,

$$C_V \simeq 9Nk\left(\frac{T}{\Theta_D}\right)^3 \int_0^\infty dx\, \frac{x^4 e^x}{(e^x-1)^2} = \frac{12\pi^4}{5}\left(\frac{T}{\Theta_D}\right)^3 Nk$$

と求まる.

第 5 章

5.1

光速を c,棒の速さを v として,棒と共に移動する観測者が測定する棒の長さを l,速度 v で棒が移動するように見える慣性系の観測者が測定した棒の長さを l' とする.ローレンツ変換 (5.22) によって,l と l' は

$$l' = l\sqrt{1 - \frac{v^2}{c^2}} \simeq l - \frac{lv^2}{2c^2}$$

という関係に従うので,収縮分の長さ $l - l'$ は,

$$l - l' \simeq \frac{lv^2}{2c^2} = 5.0 \times 10^{-8}\,\mathrm{m}$$

となる.

5.2

地球で経過した時間は $2 \times 4.3 \times (c/v) \simeq 8.6$ 年である.一方,この間にロケット内で

経過した時間は $8.6 \times \sqrt{1-v^2/c^2} = 0.86$ 年となる．

5.3

減少した質量を Δm とすると，この核反応によって放出されたエネルギー ΔE は，$\Delta E = \Delta m c^2$ である．これと運動エネルギー $T = \frac{1}{2}mv^2$ の比は，

$$\frac{\Delta E}{T} = \frac{10^{-8} \times (3 \times 10^5)^2}{\frac{1}{2} \times 1 \times 3^2} = 2 \times 10^2$$

となる．

5.4

慣性系 Σ の座標 dx^μ と微小固有時 τ はローレンツ変換によって

$$d\tau = dt\sqrt{1-\frac{v^2}{c^2}} = dt\sqrt{1-\frac{R^2 a^2 + V^2}{c^2}}$$

と関係付けられるので，質点に固定された時計が刻む時間は

$$\int_0^T dt\sqrt{1-\frac{R^2 a^2 + V^2}{c^2}} = T\sqrt{1-\frac{R^2 a^2 + V^2}{c^2}}$$

となる．

第 6 章

6.1

問題の電場は勾配 ∇ を用いて，

$$\boldsymbol{E} = -\frac{q}{4\pi\varepsilon_0}\mathrm{e}^{-mr}\nabla\left(\frac{1}{r}\right)$$

と表されるので，

$$\rho = \varepsilon_0 \nabla \cdot \boldsymbol{E} = \frac{mq}{4\pi}\mathrm{e}^{-mr}\frac{\boldsymbol{r}}{r}\cdot\nabla\left(\frac{1}{r}\right) - \frac{q}{4\pi}\mathrm{e}^{-mr}\triangle\left(\frac{1}{r}\right) = -\frac{mq}{4\pi r^2}\mathrm{e}^{-mr} + \mathrm{e}^{-mr} q\,\delta(\boldsymbol{r})$$

となる．

6.2

(1) 次ページ図の積分路 $C = C_1 + C_2$ を考える：

$$C_1 : z = x,\ -R \leq x \leq R,\quad C_2 : z = R\mathrm{e}^{i\theta},\ 0 \leq \theta \leq \pi$$

ここで R は十分大きな値に選び，最後に $R \to \infty$ 極限で積分を評価する．

有理関数 $f(z) = 1/((z^2+a^2)(z^2+b^2))$ は経路 C で囲まれる領域内の点 $z = ia$, $z = ib$ に 1 位の極を持つ．これらの点の留数は，コーシーの積分公式 (6.59) より，

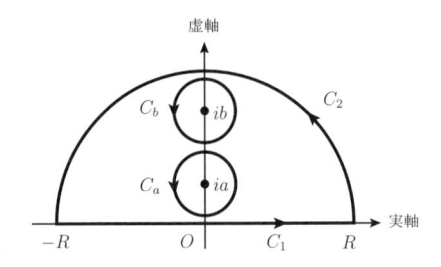

$$\mathrm{Res}_{z=ia}\left[\frac{1}{(z^2+a^2)(z^2+b^2)}\right] = \frac{1}{2\pi i}\oint_{C_a}\frac{dz}{(z^2+a^2)(z^2+b^2)} = \frac{i}{2a(a^2-b^2)},$$

$$\mathrm{Res}_{z=ib}\left[\frac{1}{(z^2+a^2)(z^2+b^2)}\right] = \frac{1}{2\pi i}\oint_{C_b}\frac{dz}{(z^2+a^2)(z^2+b^2)} = \frac{i}{2b(b^2-a^2)}$$

となる．これらの留数の値と留数定理（6.73）を使って，C 上の積分は

$$\oint_C \frac{dz}{(z^2+a^2)(z^2+b^2)}$$
$$= 2\pi i\left(\mathrm{Res}_{z=ia}\left[\frac{1}{(z^2+a^2)(z^2+b^2)}\right] + \mathrm{Res}_{z=ib}\left[\frac{1}{(z^2+a^2)(z^2+b^2)}\right]\right)$$
$$= \frac{\pi}{ab(a+b)}$$

と求まる．

C_2 上の積分を不等式で評価すると，

$$\left|\int_{C_2}\frac{dz}{(z^2+a^2)(z^2+b^2)}\right| = \left|\int_0^\pi \frac{iRe^{i\theta}d\theta}{(R^2e^{2i\theta}+a^2)(R^2e^{2i\theta}+b^2)}\right|$$
$$\leq \int_0^\pi d\theta \left|\frac{iRe^{i\theta}}{(R^2e^{2i\theta}+a^2)(R^2e^{2i\theta}+b^2)}\right|$$
$$\leq \int_0^\pi d\theta \frac{R}{(R^2-a^2)(R^2-b^2)} = \frac{\pi R}{(R^2-a^2)(R^2-b^2)} \xrightarrow{R\to\infty} 0$$

となる．一方，C_1 上の積分は，

$$\int_{C_1}\frac{dz}{(z^2+a^2)(z^2+b^2)} = \int_{-R}^R \frac{dx}{(x^2+a^2)(x^2+b^2)} = 2\int_0^R \frac{dx}{(x^2+a^2)(x^2+b^2)}$$
$$\xrightarrow{R\to\infty} 2\int_0^\infty \frac{dx}{(x^2+a^2)(x^2+b^2)}$$

となるので，$\oint_C = \int_{C_1} + \int_{C_2}$ から，問題の積分値は

$$\int_0^\infty \frac{dx}{(x^2+a^2)(x^2+b^2)} = \frac{\pi}{2ab(a+b)}$$

となる.

(2) 再び上図の積分路 $C = C_1 + C_2$ を考える. 有理関数 $f(z) = 1/((z^2+a^2)(z^2+b^2)^2)$ は経路 C で囲まれる領域内の点 $z = ia$ と $z = ib$ にそれぞれ 1 位と 2 位の極を持つ. これらの点の留数は, コーシーの積分公式 (6.59) とグルサの公式 (6.60) を使って,

$$\mathrm{Res}_{z=ia}\left[\frac{1}{(z^2+a^2)(z^2+b^2)^2}\right] = \frac{-i}{2a(b^2-a^2)^2},$$

$$\mathrm{Res}_{z=ib}\left[\frac{1}{(z^2+a^2)(z^2+b^2)^2}\right] = \frac{i(3b^2-a^2)}{4b^3(b^2-a^2)^2}$$

と求まる. これらの留数の値と留数定理 (6.73) を使って, C 上の積分は

$$\oint_C \frac{dz}{(z^2+a^2)(z^2+b^2)^2} = 2\pi i\left(\frac{-i}{2a(b^2-a^2)^2} + \frac{i(3b^2-a^2)}{4b^3(b^2-a^2)^2}\right) = \frac{\pi(a+2b)}{2ab^3(a+b)^2}$$

となる.

C_2 上の積分は,

$$\left|\int_{C_2} \frac{dz}{(z^2+a^2)(z^2+b^2)^2}\right| \le \int_0^\pi d\theta \frac{R}{(R^2-a^2)(R^2-b^2)^2} = \frac{\pi R}{(R^2-a^2)(R^2-b^2)^2} \xrightarrow{R\to\infty} 0$$

と評価され, 一方, C_1 上の積分は,

$$\int_{C_1} \frac{dz}{(z^2+a^2)(z^2+b^2)^2} = \int_{-R}^{R} \frac{dx}{(x^2+a^2)(x^2+b^2)^2} = 2\int_0^R \frac{dx}{(x^2+a^2)(x^2+b^2)^2}$$

$$\xrightarrow{R\to\infty} 2\int_0^\infty \frac{dx}{(x^2+a^2)(x^2+b^2)^2}$$

となる.

$\oint_C = \int_{C_1} + \int_{C_2}$ より, 問題の積分は

$$\int_0^R \frac{dx}{(x^2+a^2)(x^2+b^2)^2} = \frac{\pi(a+2b)}{4ab^3(a+b)^2}$$

と求まる.

6.3

$f(x)$ は実関数なので, (6.100) を使う.

(1) $|\sin x|$ は偶関数なので, $B_n = 0$ としてよい. 一方, 係数 A_n は $n = 0, 1$ に対して,

$$A_0 = \frac{1}{2\pi}\int_{-\pi}^{\pi} dx\, |\sin x| = \frac{1}{\pi}\int_0^{\pi} dx\, \sin x = \frac{2}{\pi},$$

$$A_1 = \frac{1}{\pi}\int_{-\pi}^{\pi} dx\, |\sin x|\cos x = \frac{2}{\pi}\int_0^{\pi} dx\, \sin x \cos x = 0$$

となる. $n > 1$ に対しては,

$$A_n = \frac{2}{\pi}\int_0^{\pi} dx\, \sin x \cos nx = \frac{2}{\pi}\frac{1+\cos n\pi}{1-n^2} = \begin{cases} -\frac{4}{\pi}\frac{1}{n^2-1} & (n:\text{偶数}) \\ 0 & (n:\text{奇数}) \end{cases}$$

となるので, $f(x) = |\sin x|$ のフーリエ展開は, 係数 A_0, A_1 および A_{2n} を用いて,

$$f(x) = |\sin x| = \frac{2}{\pi} - \frac{4}{\pi}\sum_{n=1}^{\infty}\frac{\cos(2nx)}{(2n)^2-1}$$

と表される.

(2) $f(x) = x^2$ は偶関数なので, $B_n = 0$ としてよい. 係数 A_n は $n = 0$ の場合,

$$A_0 = \frac{1}{\pi}\int_0^{\pi} dx\, x^2 = \frac{\pi^2}{3}$$

と求まる. $n \geq 1$ に対しては,

$$A_n = \frac{2}{\pi}\int_0^{\pi} dx\, x^2 \cos nx = \left[\frac{4}{n^2\pi}x\cos nx + \frac{-4+2n^2x^2}{n^3\pi}\sin nx\right]_0^{\pi} = \frac{4}{n^2}\cos n\pi = 4\frac{(-1)^n}{n^2}$$

となるので, $f(x) = x^2$ のフーリエ展開は,

$$f(x) = \frac{\pi^2}{3} + 4\sum_{n=1}^{\infty}(-1)^n\frac{\cos nx}{n^2}$$

と表される.

6.4
円柱座標を用いて波動方程式は次のように書き替えられる:

$$v^2\left\{\frac{1}{r}\frac{\partial}{\partial r}\left(r\frac{\partial \phi}{\partial r}\right) + \frac{1}{r^2}\frac{\partial^2 \phi}{\partial \theta^2} + \frac{\partial^2 \phi}{\partial z^2}\right\} = \frac{\partial^2 \phi}{\partial t^2}$$

ここで, $\phi(r,\theta,z,t) = \varphi(r)\psi(\theta)\zeta(z)\tau(t)$ と置いて, 波動方程式を変数分離すると, 常微分方程式:

$$\frac{d^2\tau}{dt^2} = -\omega^2 \tau \ , \quad \frac{d^2\zeta}{dz^2} = -c_1^2 \zeta \ , \quad \frac{d^2\psi}{d\theta^2} = -c_2^2 \psi \ ,$$

$$\frac{1}{r}\frac{d}{dr}\left(r\frac{d\varphi}{dr}\right) + \left(-\frac{c_2^2}{r^2} - c_1^2 + \frac{\omega^2}{v^2}\right)\varphi = 0$$

に書き換えられる.

円柱の境界 $z = 0, z = L$ で $\phi = 0$ となるので, $c_1 = \frac{m\pi}{L}$ $(m = 1, 2, \cdots)$ として, $\zeta(z)$ の解は,

$$\zeta(z) = \sin\left(\frac{m\pi z}{L}\right)$$

と求まる.一方,θ は周期座標なので,周期境界条件 $\psi(\theta + 2\pi) = \psi(\theta)$ が満たされなければならない.よって,$c_2 = n$ $(n = 0, 1, 2, \cdots)$ として,解 $\psi(\theta)$ は,

$$\psi(\theta) = \cos(n\theta + \alpha)$$

と定まる.さらに,時間 t が経過しても減衰しない解 $\tau(t)$ は $\omega^2 > 0$ となるので,

$$\tau(t) = \cos\left(\omega t + \beta\right)$$

と表される.

これらの結果を合わせて,波動関数 $\phi(r, \theta, z, t)$ は,

$$\phi(r, \theta, z, t) = \varphi(r) \cos(n\theta + \alpha) \sin\left(\frac{m\pi z}{L}\right) \cos\left(\omega t + \beta\right)$$

となり,$\varphi(r)$ が満たすべき微分方程式は,

$$\frac{1}{r}\frac{d}{dr}\left(r\frac{d\varphi}{dr}\right) + \left(-\frac{n^2}{r^2} - \frac{m^2\pi^2}{L^2} + \frac{\omega^2}{v^2}\right)\varphi = 0$$

と表される.

さらに

$$r = \frac{s}{\sqrt{\frac{\omega^2}{v^2} - \frac{\pi^2 m^2}{L^2}}}$$

と変数変換すると,ベッセルの微分方程式が得られる:

$$\frac{d^2\varphi}{ds^2} + \frac{1}{s}\frac{d\varphi}{ds} + \left(1 - \frac{n^2}{s^2}\right)\varphi = 0$$

$r = 0$ で有限な値を持つ解 $\varphi(r)$ は,第一種ベッセル関数によって与えられる:$\varphi(r) = J_n(s)$ $(n = 0, 1, 2, 3, \cdots)$.さらに,容器の境界 $r = R$ でも $\phi = 0$ となるので,半径 R と角振動数 ω はベッセル関数の零点 $j_{n,k}$ を用いて,以下のように関係付けられる:

$$R = \frac{j_{n,k}}{\sqrt{\frac{\omega^2}{v^2} - \frac{\pi^2 m^2}{L^2}}}$$

この関係から角振動数 ω は，

$$\omega^2 = v^2 \left(\frac{j_{n,k}^2}{R^2} + \frac{\pi^2 m^2}{L^2} \right) \geq v^2 \left(\frac{j_{0,1}^2}{R^2} + \frac{\pi^2}{L^2} \right)$$

となり，最小角振動数は

$$\omega_0 = v \sqrt{\frac{j_{0,1}^2}{R^2} + \frac{\pi^2}{L^2}}$$

と決定される．

第 7 章

7.1
宇宙線ミュー粒子の電離損失は，$1.2\text{ cm} \times 1\text{ g cm}^{-3} \times 2\text{ MeV}/(\text{ g cm}^{-2}) = 2.4\text{ MeV}$ となる．このとき発生するシンチレーション光は，$2.4\text{ MeV}/200\text{ eV}$ 個$^{-1}$ $= 12000$ 個の光子からなる．このうち 20% が光電面に入り，さらに 25% の量子効率で光電子に転換されるので，$12000 \times 0.2 \times 0.25 = 600$ 個の光電子が放出される．この検出に伴う分解能を，ポアソン分布による統計誤差 $\sqrt{N}$ として計算すると，$\sqrt{600}/600 \simeq 4\ \%$ となる．

7.2
100 V の電位差で加速された電子は 100 eV の運動エネルギーを持つ．電子質量（511 keV/c^2）に比べ充分小さく非相対論的に取り扱えるので，運動エネルギーを $E = \frac{1}{2} m v^2$ と表すと，

$$100\text{ eV} = \frac{1}{2} \times 511 \times 10^3\text{ eV}/c^2 \times v^2$$

という関係にあるので，ダイノードに叩きつけられる電子の速度は，

$$v = \sqrt{\frac{2 \times 100\text{ eV} \times c^2}{511 \times 10^3\text{ eV}}} \simeq 1.98 \times 10^{-2} \times c \simeq 5.93 \times 10^6\text{ m/s}$$

となる．

7.3
1 光電子が持つ電荷量が 10^6 倍に増幅されるので，$1.6 \times 10^{-19}\text{ C} \times 10^6 = 1.6 \times 10^{-13}\text{ C}$ の電荷が 10 ns の間に移動する．よって $1.6 \times 10^{-13}\text{ C}/10^{-8}\text{ s} = 1.6 \times 10^{-5}\text{ A}$ の電流が流れる．インピーダンス Z を用いて電圧は $V = IZ$ という関係に従うので，出力

パルスの電圧高は 1.6×10^{-5} A $\times 50$ Ω $= 8 \times 10^{-4}$ V と求まる．

7.4

5 回の測定のカウント数の合計は $100 + 115 + 90 + 77 + 104 = 486$ であり，1 秒当たりの平均カウント数は，$(486/5)/10 \fallingdotseq 9.72$ となる．一方誤差は，ポアソン分布によるばらつきと考え，誤差の伝播則を考慮に入れると，$(\sqrt{486/5}/\sqrt{5})/10 \fallingdotseq 0.44$ と求まる．よって答えは 9.72 ± 0.44 Hz．

7.5

5 回の測定データに対する χ^2 値は，

$$\chi^2 = \sum_{i=1}^{5} \frac{(x_i - \hat{x})^2}{(\Delta x_i)^2}$$

として計算する．ここで，i ($i = 1, \cdots, 5$) は測定回，x_i は i 番目の測定のカウント数，Δx_i は i 番目の測定の統計誤差，$\hat{x}$ は 5 回の測定の平均カウント値を表している．表 7.6 の数値を代入すると，$\chi^2 \fallingdotseq 9.13$ を得る．自由度が $N_{\rm dof} = 5 - 1 = 4$ であることに注意して，(7.48) から危険率を計算すると，$1 - P_4(\chi^2) \fallingdotseq 0.1$ となる．したがって，統計誤差でこのような χ^2 を得ることは 10% 程度あるので，危険率 1% では，このデータセットのばらつきが有意に大きいとはいえない．また，自由度 $N_{\rm dof} = 4$ の χ^2 分布では，信頼度 99% の信頼区間は表 7.7 から読み取ると $[0, z] \fallingdotseq [0, 13.3]$ となり，$\chi^2 < z$ となるので，危険率 1% で「データのばらつきがガウス分布による」という帰無仮説は棄却されない．つまりこのデータセットのばらつきが有意に大きいとはいえない．

索 引

あ 行

アインシュタインの記法　156
アドミッタンス　215
アボガドロ数　241
アンペア　63, 207
アンペールの法則　52, 54
位相空間　23
位相速度　75
位置エネルギー　3
一般化座標　17
因果律　157
インダクタンス　59
インピーダンス　211
インピーダンス分圧　214
ウィーンの輻射公式　257
ウェーバー　207
宇宙線　240
運動エネルギー　3
運動量　2
エーテル　143
エネルギー　3, 158
MKS 単位系　206
エルグ　206
L_2-関数　184
エルミート演算子　84
エルミート多項式　92
遠隔相互作用　41
遠心力　8
遠心力ポテンシャル　13
エントロピー　114, 122
エントロピー増大の法則　115
オイラーの定数　197
オイラーの方程式　20
オイラー・ラグランジュ方程式　17
オペアンプ　224
オーム　207
オームの法則　60

か 行

解析力学　17
回転　35
χ^2 検定　233
χ^2 分布　232
ガウスの定理　38
ガウスの法則　44, 47, 51
ガウス分布　230
可逆過程　114

角運動量　2, 97
角速度　7
確率密度　81
重ね合わせの原理　41
カシミア演算子　98
ガス検出器　243
仮説検定　232
荷電粒子　49
カノニカル集団　126
ガリレイの相対性原理　6
ガリレイ変換　7, 143
カルノーサイクル　112
換算質量　12
慣性系　1
慣性の法則　1
慣性モーメント　14
慣性力　6
完全反対称テンソル　97
輝線　78
期待値　82
気体定数　113, 122
基底状態　91, 115, 138
軌道角運動量　93, 203
ギブスの修正因子　120
帰無仮説　232
球面調和関数　94, 204
共振回路　215
共変ベクトル　154
共役運動量　17
極　180
極座標　93, 203
近接相互作用　41
組立単位　207
クラウジウスの不等式　115
グランドカノニカル集団　134
グランドポテンシャル　135
グリーンの定理　174
グルサの公式　178
グレイ　240
クレプシュ・ゴルダン係数　103
クロネッカーのデルタ　91, 185
クーロン　63, 207
クーロンゲージ条件　52
クーロンの法則　41
群速度　75
計量　155, 194
ゲージ変換　52
ケプラーの法則　32

ケルビン 207
光円錐 157
交換子 29, 85
光子 71
光速 66
光速度不変の原理 145
剛体 13
光電効果 69, 240
光電子増倍管 238
勾配 34
交流回路 210
光量子仮説 70
コーシーの積分公式 178
コーシーの積分定理 174
コーシー・リーマンの関係式 173
コッククロフト・ウォルトン回路 225
古典電子半径 241
固有時 155
コリオリ力 8
孤立系 11, 119
孤立特異点 180
コンデンサ 62
コンパレーター 225
コンプトン散乱 71, 240
コンプトン波長 72

さ 行

サイクロトロン運動 242
最小作用の原理 20
最小二乗法 235
最頻値 226
作用 20
作用・反作用の法則 2
作用変数 25
散逸能 135
磁気双極子 54
磁気双極子モーメント 54
磁気単極子 51
磁気モーメント 100
磁気量子数 100
仕事 3, 110
仕事関数 69
仕事率 159
cgs 単位系 206
磁束 58
磁束密度 50
質点 2
シーベルト 240
自由エネルギー 117, 127
周期境界条件 186
重心 9
重心分離 10
縮退 106
縮退度 138
縮約 155
シュタルク効果 109
主量子数 96
ジュール 206
シュレディンガー方程式 79
準静的過程 111

昇降演算子 91
状態数 121
状態方程式 113
状態密度 121
状態量 112
シンクロトロン放射 242
真性特異点 181
シンチレーター 243
信頼区間 231
信頼度 231
スカラー場 34
スカラー・ポテンシャル 45
スケーラー 225
ストークスの定理 39
スピン 97
正規直交関数系 185
正孔 219
静止エネルギー 158
正準運動量 23
正準座標 23
正準変換 27
正準変数 23
正準方程式 23
正則関数 173
静電ポテンシャル 45
制動放射 242
世界線 155
積分回路 212
赤方偏移 152
接線ベクトル 39
接続条件 87
摂動論 105
接ベクトル 46
零点エネルギー 93
相関係数 236
相互インダクタンス 60
束縛状態 91

た 行

ダイオード 219
対称性 45
大分配関数 135
ダイン 206
多価関数 181
畳み込み積分 193
ダランベルシアン 163
単振動の方程式 4
力のモーメント 2
中央値 226
中心力 93
超関数 166
調和振動子 4
直交座標系 3
対消滅 159, 219, 243
対生成 159, 240
定常電流 49
ディスクリミネーター 225
ディリクレ型境界条件 185
テスラ 207
デバイ模型 142

索引 269

デュロン・プティの法則　258
デルタ関数　47, 166
電圧　45
電荷保存則　57
電荷密度　41
電気双極子　48
電気双極子モーメント　48
電気素量　63
電気容量　63
電磁カスケードシャワー　241
電磁相互作用　34
電磁波　65
電子ボルト　71, 209
電磁誘導　58
電束　43
点電荷　40
電場　41
電離損失　241
電流保存則　50
電流密度ベクトル　49
同軸ケーブル　216
同時固有状態　85
等重率の原理　120
透磁率　51
等電位面　46
特殊相対性原理　145
特殊相対性理論　143
ド・ブロイの関係式　74, 79
トランジスタ　220
トンネル効果　87

な 行

内部エネルギー　11
ナブラ　34
二項分布　229
ニュートン　206
ニュートンの運動方程式　1
熱平衡　110
熱容量　113
熱浴　126
熱力学極限　123
熱力学的重率　120
熱力学ポテンシャル　116
熱量　110
ノイマン型境界条件　185
ノルム　184

は 行

パウリ行列　100
パウリの排他律　103, 138
波束　75
発散　34
波動関数　65, 80
波動方程式　65
場の強さ　163
ハミルトニアン　23, 80
ハミルトン形式　23
パルス　210
汎関数　19
半値全幅　227

半導体　218
半導体検出器　243
バンド構造　218
反変ベクトル　154
反粒子　159
ビオ・サバールの法則　50
微分回路　212
標準偏差　226
ビリアル定理　132
ファラッド　63, 207
ファラデーの法則　59
フェルミ準位　140, 219
フェルミ分布関数　140
フェルミ粒子　103, 137
フォトダイオード　239
フォノン　142
不確定性関係　86, 93
不確定性原理　121
不完全微分　111
複素平面　172
フックの法則　4
物質波　74
プランク定数　70, 210
プランクの輻射公式　257
フーリエ級数　187
フーリエ展開　187
フーリエ変換　83, 191
フレミング左手の法則　56
分岐点　181
分散　227
分配関数　126
平均値　226
平衡状態　111, 115
ベクトル場　34
ベクトル・ポテンシャル　51
ベクレル　240
ベッセル関数　197
ベッセルの微分方程式　197
ベーテ・ブロッホの式　241
ベルヌイの法則　113
変位電流　58
変分　19
ヘンリー　207
ボーア磁子　100
ポアソン括弧　28, 85
ポアソン分布　229
ポアソン方程式　47
ボーア・ゾンマーフェルトの量子化条件　25, 77, 121
ポアンカレ変換　148
ポインティング・ベクトル　64
方位量子数　100
放射線　239
法線ベクトル　38
母関数　27
ボーズ分布関数　139
ボーズ粒子　103, 137
保存力　3, 46
ボルツマン定数　122
ボルツマンの関係式　122

ボルツマン分布関数 140
ボルツマン粒子 120, 138
ボルト 207
ボルンの確率解釈 80

ま 行

マイケルソン・モーリーの干渉実験 144
マクスウェルの法則 61
マクスウェル方程式 61
見かけの力 6
ミクロカノニカル集団 119
ミュー粒子 150, 240
面積速度 32

や 行

ヤコビアン 31, 36
ヤコビ恒等式 29
有効ポテンシャル 13
誘電率 41
誘導起電力 58
誘導リアクタンス 60
有理関数 181
有理型関数 181
横波 66

ら 行

ラグランジアン 17
ラグランジュ形式 17
ラゲールの陪多項式 96
ラピディティ 147
ラプラシアン 35, 80
ラプラス方程式 193
リー代数 99
立体角 43
リーマン面 182
留数定理 181
リュウヴィルの定理 31, 119
リュードベリ定数 78
量子力学 69
ルジャンドル多項式 204
ルジャンドル変換 23, 116
励起状態 91, 138
レイリー・ジーンズの輻射公式 257
ローラン展開 180
ローレンツ収縮 149
ローレンツ変換 147
ローレンツ力 55
論理回路 223

《監修者紹介》

杉山　直(すぎやま　なおし)
　1961 年生．名古屋大学大学院理学研究科教授，東京大学カブリ数物連携宇宙研究機構主任研究員（併任），理学博士．

《著者紹介》

野尻伸一(のじり　しんいち)
　1958 年生．名古屋大学大学院理学研究科教授，理学博士．

伊藤好孝(いとう　よしたか)
　1965 年生．名古屋大学太陽地球環境研究所教授，博士（理学）．

藤　博之(ふじ　ひろゆき)
　1973 年生．清華大学数学科学中心准教授，博士（理学）．

門田健司(かど　た　けんじ)
　1976 年生．韓国基礎科学研究院宇宙基礎物理学研究所助教，Ph.D. in Physics.

物理学ミニマ

2014 年 6 月 30 日　初版第 1 刷発行

定価はカバーに表示しています

監修者　杉山　直
発行者　石井三記
発行所　一般財団法人　名古屋大学出版会
〒464-0814　名古屋市千種区不老町 1 名古屋大学構内
電話 (052)781-5027／FAX(052)781-0697

ⓒNaoshi Sugiyama et al., 2014
印刷・製本 ㈱太洋社
乱丁・落丁はお取替えいたします．

Printed in Japan
ISBN978-4-8158-0774-0

R ＜日本複製権センター委託出版物＞
本書の全部または一部を無断で複写複製（コピー）することは，著作権法上での例外を除き，禁じられています．本書からの複写を希望される場合は，日本複製権センター（03-3401-2382）の許諾を受けてください．

福井康雄監修
宇宙史を物理学で読み解く
―素粒子から物質・生命まで―

A5・262 頁
本体 3500 円

大島隆義著
自然は方程式で語る 力学読本

A5・560 頁
本体 3800 円

土井正男/滝本淳一編
物理仮想実験室
―3Dシミュレーションで見る，試す，発見する―

A5・300頁＋CD
本体 4200 円

早川幸男著
素粒子から宇宙へ
―自然の深さを求めて―

四六・352 頁
本体 2200 円

國分　征著
太陽地球系物理学
―変動するジオスペース―

A5・292 頁
本体 6200 円

大西　晃他編
宇宙機の熱設計

B5・336 頁
本体15000円

大沢文夫著
大沢流 手づくり統計力学

A5・164 頁
本体 2400 円

佐藤憲昭/三宅和正著
磁性と超伝導の物理
―重い電子系の理解のために―

A5・400 頁
本体 5700 円

篠原久典/齋藤弥八著
フラーレンとナノチューブの科学

A5・374 頁
本体 4800 円